BIBLIOTHÈQUE DU CULTIVATEUR

PUBLIÉE

AVEC LE CONCOURS DU MINISTRE DE L'AGRICULTURE

L'ÉLEVEUR

DE

BÊTES BOVINES

Par Félix VILLEROY

Cultivateur à Rottershof

QUATRIÈME ÉDITION

PARIS

LIBRAIRIE AGRICOLE DE LA MAISON RUSTIQUE

26, RUE JACOB, 26

L'ÉLEVEUR

DE

BÊTES BOVINES

PARIS.   IMP. SIMON RAÇON ET COMP., RUE D'ERFURTH, 1.

L'ÉLEVEUR

DE

BÊTES BOVINES

PAR

FÉLIX VILLEROY

CULTIVATEUR A BITTERSHOF

QUATRIÈME ÉDITION

PARIS

LIBRAIRIE AGRICOLE DE LA MAISON RUSTIQUE

26, RUE JACOB, 26

1860

L'ÉLEVEUR

DE

BÊTES BOVINES

Sans bétail, pas d'agriculture : sans beaucoup de bétail, pas de bonne agriculture.

Le bétail est la base la plus solide de la prospérité agricole.

S'il ne peut faire espérer les grands profits que l'on obtient parfois des chevaux et des bêtes à laine, il ne présente pas non plus les mêmes chances de pertes; il donne des produits réguliers et certains. L'élève et l'engraissement du bétail, combinés avec la nourriture à l'étable, procurent des masses d'engrais qui assurent la fertilité des terres et sont une source certaine de richesses.

Mais combien on est loin d'obtenir des bêtes bovines tout ce qu'elles peuvent produire! Telle vache ne donne-t-elle pas une quantité de lait double de la quantité de lait que donne telle autre vache nourrie de la même manière? Tel bœuf ne sera-t-il pas engraissé avec la moitié du fourrage que consommera tel autre bœuf pour arriver au même point? Et combien est comparativement petit le nombre des vaches bonnes laitières et des bœufs possédant la faculté d'engraisser facilement!

La vache doit avoir été un des premiers animaux que l'homme a soumis à la domesticité : cent quatre-vingts ans avant qu'il soit fait mention du cheval, Pharaon donna à Abraham des brebis et des vaches. La vache était adorée par les Égyptiens et les Indiens. Les légendes indiennes racontent que la vache a été la première création des trois divinités auxquelles le Grand Être donna l'ordre de peupler la terre d'animaux.

Les traditions celtiques mettent la vache au nombre des premiers animaux créés et la présentent comme une sorte de divinité.

Si le monde pouvait pendant un temps être privé de la vache et qu'on nous la rendît ensuite, nous la recevrions aussi comme le présent le plus précieux que la Divinité puisse faire aux hommes.

Apprenons aux enfants à aimer la vache comme leur nourrice, comme leur bienfaitrice ; à lui payer en amour, en bons traitements, tous les services qu'ils reçoivent d'elle.

L'amour des bêtes est la première base de toute amélioration dans l'élève du bétail ; c'est la première et indispensable condition du succès.

CHAPITRE PREMIER

CHOIX DU BŒUF DE TRAVAIL, DE LA VACHE LAITIÈRE
ET DE LA BÊTE D'ENGRAIS.

1. — Caractères génériques du genre Bœuf.

Le *bœuf* est un mammifère ruminant; il présente les caractères suivants : huit dents incisives à la mâchoire postérieure, toutes larges, en forme de palettes et rangées régulièrement (la mâchoire antérieure n'a pas de dents incisives); vingt-quatre molaires, douze de chaque côté; le pied partagé en deux sabots, avec deux onglons derrière les sabots ; deux cornes dirigées latéralement et relevées le plus souvent en forme de croissant; tête terminée par un large mufle; fanon ou repli de la peau à la partie inférieure de l'encolure; quatre mammelles inguinales; queue terminée par une touffe de longs poils; corps de grande taille, supporté par des membres épais.

Les espèces qui constituent le genre *bœuf* sont :

Bos urus. . . . . Bison[1] des anciens.
— Bison. . . . . Bison ou buffle d'Amérique.

[1] L'urus était autrefois commun dans les forêts de la Gaule et de la Germanie. On le trouvait aussi en Suisse, c'est lui qui a donné son nom au canton d'Uri, dont le blason est une tête d'urus. On croit qu'il n'existe plus d'urus aujourd'hui que dans les forêts de la Lithuanie. Buffon regardait l'urus comme la souche de notre bœuf commun; mais, selon Pabst, la femelle de l'urus ne porte que sept mois, tandis que notre vache porte neuf mois, d'où il résulte que ce sont deux espèces distinctes. Cuvier pense que notre bœuf peut descendre plutôt du zébu, mais on ne peut faire à cet égard que des conjectures, mais le fait en lui-même est peu important.

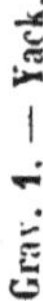

Grav. 1. — Yack.

Grav. 2. — Buffle.

Bos Moschatus. . . . . . .   Zébu, bœuf musqué.
  — Frontalis. . . . . . .   Gayal.
  — Gruniens. . . . . . .   Yack, vache grognante. (*Grav.* 1.)
  — Caffer. . . . .   Bœuf cafre.
  — Bubalus. . . . . . .   Buffle. (*Grav.* 2.)
  — Taurus. . . . .   Bœuf commun.

Dans l'espèce du bœuf commun, le mâle, selon son âge, est nommé : veau, taurillon, taureau; et, s'il a subi la castration, bouvillon, bœuf; la femelle reçoit successivement les noms de : vêle, génisse, vache.

Le cri des bêtes bovines se nomme mugissement.

La vache porte neuf mois; elle ne fait ordinairement qu'un veau.

2. — Nomenclature des parties du corps du Taureau.

Voici un tableau donnant les dénominations de toutes les parties du corps et les proportions d'un taureau (*grav.* 3) d'une race bonne pour la laiterie, l'engraissement et le travail :

1. La tête.	23. Les lèvres.	46. Le dos.
2. Les cornes.	24. La nuque.	47. Les côtes.
3. Le front.	25. Le chignon.	48. Le rein.
4. Les oreilles.	26. Le cou.	49. Le flanc.
5. Les tempes.	27. La gorge.	50. Le creux du flanc.
6. Les sourcils.	28. La veine jugulaire.	51. Le ventre.
7. Les paupières.	29. Le fanon.	52. Le nombril.
8. Les yeux.	30. Le poitrail.	53. Le fourreau.
9. Les joues.	31. Le garrot.	54. La verge.
10. La ganache.	32. L'épaule.	55. Les testicules.
11. La mâchoire supérieure.	33. Le bras.	56. La croupe.
12. La mâchoire inférieure.	34. Le coude.	57. La hanche.
13. Les dents incisives.	35. L'avant-bras.	58. La queue.
14. Les dents mâchelières	36. Le genou.	59. L'anus.
15. La langue.	37. Le canon.	60. Les fesses.
16. Le palais.	38. Le boulet.	61. Les cuisses.
17. Le gosier.	39. Le paturon.	62. Le grasset.
18. Le menton.	40. Les ergots.	63. La rotule.
19. Le chanfrein.	41. La couronne.	64. Le jarret.
20. Les naseaux.	42. Les sabots.	65. La vulve (de la vache).
21. Le mufle.	43. La pince.	66. Le pis.
21. Le miroir [1].	44. Le talon.	67. Les trayons.
22. La bouche.	45. La sole.	68. Les veines mammaires.

[1] Les Allemands nomment miroir du nez, — *nasen-spiegel*, — cet espace dégarni de poils et luisant, qui se trouve entre les deux naseaux. Ce mot doit être adopté dans la langue française, parce qu'on est souvent dans le cas d'observer et d'indiquer cette partie, qui est toujours humide dans l'état de santé et sèche dans l'état de fièvre.

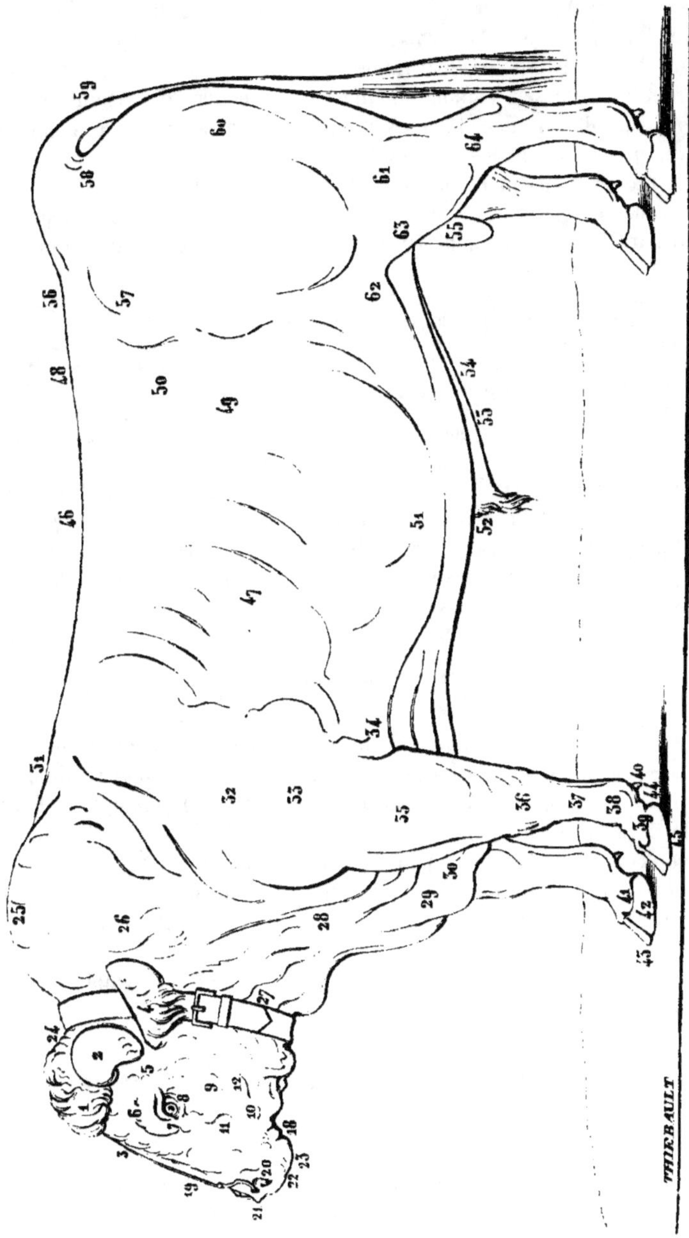

Grav. 5. — Indication des parties du corps du taureau.

Ce taureau, âgé de quatre ans, bai châtain, face blanche, né et élevé au Rittershorf, provient d'un croisement de la race Suisse et de la race du Glane. C'était un animal remarquable par la beauté de ses formes et sa disposition à engraisser. Toujours médiocrement nourri, il a atteint un point de graisse qui a mis dans la nécessité de le vendre à un âge où il était loin d'avoir pris tout son développement.

Il a été soigneusement mesuré, et la grav. 3 reproduit avec exactitude ses proportions. On remarquera la légèreté de la tête, la longueur et la largeur du corps, comparativement au peu de hauteur des jambes.

Longueur de la nuque à la pointe de la fesse..	2^m22
Longueur de la pointe de l'épaule à la pointe de la fesse.	1,75
Hauteur du garrot.	1,37
— de la croupe..	1,54
Distance du sol au fanon.	0,59
Largeur aux épaules.	0,68
Poids, à jeun depuis 24 heures.	885 kilog.

Je ne donnerai pas l'anatomie et la physionomie du bœuf, que l'on peut trouver dans la *Maison rustique du dix-neuvième siècle*, où ce sujet a été très-bien traité par M. Bouley, à qui je renvoie mes lecteurs, car je crois qu'il est indispensable aux éleveurs de connaître la forme de la charpente osseuse des animaux.

3.— Rumination.

La rumination est un phénomène particulier à plusieurs espèces d'animaux, et notamment à l'espèce bovine. Le bœuf est pourvu de quatre estomacs, que l'on nomme la panse, ou le *rumen*, le bonnet, le feuillet et la caillette. Le fourrage grossièrement mâché descend d'abord, par l'œsophage, dans la panse; peu de temps après le repas, il est ramené successivement par petites pelotes dans la bouche, pour y être mâché complétement et redescendre ensuite dans le feuillet, et de là dans la caillette.

La cessation de la rumination est un des premiers symptômes de la maladie.

4. — Moyen de connaître l'âge des bêtes bovines par les dents et les cornes.

Par les dents. On connaît l'âge des bêtes bovines *par leurs dents,* mais avec beaucoup moins de certitude que pour les chevaux.

Le bœuf a en tout trente-deux dents, vingt-quatre mâchelières et
huit incisives (*grav.* 4, 15) à la mâchoire inférieure; la mâchoire

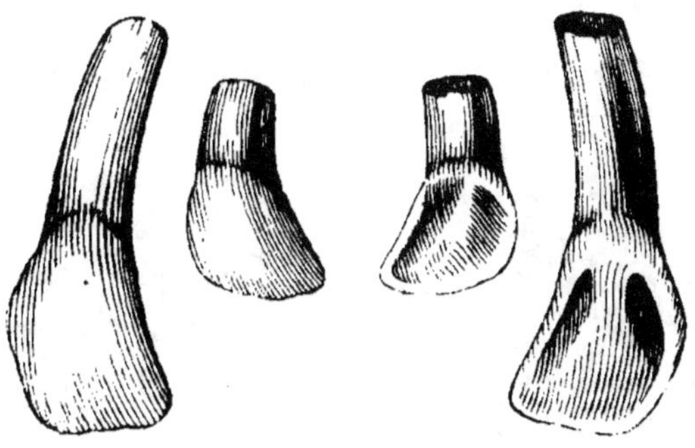

Grav. 4.   Grav. 5.   Grav. 6.   Grav. 7.

Grav. 4. — Dents d'adulte. — Grav. 5. — Dent de lait. — Grav. 6. — Dent de
lait (côté extérieur). — Grav. 7. — Dent d'adulte (côté extérieur).

supérieure est dépourvue d'incisives : à leur place est un bourrelet
formé d'une peau dure et épaisse. Le bœuf n'a pas de crochets comme
le cheval.

Les dents incisives n'ont pas non plus de longues racines comme
celles du cheval, elles sont même peu solides.

On les distingue en pinces, premières mitoyennes, secondes mitoyennes et coins.

Les dents de lait incisives sont très-petites; les secondes dents sont
beaucoup plus larges et faciles à reconnaître.

Elles sont tranchantes; elles n'ont pas la fève des dents du cheval ;
ainsi le bœuf ne *marque pas* comme le cheval.

Les gravures 5 et 6 représentent des incisives de lait; les gravures
4 et 7 représentent des incisives d'adulte. Les gravures 4 et 5 représentent le côté intérieur de la dent ; les gravures 6 et 7 son côté ex-
rieur.

Rozier, et d'autres qui ont écrit depuis et qui l'ont copié, disent que
les deux premières dents de lait, les pinces, tombent à dix mois; Boutrolles dit qu'elles tombent à deux ans, et Boutrolles a raison, bien que
cette époque de la première dentition ne soit nullement régulière. Quelquefois elle a lieu à seize mois, mais ordinairement de dix-huit mois à
deux ans. La chute des autres dents doit suivre d'année en année, mais
elle a lieu assez irrégulièrement, et très-souvent toutes les dents d'adulte
existent dès l'âge de quatre ans ; elles sont alors blanches, tranchantes; elles s'usent et jaunissent à mesure que l'animal vieillit.

1.

Le veau en naissant a déjà les dents incisives et les douze premières molaires, ou bien ces dents sortent très-peu de temps après la naissance.

La gravure 8 représente les dents de lait d'un veau de cinq à six mois.

La gravure 9 représente les dents de lait d'un veau de vingt mois.

Grav. 8. — Dents de lait d'un veau de cinq à six mois.

Grav. 9. — Dents de lait d'un veau de vingt mois.

La gravure 10 représente la dentition d'un veau de deux ans.

Les deux incisives placées à la partie moyenne de la mâchoire sont des dents d'adulte.

Les six incisives latérales sont encore des dents de lait.

Grav. 10. — Deux dents d'adulte deux ans.

Grav. 11. — Quatre dents d'adulte trois ans.

A trois ans (grav. 11) les quatre incisives placées à la partie moyenne de la mâchoire sont des dents d'adulte; les quatre incisives latérales sont encore des dents de lait.

A quatre ans il ne reste plus que deux dents de lait. C'est la dernière incisive de chaque côté de la mâchoire. (Grav. 12.)

Enfin, à cinq ans, il ne reste plus de dents de lait; les huit incisives (grav. 13) sont des dents d'adulte.

Les premières molaires tombent comme les incisives, et sont remplacées par des molaires d'adulte. Les 4ᵉˢ molaires sortent à l'âge de un an, les 5ᵉˢ à l'âge de deux ans à deux ans et demi, les 6ᵉˢ et dernières à l'âge de quatre à cinq ans. — La bête a alors terminé sa dentition.

Grav. 12. — Six dents d'adulte (quatre ans).

Grav. 13. — Huit dents d'adulte (cinq ans).

Par les cornes. Les cornes fournissent aussi des indices de l'âge par leur longueur et un cercle qui se forme chaque année à leur base (voir *Maison Rustique*, t. II).

Cette indication de l'âge par les cornes est très-incertaine.

Je lis dans un ouvrage intitulé *Manuel du Bouvier*, par J. Robinet, artiste vétérinaire (Paris, 1826, tome Iᵉʳ, p. 25) : « Les cornes tombent dans quelques sujets à trois ans; elles sont remplacées par d'autres cornes qui, comme les secondes dents, ne tombent plus. A quatre ans, il pousse aux animaux à qui elles ont tombé deux petites cornes pointues, unies, et terminées vers la tête par une espèce de bourrelet. »

On ne sait si l'on doit réfuter de telles erreurs; cependant ce livre en est à une deuxième édition; il est cité dans d'autres ouvrages; et bien des cultivateurs, voyant que les cornes de leurs jeunes bêtes ne tombent pas, ne pourraient-ils pas croire, sur la foi de M. Robinet, que la race de leur canton fait une exception à la règle générale? M. Robinet avait pris cette erreur dans Buffon, à qui on peut en reprocher bien d'autres.

Les chevreuils perdent chaque année leurs bois; mais ces bois sont compactes; leur substance est entièrement de la corne, et ils se détachent net de la tête à leur base, sans qu'il en résulte de plaie. Au contraire, dans les moutons et les bœufs, les cornes sont des prolongements osseux du crâne, recouverts d'une enveloppe de corne, pleine à la

pointe, creuse ensuite, et qui va toujours en s'amincissant jusqu'à sa base.
C'est absolument la même conformation que celle du sabot, qui renferme
l'os du pied dans la boîte de corne. Les cornes des bœufs ne peuvent pas
plus tomber que leurs sabots, et si une corne est rompue par accident,
elle se détache à sa base par déchirement; mais l'os mis à découvert
reste, soit entier, soit fracturé plus ou moins près du crâne, et la corne
ne repousse pas [1]. Si, avec une tenaille, on arrache à un jeune bœuf les
cornillons, lorsqu'ils n'ont qu'environ $0^m,05$ de longueur, ils re-
poussent, mais n'atteignent pas le développement auquel ils auraient dû
parvenir. On dit ce procédé en usage dans le Tyrol, où l'on regarde de
petites cornes comme une beauté : je n'en ai pas fait l'expérience.

5. — Des robes.

Les robes des bêtes bovines sont comme les robes des chevaux, simples et composées.

Les robes simples sont : 1. Blanc. — Blanc de lait ; intérieur des
oreilles et plat des cuisses jaunâtre. — 2. Isabelle. — Clair, doré, froment, foncé. — 3. Rouge. — Bai, bai clair, sanguin, châtain, marron.
— 4. Noir. — Peau noire, cornes noires.

Les composées sont : Pie, tigré, zébré, marbré, gris. — Le pie est
isabelle, rouge ou noir. — Le tigré est rouge ou noir. — Dans le zébré,
les bandes sont ordinairement noires, nuancées de rouge. — Le gris est
argenté, cendré, ardoisé, gris de souris, blaireau.

Les marques sont : La face blanche. — Une ligne plus ou moins large.
— Une étoile. — La poitrine, le ventre, la queue, un ou plusieurs pieds
blancs. — Des taches d'une autre couleur que la robe sur diverses parties
du corps.

Il se rencontre encore d'autres nuances de robes et d'autres marques
que l'on indique si une bête doit être signalée exactement. Dans ce cas
la longueur et la direction des cornes seront aussi indiquées.

6. — Durée de la vie des bêtes bovines.

La durée de la vie des bêtes bovines est difficile à fixer, parce que
bien rarement on les laisse vieillir. Les bœufs grandissent jusqu'à l'âge
de cinq à six ans, et il est probable qu'ils vivraient au moins aussi longtemps que les chevaux. J'ai connu une vieille vache qui avait à peu près
vingt ans et qui était encore bonne. A dix ou douze ans le produit commence à diminuer, et il est rarement avantageux de conserver les vaches
pour la laiterie au delà de cet âge.

[1] Voir Fracture des cornes, chapitre des Maladies des bêtes bovines.

Les bêtes, mâles et femelles, sont propres à engendrer longtemps avant d'avoir atteint leur accroissement. A quel âge doit-on les laisser satisfaire au vœu de la nature ?

Pour les taureaux, beaucoup de raisons engagent à les faire servir jeunes. En vieillissant, ils deviennent lourds, ce qui occasionne souvent des accidents aux vaches, qui sont comme écrasées sous le poids du taureau ; souvent aussi ils deviennent méchants et dangereux On a reconnu que, loin d'être inférieures, les productions des jeunes taureaux sont généralement plus belles; enfin, par économie, on est disposé à nourrir le plus petit nombre de taureaux possible, et ce serait une dépense et une grande gêne de garder les taureaux, comme quelques auteurs le conseillent, pour ne les employer qu'à l'âge de quatre à cinq ans.

Dans les pays où l'élève des bêtes bovines est le mieux entendue, les taureaux commencent à servir vers l'âge de dix-huit mois, et à quatre ou cinq ans, souvent même plus tôt, ils sont réformés et livrés à la boucherie. Il n'est pas nécessaire de dire que, dans ce pays, un taureau de dix-huit mois est plus développé, plus grand qu'il ne l'est souvent à trois ans dans des contrées où les bêtes bovines, mal nourries, mal soignées, ne prennent qu'un accroissement tardif et incomplet. Quand on a un taureau d'une grande valeur, on le garde le plus longtemps possible en le nourrissant de manière qu'il ne devienne pas trop gros et trop lourd.

Lorsque les vaches sont nourries à l'étable, la monte a lieu à toutes les époques de l'année. Chaque vache n'est saillie qu'une fois, et un taureau suffit facilement au service de cent vaches, tandis qu'il ne pourra en servir que trente à quarante si la monte a lieu à une seule époque.

Des taureaux mal nourris et épuisés par le service d'un trop grand nombre de vaches n'atteignent pas le développement et le poids que la nature leur avait destinés, mais dans le cas contraire, c'est-à-dire s'ils sont ménagés et bien nourris, les taureaux de cinq ans sont en général hors de service et bons pour la boucherie.

Une observation que j'ai eu plusieurs fois occasion de faire chez moi, c'est que les vaches craignent un taureau très-lourd et que, quoiqu'en chaleur, elles refusent de le recevoir. Cette résistance est une cause fréquente d'accidents, chutes des vaches, luxations, queues disloquées, etc.

Le taureau qui sert de type (*grav.* 3) était un animal précieux par ses formes et par son origine. Il n'avait que quatre ans lorsque j'ai été forcé de le réformer, aucune vache ne voulant plus souffrir son approche. Il pesait vivant près de 900 kilog., poids remarquable à raison de sa taill très-peu élevée.

Quelques personnes habituées à ne voir que de chétives et misérablese bêtes bovines pourraient supposer qu'il y a du luxe ou de la prodigalité dans ma manière de nourrir les taureaux, mais il sera facile de leur démontrer qu'il n'y a là qu'un calcul bien entendu.

J'élève tous les veaux mâles provenant de bonnes vaches, et lorsqu'ils ont un an ou dix-huit mois, je les vends comme taureaux et ils me sont bien payés, ce qui certainement n'aurait pas lieu s'ils n'étaient pas suffisamment développés pour faire leur service. Quant à ceux que je conserve, le poids qu'ils atteignent à l'âge de trois ou quatre ans est tel que leur valeur pour la boucherie paye passablement la nourriture qu'ils ont consommée jusque-là, et que je peux considérer la saillie de mes vaches comme ne me coûtant rien. Si, au contraire, le taureau que je suis obligé d'entretenir était maigre, je ne pourrais le vendre qu'à très-bas prix, ou je serais obligé de l'engraisser et son entretien retomberait nécessairement au compte des vaches. Il y a donc un profit évident à ne pas laisser vieillir les taureaux et à les nourrir de manière qu'ils se développent rapidement et soient toujours en bon état.

Si pourtant on a un taureau d'un grand prix, on doit le conserver le plus longtemps possible, comme on conserve un cheval étalon.

On a conseillé de ne pas laisser saillir les génisses avant l'âge de trois ans. Tout ce que l'on peut y gagner, c'est que la bête acquière un peu plus de taille; mais, pour obtenir cet avantage, si c'en est un, on nourrit une bête pendant quatre ans, sans qu'elle rapporte absolument rien; et si on laisse passer plusieurs fois la chaleur d'une génisse sans la satisfaire, il arrive souvent qu'ensuite elle ne conçoit plus; on prétend même avoir remarqué que les vaches qui portent jeunes deviennent meilleures laitières.

7. — Produits des bêtes bovines.

On élève les bêtes bovines pour en obtenir du lait, de la viande, du fumier, des élèves et enfin du travail.

Beaucoup d'exploitations agricoles sont organisées de manière à obtenir simultanément tous ces produits; dans d'autres exploitations, on s'attache spécialement à obtenir un seul produit.

Il y a des localités, surtout dans le voisinage des grandes villes, où la laiterie doit être considérée comme le produit principal des bêtes bovines. Là, on n'élève pas : on tire un bien meilleur parti du lait en le vendant qu'en le faisant consommer par des veaux : on achète des vaches laitières en plein rapport, on les nourrit de manière à en obtenir la plus grande quantité de lait possible, et, lorsqu'elles cessent d'en donner, on les vend comme on peut. Leurs produits doivent avoir déjà soldé tout ce qu'elles ont coûté. Au contraire, dans d'autres contrées, il peut être convenable d'élever des bêtes uniquement destinées à la boucherie, et qui, avant tout, possèdent à un degré éminent la faculté de prendre la graisse et d'engraisser jeunes.

Mais, en général, les bestiaux sont élevés par de petits cultivateurs qui veulent que les vaches donnent du lait, que les bœufs travaillent, et qu'enfin les bœufs et les vaches soient faciles à engraisser.

8. — Choix d'une race.

Le cultivateur qui veut se livrer à l'élève des bêtes bovines doit d'abord choisir une bonne race, et la mieux appropriée au genre de produit qu'il veut obtenir.

Une bonne race ne sera pas toujours celle qui réunira les plus belles formes.

Il existe dans les animaux deux sortes de beautés : celle qui résulte des formes gracieuses, et celle qui présente la conformation la plus parfaite pour l'usage auquel les animaux sont destinés. Ainsi, cette dernière beauté est relative ; elle n'est pas la même pour un cheval de course, pour un cheval d'escadron ou pour un cheval qui ne doit que traîner au pas de lourds fardeaux ; elle n'est pas non plus la même pour les bêtes bovines, sous le triple rapport du travail, de la laiterie et de la boucherie.

M. de Dampierre, agronome distingué, vient de publier un livre d'un haut intérêt sur les bêtes bovines de France. Je renvoie pour la description et l'étude des diverses races françaises et étrangères au travail de M. de Dampierre [1].

1. — Type d'un bœuf de travail.

On trouve, parmi les nombreuses races de bêtes françaises, le modèle d'un beau bœuf de travail. (*Grav.* 14.) Un tel bœuf doit être bien ouvert du poitrail et des hanches, bien établi sur ses quatre membres ; ses jambes, de hauteur médiocre, doivent être nerveuses, sans être trop fortes ; il doit avoir des jarrets larges, une tête de moyenne grandeur, la côte arrondie, un ventre qui ne soit ni gros ni pendant, un garrot et des reins larges, un dos rectiligne du garrot à la croupe, des hanches peu saillantes, la queue bien attachée et s'élevant un peu au-dessus de la croupe, la cuisse arrondie, les cornes bien contournées, les pieds solides. Je suis loin de considérer un fanon trop grand comme une beauté, je le considère comme un mauvais indice, sous le rapport de toutes les qualités que l'on peut rechercher dans un bœuf ou dans une vache [2]. Le bœuf de travail doit

---

[1] *Races bovines*, par M. de Dampierre. Libraire agricole, rue Jacob, 26. Prix : 1 fr. 25.
[2] Le fanon peut et doit même être étendu dans sa partie inférieure entre les

être en outre de taille et de force appropriées au sol qu'il est destiné à cultiver. Il doit être docile, agile et peu délicat sur la nourriture.

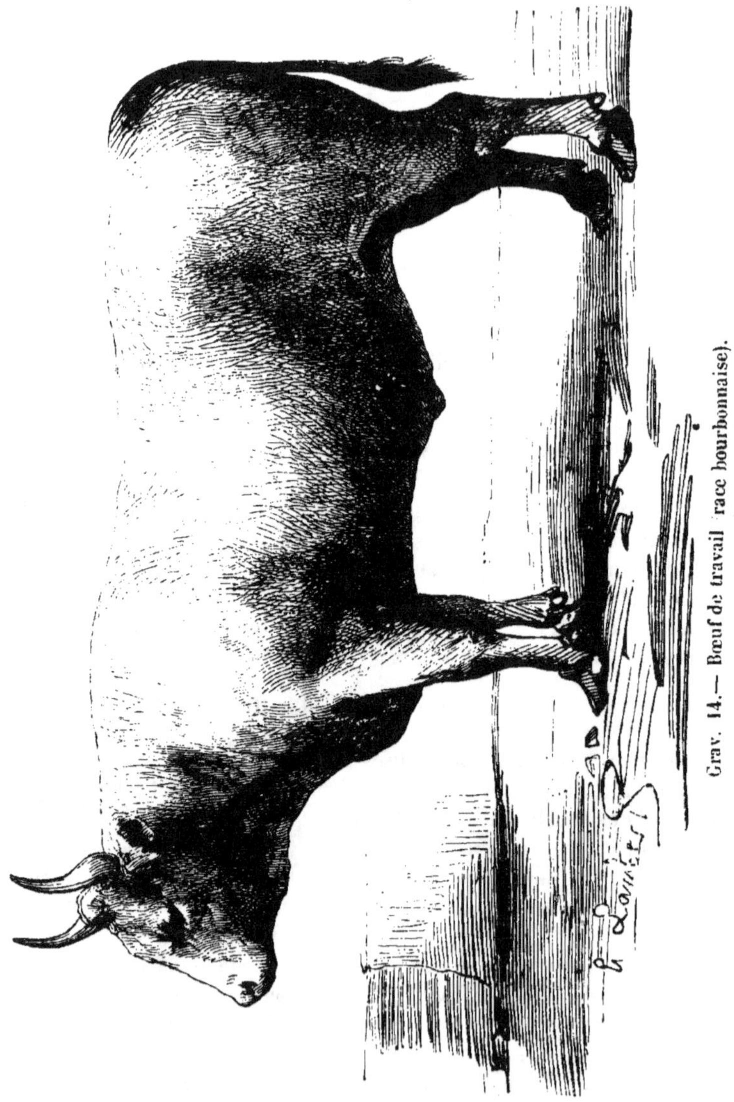

Grav. 14.— Bœuf de travail (race bourbonnaise).

jambes; il indique alors une poitrine profonde, mais si à la partie supérieure, sous la ganache, le fanon est fortement prononcé, c'est un défaut.

B. — **Type d'une vache laitière.**

Les bonnes vaches laitières (*grav.* 15 *et* 16) ont rarement des formes

Grav. 15 — Vache laitière normande, type d'une bonne lactation.

qui plaisent à l'œil. Elles sont généralement maigres, parce que chez elles les aliments servent surtout à la production du lait, et elles sont souvent mal conformées, parce que les éleveurs tirent race des meilleures vaches laitières, sans avoir égard aux formes. On peut donc rencontrer de bonnes vaches laitières de toutes les formes. Les belles vaches suisses, aux formes arrondies, et les vaches hollandaises, longues, minces, maigres, aux os saillants, aux formes dures peuvent également être bonnes laitières.

Les qualités à rechercher dans une vache laitière varient encore suivant le produit spécial qu'on désire en tirer, selon que l'on veut obtenir du lait destiné à être vendu frais, du fromage ou du beurre.

Telle vache donne une grande abondance de lait, mais léger et séreux : telle autre donne une quantité de lait satisfaisante, lorsqu'elle est fraîche, mais son lait tarit trois ou quatre mois avant de mettre bas.

C'est pour cela qu'il est si difficile d'acheter des vaches, et que l'on peut si facilement être trompé.

Une vache bien faite, douce de caractère, qu'on entretient facilement, qui donne encore en abondance un lait riche six semaines avant de mettre bas, une telle vache est un trésor dans un ménage, et l'on en trouve bien peu de semblables à acheter. A quels signes la reconnaît-on ? Je crois qu'il n'y en a point de certains, et que ceux que l'on peut observer ne peuvent indiquer que la quantité de lait.

Une bonne laitière a ordinairement la peau souple, moelleuse, bien détachée, la charpente osseuse légère, le poil fin, peu de fanon, des veines mammaires grosses et ondulées, qui s'avancent loin sous le ventre, les *sources* [1] larges. J'ai rencontré de très-bonnes vaches qui avaient les sources doubles. Quelquefois, deux veines partent du pis de chaque côté, éloignées l'une de l'autre d'environ la largeur d'une main, et se réunissent un peu avant la source. Cette marque est encore très-bonne;

---

[1] Si l'on suit avec la main les veines mammaires, en partant du pis, on trouve qu'elles aboutissent chacune à un trou que l'on sent sous la peau et dans lequel on doit pouvoir mettre le bout du doigt. Ce sont ces trous qu'on nomme les *sources*. Quelquefois une des veines, très-rarement les deux veines, se partagent à leur extrémité en deux branches qui ont chacune une source.

C'est à tort que l'on donne à ces veines le nom de *veines laitières* et que les trous auxquels elles aboutissent sont nommés les *sources*, en Allemagne *milchschüsseln* (*les écuelles à lait*). Ces veines n'ont rien de commun avec la formation du lait, elles indiquent seulement, comme je le dis, un afflux plus considérable du sang au pis. Ce qui le prouve, c'est que dans une vache qui a fraîchement vêlé et qui donne beaucoup de lait, les veines sont plus grosses que dans une vache qui ne donne plus de lait.

Comment le lait se forme-t-il ? — Comment des plantes vertes produisent-elles du sang rouge et du lait blanc ? — Ce sont là de ces mystères que les hommes ne pourront probablement jamais pénétrer.

on la rencontre rarement. En général, plus les veines ont de capacité,
plus elles indiquent un afflux considérable du sang au pis. Si une partie
du pis est atrophiée et ne produit plus de lait par suite d'un accident,

Grav. 16. — Vache laitière hollandaise donnant 35 litres de lait par jour.

la veine de ce côté est beaucoup moins grosse que de l'autre côté. Il est
à remarquer que ces veines, peu sensibles chez les génisses, augmentent
de volume à mesure que la bête avance en âge. On remarquera encore
que chez une jeune bête la peau a plus d'épaisseur et moins de souplesse
que dans une bête adulte.

La forme et le volume du pis doivent être observés. Un beau pis est carré, couvert d'une peau fine, il s'étend loin sous le ventre et en arrière des cuisses, les trayons sont de grosseur moyenne. Le pis gonflé de lait est volumineux, dur au toucher, et, lorsqu'il est vide, il est petit et flasque. Un pis charnu qui est toujours gros, tout comme un petit pis et de petits trayons, sont de mauvais indices Le pis couvert de longs poils, ou de poils courts, mais rudes et épais, est encore plus mauvais.

En examinant le pis, on doit observer les parties qui l'avoisinent; à l'intérieur des cuisses, la peau doit être d'un jaune orangé et couverte d'un poil très-court, doux et fin.

On doit encore voir si les quatre trayons donnent du lait, si une partie du pis n'est pas atrophiée, s'il n'existe pas de dureté dans son intérieur.

Quant à toutes les autres marques, je suis bien convaincu qu'elles ne signifient rien, et tout ce qu'on peut admettre, c'est qu'on trouve dans certaines races, bonnes laitières, des caractères qui leur sont particuliers, mais qui ne peuvent s'appliquer à d'autres races, ni servir de règles générales [1].

C. — Type d'une bête d'engrais.

Pour les bêtes d'engrais, bêtes dont l'unique destination est la boucherie, l'engraisseur et le boucher sont les meilleurs juges de leur beauté, et le plus beau bœuf gras sera celui qui, engraissé aux moindres frais, donnera la plus grande quantité de viande et de la meilleure qualité. Ainsi ce bœuf, dans sa perfection, sera une espèce de monstre (*grav.* 17), une masse compacte de viande et de graisse, avec des membres, un cou et une tête d'une petitesse disproportionnée au volume du corps.

Une bête peut être cependant très-propre à l'engraissement sans cette exagération de formes, et si on considère quelles sont les qualités dont la réunion constitue la faculté d'engraisser facilement, on concevra qu'une bête d'engrais doit être généralement belle, même pour le non-

---

[1] On ne doit pas conclure de ceci que je rejette la méthode Guénon. Guénon d'abord exige tous les caractères généraux que je viens de détailler comme indiquant une bonne vache laitière; je crois qu'il pousse trop loin la prétention de pouvoir déterminer exactement la quantité de lait que donne chaque vache. Quant aux indications que fournissent la grandeur et la forme de l'écusson, le système Guignon est encore un peu obscur. Il faut cependant espérer que bientôt toutes les incertitudes auront disparu et qu'on sera fixé sur sa valeur.

Dans le pays que j'habite, les bonnes laitières ne sont pas rares, mais les écussons de la première classe de Guénon sont rares. J'ai rencontré une seule vache qui n'avait pas du tout d'écusson, et qui était une bonne vache. Elle avait vers le milieu du pis, à sa partie postérieure, deux épis de forme oblongue, longs d'environ sept centimètres, et larges au milieu d'environ un centimètre et demi

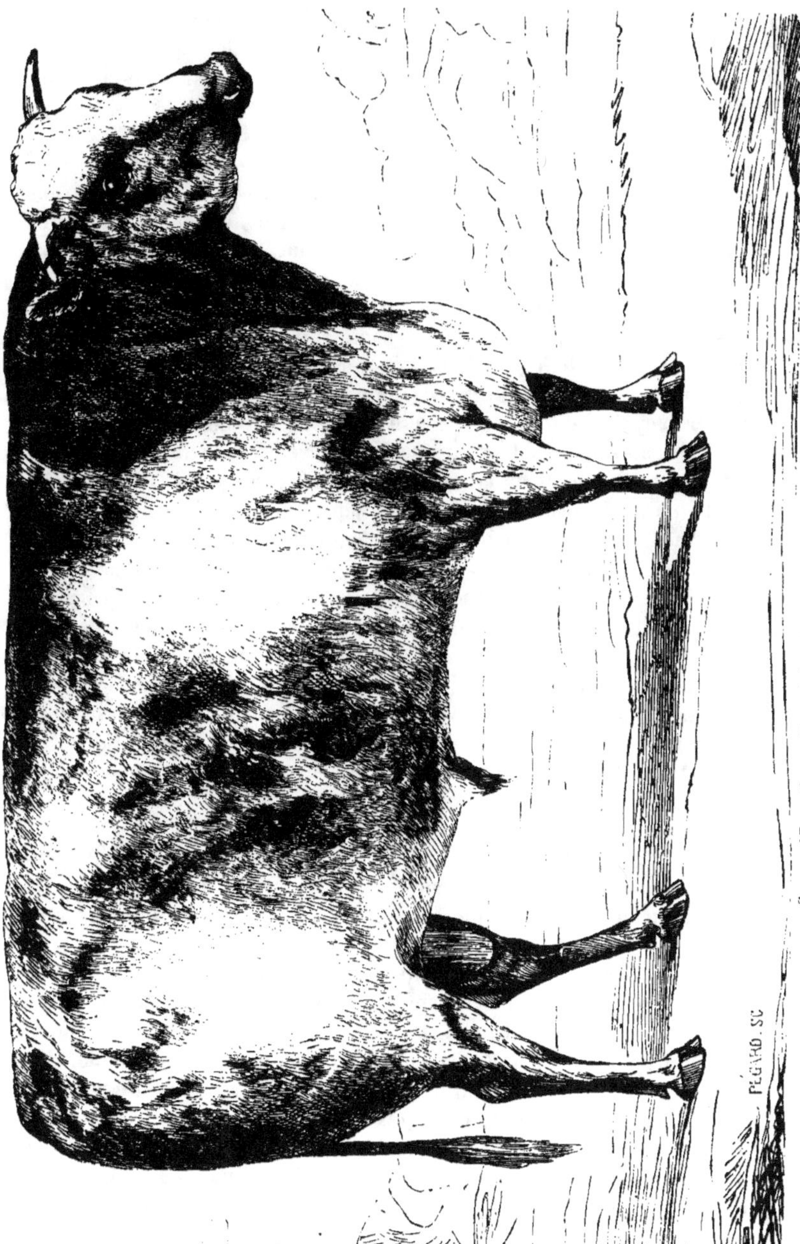

Grav. 17. — Type d'une bête d'engrais (bœuf durham pur).

connaisseur, et que, amenés peut-être à leur insu à voir la beauté dans les formes les plus favorables à leur but, d'habiles engraisseurs ont pu dire que les bêtes les plus propres à l'engraissement sont aussi les plus belles.

Voici maintenant les qualités que les Anglais demandent dans les bêtes de race perfectionnée :

« Si une partie du corps a par sa conformation plus d'importance que toutes les autres, c'est la poitrine. Elle doit offrir assez d'espace pour le mouvement du cœur et le jeu des poumons, autrement le sang ne circulerait pas en quantité suffisante pour le double but de nourrir et de fortifier, et ne pourrait complétement subir les modifications vivifiantes nécessaires à l'exercice complet de chaque fonction. La poitrine, sa largeur et sa profondeur, doivent donc avant tout attirer l'attention. La question de savoir laquelle de ces deux dimensions doit être la plus considérable dépend du service auquel l'animal est destiné.

« Si l'avant-main doit avoir plus de légèreté et de facilité dans les mouvements, les côtés de la poitrine peuvent être un peu plats. Mais, pour l'engraissement, la largeur de la poitrine est aussi essentielle que sa profondeur, et cela sur toute la longueur de la carcasse.

« Le ventre doit être arrondi et profond pour donner l'espace suffisant aux intestins et aux aliments qui fournissent le sang. Le corps de la bête doit en outre être bien clos, c'est-à-dire présenter peu d'espace entre la dernière côte et la hanche. Chez le bœuf particulièrement, cette conformation indique une bonne constitution et une disposition à prendre la graisse. Dans la vache, un ventre large et pendant n'est pas précisément un défaut, car s'il nuit à la beauté de la bête, il offre plus d'espace pour le pis; et si, avec cela, le pis est pourvu de fortes veines mammaires, on peut ordinairement compter que la vache est bonne laitière.

« La conformation large et profonde de la poitrine est d'autant meilleure qu'on la remarque derrière les épaules, et non pas entre les épaules ou en avant. Une dépression derrière les épaules est un grand défaut, elle est l'indice d'une poitrine faible.

« Le coffre de la poitrine doit descendre entre les jambes, plutôt que s'élever vers le garrot. Cette conformation présente l'avantage d'alléger l'avant-main, qui est cependant toujours lourd.

« Les hanches doivent être larges. Cette condition est essentielle, et il ne peut y avoir ici aucun doute. En outre les hanches doivent être telles, qu'elles semblent s'avancer loin dans le dos; et, sans que le ventre soit pendant, les flancs doivent être ronds et profonds. Il est inutile de dire que les hanches doivent être rondes et que les os n'en doivent pas être saillants. On doit, au contraire, sentir sur ces os une masse de muscle et de graisse. Les cuisses doivent être longues, pleines, rapprochées l'une de l'autre; leur conformation est d'autant meilleure qu'elles descendent plus bas. Les jambes au-dessous du genou et du jarret doivent être courtes, plus ou moins, selon la destination de la bête, mais jamais longues. De longues jambes accompagnent toujours un corps léger, et des jambes courtes annoncent la disposition à engraisser.

« Les canons (c'est par cette partie que l'on juge de toute la charpente osseuse) doivent être minces, sans l'être trop. Il faut qu'ils soient assez forts pour remplir leur destination et qu'ils n'annoncent pas une constitution faible. Il est important que la peau soit mince, mais pas assez pour faire craindre une bête trop délicate. La peau doit être moelleuse, douce, mobile (sans être molle), et surtout garnie de poils doux et fins. »

Voici le portrait que Favre trace d'un beau bœuf à engraisser :

« Des formes agréablement arrondies et des chairs élastiques au toucher, des jambes minces, plutôt courtes que longues, un corps allongé, les flancs pleins, la côte ronde et un peu de ventre; une peau mince, souple, très-mobile sur les côtes, avec le poil fin, court, peu touffu, bien lustré et de teinte légère; une queue mince, des fesses peu fendues et bien charnues : ce qu'on désigne en disant *bien culotté;* les reins larges et un garrot gras, un cou épais, plutôt court que long, un poitrail évasé avec les épaules rondes; une tête longue et fine, avec les yeux saillants, le regard vif, doux et assuré; des cornes minces et de substance fine, presque transparente ou de couleur blanchâtre [1]; la castration ayant eu lieu à la mamelle; le caractère doux et l'appétit bon; cinq ans accomplis, dont deux employés à un travail léger. Tel est le modèle idéal d'un bœuf à engraisser. »

Favre demande que le bœuf à engraisser ait cinq ans accomplis, dont deux auront été employés à un travail léger. Les Anglais préfèrent les bœufs qui n'ont pas travaillé. Favre écrivait pour la Suisse, et on sait qu'il s'en faut que les bœufs suisses soient les meilleurs pour l'engraissement. S'ils atteignent une grande taille, leur croissance est tardive, leur développement est lent; l'éleveur ne gardera pas un bœuf jusqu'à l'âge de cinq ans sans en tirer parti. De deux à trois ans, on commence à le faire travailler, et, s'il a été ménagé et bien nourri, il se trouve, pour la race à laquelle il appartient, dans les circonstances les plus favorables d'engraissement, lorsqu'il arrive au moment où il a pris tout son développement.

---

[1] Un engraisseur assure, comme résultat d'une longue expérience, que plus la couleur de la pointe des cornes est foncée, plus les bêtes sont propres à l'engraissement. C'est un fait à observer, mais en ayant soin de ne comparer entre eux que les bœufs d'une même robe, attendu que la couleur des cornes est toujours en rapport avec la couleur de la robe.

En Angleterre, il en est tout autrement. Depuis que les races de bétail y ont été perfectionnées, on élève des bœufs uniquement pour la boucherie, on ne leur demande aucun travail, ils sont en graisse dès leur

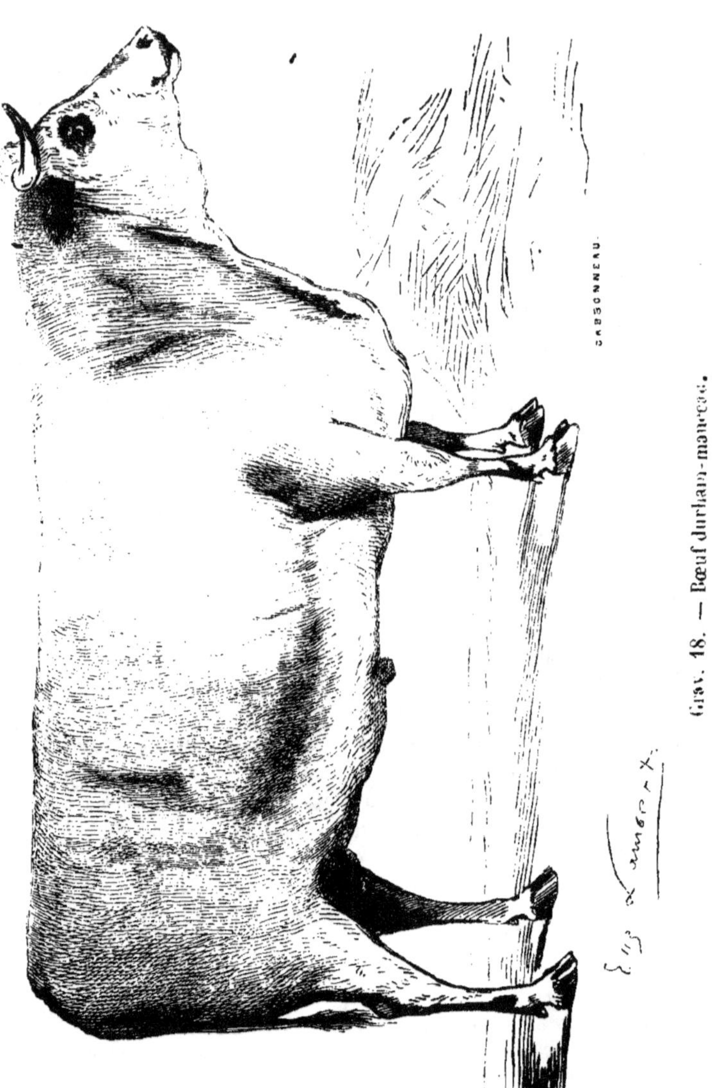

Grav. 18. — Bœuf durham-manceau.

naissance, la précocité est une de leurs plus précieuses qualités, et avant quatre ans ils doivent être prêts pour la boucherie. Ainsi ces deux opinions en apparence contradictoires se concilient très-bien.

La grav. 17 représente un bœuf anglais de la race de Durham. D'après les Anglais, ce bœuf présente dans ses formes la réunion des caractères à rechercher dans un bœuf d'engrais.

Grav. 19. — Bœuf hollandais.

Je donnerai aussi, comme type, un bœuf durham-manceau (*grav.* 18), un bœuf hollandais (*grav.* 19) et un bœuf charollais (*grav.* 20), qui ont obtenu les premiers prix aux concours des boucheries, soit à Poissy, soit à Lyon.

Tous ceux qui ont indiqué les qualités que doit posséder un bon bœuf à engraisser demandent que sa peau soit mince; d'autre part, les bouchers semblent préférer les bœufs à peau épaisse. A la vérité, l'opinion des bouchers ne peut être admise qu'avec une certaine réserve, car un kilogr. de peau valant plus qu'un kilogr. de viande, le boucher a ordinairement d'autant plus de bénéfice que la peau est plus lourde; cependant, si le bœuf à cuir épais avait toujours moins de suif, les bouchers ne l'ignoreraient pas. Les bêtes suisses, même celles des meilleures races, ont toutes le cuir plus ou moins épais, et on trouve ce caractère dans d'excellentes bêtes du Glane. Au fond, la question n'est pas de savoir seulement quel bœuf amené au fin gras aura le plus de suif; ce qui intéresse surtout l'engraisseur, c'est de savoir quel bœuf s'engraissera le plus facilement, aux moindres frais, et lui donnera ainsi le plus grand bénéfice. Il y a des bœufs dont la peau épaisse ne manque pourtant pas de souplesse; on sent, en les maniant, qu'elle est détachée et que le tissu cellulaire qu'elle couvre est susceptible de prendre l'extension désirable. Ces bœufs ont en même temps le poil très-fin et sont du reste bien conformés; il en est d'autres, au contraire, qui ont une peau mince, mais sans consistance; quand on les manie, on trouve que cette peau recouvre des chairs molles et un tissu cellulaire qui pèche par excès de relâchement. Entre ces deux extrêmes, le bœuf à peau épaisse est certainement préférable pour l'engraisseur, pour le boucher, et aussi pour le consommateur, à cause de la qualité de la viande. Ce qu'on ne doit pas oublier, c'est que l'épaisseur plus ou moins grande de la peau est relative suivant les races, et qu'on trouve dans les bêtes à cornes tant de variétés, qu'un engraisseur qui veut travailler avec quelque certitude de succès doit connaître la race sur laquelle il opère. Selon Favre, on a trouvé à Genève que le poids du suif est en rapport inverse avec celui de la peau, c'est-à-dire que plus la peau est pesante, moins il y a de suif.

9. — Doctrine de Bakewell sur les bêtes d'engrais.

Les Anglais possèdent une race de bêtes bovines qui a une grande réputation en Angleterre et même en France. Ils en sont redevables à un grand homme. *Bakewell*, né à Dishley en Leicestershire, en 1725, mort en octobre 1795.

Le nom de Robert Bakewell sera longtemps cher aux amis de l'agriculture. Voici les principes fondamentaux de sa doctrine :

« Les défauts et les perfections de formes se communiquent, des animaux dont on tire race, aux individus qui en proviennent.

Fig. 30. — Bœuf charolais.

« *La petitesse des os, une peau mince et une forme semblable à celle d'un tonneau,* indiquent la faculté de prendre la graisse promptement et avec une quantité de nourriture comparativement peu considérable. »

Bakewell, qui trouva ces principes d'après sa propre expérience et ses réflexions, créa deux races de bêtes à cornes et à laine, qui portent son nom ou celui de sa ferme, Dishley.

Cet habile fermier a loué, pour une seule année, son fameux bélier, *Two-Pounders*, à raison de 20,000 fr., en se réservant le service de ce bélier pour son troupeau, réserve évaluée à 10,000 fr.; c'était donc, pour un seul bélier, une rente de 30,000 fr.

Bakewell ne parvint à ces résultats qu'après des essais prolongés, et avec des frais auxquels sa fortune n'aurait pu suffire ; le parlement anglais vint à son aide :

« Le parlement anglais a employé quelques centaines de mille francs à encourager et soutenir les efforts de cet homme ; dans cette somme, chaque guinée a augmenté peut-être d'un million le revenu territorial de la Grande-Bretagne, et depuis qu'elle est sortie du trésor de l'État, chaque guinée y a certainement fait entrer plusieurs milliers de guinées ; car le revenu du trésor ne manque jamais de s'accroître avec la richesse publique. Où trouverons-nous notre Bakewell [1] ? »

On pourrait dire : Un homme doué du génie de Bakewell trouverait-il en France un gouvernement qui sût l'apprécier et l'encourager ?

Voici les principaux caractères que l'on recherche en Angleterre, dans la race créée par Bakewell, pour la disposition à engraisser :

1° Que l'animal soit bas sur jambes ; il est rare qu'un bœuf très-bas sur jambes ne soit pas bien fait d'ailleurs ;

2° Que l'épine du dos soit droite comme une flèche, et le dos large et plat ;

3° Que le corps soit arrondi et semblable à un tonneau, autant que la direction parfaitement droite de l'épine dorsale puisse le comporter ;

4° La poitrine de l'animal doit être large, de manière que la partie antérieure du tonneau soit aussi considérable que sa partie postérieure.

On considère en Angleterre le poil frisé comme indiquant une disposition à l'engraissement.

L'Angleterre paraît avoir été, avant Bakewell, à peu près au point où en est aujourd'hui la France.

[1] *Annales de Roville,* 2ᵉ livr., 1825.

10. — Doctrine de Sinclair sur les qualités à rechercher dans le bétail.

Les qualités qu'on peut désirer dans le bétail peuvent être classées, selon Sinclair, sous les titres suivants :

1° La taille; 2° les formes; 3° la disposition à l'accroissement; 4° la faculté d'engraisser jeune; 5° la vigueur de la constitution; 6° les qualités prolifiques; 7° la qualité de la viande; 8° la disposition à prendre la graisse; 9° enfin, le peu de développement des parties de l'animal, qui ont peu ou point de valeur.

1° LA TAILLE. — Avant les améliorations introduites par Bakewell, on ne jugeait de la valeur d'un animal que par son volume : on faisait plus d'attention à la somme qu'on finissait par obtenir de la bête, qu'au prix qu'avait coûté sa nourriture. Depuis que les éleveurs ont commencé à calculer avec plus de précision, les animaux de petite taille, ou de taille moyenne, ont été généralement préférés par les raisons suivantes :

Les animaux de petite taille (*grav.* 21 *et* 22) sont d'un entretien plus facile. Il ne faut cependant pas que la race soit inférieure à la qualité du pâturage; en d'autres termes, il ne faut pas mettre une petite race sur un sol riche.

Les bœufs de petite race peuvent être engraissés uniquement à la pâture, même sur des pâturages médiocres.

Ils conviennent mieux à la consommation générale.

Leur viande a un grain plus fin; elle a plus de sucs, ordinairement une meilleure saveur, et elle est mieux mélangée de graisse. Remarquons à cette occasion que la *marbrure* de la viande, c'est-à-dire la disposition de la graisse en couches peu épaisses dans la chair, dépend non-seulement de la constitution particulière de l'animal, mais encore de son âge et de la durée de l'engraissement.

Les gros bœufs pétrissent plus le sol des pâturages. Ils sont moins actifs, ont besoin de plus de repos, recueillent leur nourriture avec plus de peine, et ne consomment que les espèces de plantes de la meilleure qualité.

Les petites vaches des véritables races de laiterie donnent proportionnellement plus de lait que les grandes races.

On a plus de facilité à se procurer des bestiaux de choix dans les petites races.

Le capital d'achat et d'entretien et les chances de perte sont moindres.

On vend mieux les bêtes de petite race, car les bouchers savent très-bien qu'il y a proportionnellement plus de parties qui se vendent à un prix élevé dans un petit bœuf que dans un grand bœuf, et ils achètent plus cher deux bœufs de 60 kilogr. chacun par quartier qu'un bœuf de 120 kilogr.

A ces arguments, les éleveurs qui préconisent les bœufs de grande taille opposent celui-ci :

Pour les bœufs de travail, il est d'un grand avantage que deux bœufs

Grav. 21. — Taureau de la race irlandaise de Kerry (petite race).

puissent tirer la charrue ; mais j'ajouterai cette considération, que les animaux de petite et de moyenne taille sont plus agiles, plus nerveux, et font relativement plus d'ouvrage que les bêtes très-grandes et très-pesantes.

Ils sont aussi plus faciles à nourrir. Au pâturage, deux petits bœufs

Grav. 22. — Taureau breton (petite race).

ont à leur service huit jambes et deux paires de mâchoires, tandis que le gros bœuf, double en poids, n'a pour chercher sa nourriture que quatre jambes et une paire de mâchoires.

Dans les petites races, la croissance et le développement sont plus précoces.

Enfin, les petites races peuvent prospérer partout, et l'éleveur trouve ainsi plus d'acheteurs pour les bêtes qu'il a à vendre. Les très-grandes races ne conviennent pas dans les pays montueux; elles ne peuvent prospérer qu'avec une nourriture très-abondante et des fourrages d'excellente qualité.

On allègue cependant des raisons en faveur des bêtes *de grande taille*.

Sans chercher si, depuis sa naissance jusqu'à ce qu'il soit livré au boucher, un bœuf de grande taille a consommé, proportionnellement à sa grande taille, plus qu'un petit bœuf, il est certain, dit-on, qu'il paye tout aussi bien sa nourriture à celui qui l'a acheté pour l'engraisser.

Ce dernier fait admis prouverait seulement en faveur de l'engraissement des grands bœufs: le désavantage de l'éleveur resterait non contesté.

Il y a des bœufs de grande race, ajoute-t-on, dont la viande est aussi délicate que celle des bœufs de petite taille.

C'est là une exception qui ne renverse pas la règle générale.

Les bœufs de grande taille ont toujours la préférence sur les marchés des grandes villes, et particulièrement de Paris, probablement à cause du filet qui est plus volumineux, et dont le prix est double.

Il est incontestable que la chair des grands bœufs convient mieux pour les salaisons.

Les cuirs des grands bœufs sont nécessaires dans beaucoup de manufactures et par conséquent on les vend (même par portion seulement) à un prix plus élevé.

Les bestiaux de grande taille sont, en général, doux et tranquilles.

Lorsque les pâturages sont de bonne qualité, les bestiaux y augmentent de taille, sans aucun soin de la part de l'engraisseur. Certains éleveurs ont même pensé que si un animal de grande taille consomme plus qu'un animal de petite taille, de même espèce, cependant l'excédant de consommation n'est pas en proportion de l'excédant de poids; qu'ainsi il est toujours avantageux de nourrir des animaux de la taille la plus forte que comportent les ressources de l'exploitation.

L'art d'engraisser le bétail et même les moutons avec les **tourteaux** d'huile, ayant reçu beaucoup de perfectionnement et d'extension, les avantages de cette méthode ne peuvent s'appliquer qu'à des bœufs de grande taille, parce que les petits bœufs s'engraissent aussi bien avec de l'herbe et des turneps qu'avec des tourteaux.

Ceci ne préjuge en rien le fond de la question, à savoir si les petits bœufs ne payent pas mieux que les grands une meilleure nourriture.

Enfin, les bœufs de grande taille conviennent mieux pour le travail que les petits, deux grands bœufs faisant l'ouvrage de quatre petits à la charrue ou au chariot.

C'est ce que je suis loin d'accorder. Les grands bœufs n'ont, à cet égard, de supériorité que quand deux bœufs peuvent tirer la charrue dans des terres où il faudrait quatre bœufs moins forts.

Cette question de la taille et du poids des bêtes n'a pas une très-grande importance pour l'éleveur, parce que partout la taille des bêtes se mettra en rapport avec leur nourriture et leur régime; mais elle a de l'importance pour celui qui achète des bêtes à engraisser. A tout ce qui vient d'être dit pour et contre les grandes et les petites bêtes, nous pouvons ajouter qu'on a fait à Hohenheim des expériences qui ont eu pour résultat que, sauf les exceptions individuelles, la consommation de nourriture est en raison du poids des bêtes. Cependant on a trouvé que deux petites bêtes consomment un peu plus qu'une seule bête pesant autant que les deux petites, d'où l'on a été induit à conclure qu'une portion des aliments sert uniquement à l'entretien de la vie. Cette question intéressante est à peu près éclaircie par des travaux récents.

2° LES FORMES. — Les éleveurs les plus expérimentés sont d'accord sur les points suivants :

La forme du corps doit être compacte, de manière qu'aucune partie de l'animal ne soit disproportionnée avec les autres, et que le tout présente une masse bien arrondie et bien remplie.

Le coffre doit être large, car une bête dont le coffre est étroit ne s'engraisse jamais facilement.

La carcasse doit être profonde et en ligne droite.

Le ventre doit être d'une proportion moyenne. Les races distinguées ont ordinairement les intestins moins volumineux que les bêtes de races communes. On attribue cette circonstance à ce que, recevant dans leur jeunesse des aliments très-substantiels et qui contiennent beaucoup de matière nutritive sous un petit volume, le canal intestinal est moins distendu que dans les animaux qui ont été élevés avec des aliments plus grossiers. Cependant on doit se tenir en garde contre des intestins grêles et trop peu volumineux; une bête qui a ce défaut se nourrit mal.

Les jambes doivent être courtes.

La tête, les os et les autres parties de peu de valeur doivent être aussi petites que peuvent le permettre la force de l'animal et les autres qualités qu'il doit posséder.

Dans les animaux élevés pour la boucherie, les formes doivent être telles, que les parties les plus estimées se trouvent dans la plus forte proportion possible, relativement aux parties qui ont moins de valeur.

Autrefois on estimait la valeur d'un animal par le volume de ses os. On reconnaît aujourd'hui qu'on avait poussé cette doctrine beaucoup trop loin. La vigueur d'un animal ne dépend pas des os, mais des muscles; et, selon l'opinion de M. Cline, des os démesurément gros indiqueraient une imperfection dans les organes de la nutrition. Bakewell insistait fortement sur les avantages des petits os, et le célèbre John Hunter disait que, dans tous les individus qu'il avait eu occasion d'examiner, il avait toujours vu les petits os accompagnés d'un grand volume de parties charnues. Cependant les petits os étant plus pesants et plus substantiels, exigent autant de nourriture que les os creux qui ont un plus grand volume.

3° PROMPTITUDE DE LA CROISSANCE. — Parmi les qualités qui distinguent les races améliorées de bêtes bovines et de moutons, on compte la promptitude de la croissance jointe à la longueur du corps.

4° FACULTÉ D'ENGRAISSER JEUNE. — C'est un objet d'une très-grande importance pour le cultivateur, parce que ses profits dépendent en grande partie de cette disposition.

5° CONSTITUTION ROBUSTE.

6° QUALITÉS PROLIFIQUES.

7° QUALITÉ DE LA VIANDE. — Deux animaux portés au même degré de graisse, du même poids, et qui ont nécessité pour leur nourriture des dépenses égales, devront cependant être vendus à des prix très-différents, uniquement à cause des qualités de leur viande.

Dans certaines parties de la France et de l'Allemagne on n'en est pas encore là ; on regarde à peine si la viande est grasse ou maigre, et on ne fait pas attention à la qualité.

8° DISPOSITION A ENGRAISSER. — Il y a des races dont les animaux sont disposés à prendre la graisse pendant tout le cours de leur vie, tandis que d'autres ne s'engraissent facilement que quand leur croissance est complète On voit de même, dans la race humaine, des individus prendre une corpulence extraordinaire sans consommer une grande quantité d'aliments. Il est probable que la propriété d'engraisser rapidement vient de la conformation intérieure.

Dans un bœuf ou une vache maigre, on ne trouve presque que la peau et les os, mais la petite quantité de viande qu'ils fournissent peut être de bonne qualité. Si l'on tue une bête dans cet état, le propriétaire ne peut s'indemniser des dépenses de nourriture et d'entretien. Les bœufs à chair grossière et pesante, qui exigent un temps très-long et une quantité énorme de nourriture pour être engraissés, pourraient plutôt être tués avec avantage avant d'être gras.

La peau et la chair d'un bœuf propre à l'engraissement doivent paraître douces au toucher, à peu près comme la peau d'une taupe, mais elles doivent présenter un peu plus de résistance sous les doigts.

La race perfectionnée des bœufs à courtes cornes, outre la qualité moelleuse de la peau, se distingue aussi par la douceur et l'apparence soyeuse du poil.

9° LÉGÈRETÉ RELATIVE DES ISSUES. — Il est fort important que, dans un animal qu'on élève exclusivement pour la boucherie, le poids des issues ou parties de peu de valeur soit aussi peu considérable que possible relativement au poids de la viande et de la graisse, sans cependant que la proportion soit de nature à nuire à la santé de l'animal.

Voici le poids des différentes parties d'un bœuf de Devonshire, âgé de trois ans dix mois :

Poids de l'animal en vie : 719 k. 50.

Suif.	66,50	
Peau.	59,50	
Tête et langue..	17,00	216.50
Cœur, foie et poumons.	9,50	
Pieds.	8	
Entrailles et sang.	76	
Viande de boucherie, les quatre quartiers..	505	
	719,50	

On voit que c'était un bœuf de première qualité, puisque la viande de boucherie forme plus des deux tiers du poids de l'animal en vie.

Dans d'autres expériences, le terme moyen a été de 67 à 70 p. 100.

Lorsqu'on engraisse un bœuf pendant deux années de suite, on obtient une plus grande proportion de viande de boucherie; cependant elle n'excède presque jamais les trois quarts du poids de l'animal en vie.

Les meilleurs bœufs que nous engraissons en Allemagne n'atteignent pas cette proportion de viande nette, et le plus grand poids des intestins y contribue certainement beaucoup. Les bœufs élevés pour le travail sont souvent dans les premiers temps de leur vie nourris avec parcimonie. Les veaux sont maigres et ils ont un gros ventre qu'ils conservent toute leur vie. Au contraire, les animaux de race perfectionnée, qu'on n'a pas l'intention d'employer au travail et qui doivent être livrés à la boucherie, à l'âge de trois ou quatre ans, reçoivent une nourriture substantielle sous un petit volume : ils sont toujours gras, ils n'ont point de ventre et leurs intestins pèsent beaucoup moins. Cette différence dans le volume et le poids des intestins peut rendre très-incertaine l'évaluation du poids net par le pesage de la bête vivante.

Tels sont les principes que nous fournit Sinclair dans l'ouvrage traduit en français par M. de Dombasle : *Agriculture pratique et raisonnée*.

On voit quelle attention et quelle expérience exige le choix convenable des bestiaux destinés à un seul genre de production ; mais la tâche est beaucoup plus difficile encore lorsque l'on veut se procurer une race qui prenne facilement la graisse et qui fournisse à la fois de bonnes vaches laitières et de bons bœufs de travail.

Il est bien vrai qu'on trouvera difficilement des bêtes tout à la fois excellentes laitières et possédant au degré le plus éminent la faculté de prendre la graisse ; cependant, dans beaucoup de cas, ne peut-il pas être avantageux de réunir les deux qualités, sans prétendre pour chacune d'elles à une aussi grande perfection? On comprendra que la même vache peut-être bonne laitière et posséder la disposition à engraisser facilement, si l'on fait attention que ces deux facultés ne s'exercent pas en même temps. Lorsque la vache donne beaucoup de lait, elle maigrit ; mais elle engraisse de nouveau à mesure que la production du lait diminue. Cette manière d'être des bêtes, qui indique la disposition à donner du lait et à engraisser, et qui se reconnaît au maniement bien plus qu'à la vue, se rend en allemand par un seul mot; la bête est *zart* (tendre). Les Anglais ont le mot *mollow feel*. Le défaut opposé à *zart*, s'explique par le *rauh* (rude). On entend à Quirnbach, foire considérable de bestiaux dans la Bavière rhénane, des paysans, ou des marchands de bétail, dire qu'une bête se *manie comme une taupe*, qu'elle est *tendre comme un petit pain au lait*, qu'elle *ressemble à un pain de beurre*, etc.

CHAPITRE II

PRINCIPES DE L'ART D'AMÉLIORER ET D'ENNOBLIR LES RACES.

1. — Avantages comparatifs des races de montagne, de plaine, etc.

Il n'y a rien de parfait dans ce monde : mais en toutes choses il existe une perfection, souvent même idéale; tous nos efforts doivent tendre à nous en rapprocher le plus possible. Le cultivateur, l'éleveur surtout, qui ne veut pas se traîner dans la vieille ornière, a là une belle et vaste carrière à parcourir. L'éleveur doit d'abord savoir ce qu'il veut produire, étudier toutes les influences auxquelles il sera soumis, choisir une bonne souche, puis marcher avec persévérance vers le but, sans se faire illusion sur le mérite de ses produits, sans se laisser décourager par des mécomptes inévitables en toutes choses.

J'ai cherché à réunir les principes qui doivent guider l'éleveur et les règles admises en Angleterre et en Allemagne.

Par rapport aux lieux qu'ils habitent, on divise les animaux en races de montagne, de colline, de plaine, et chacune de ces races présente des caractères qui lui sont particuliers.

Les bêtes de montagne (*grav.* 23) ont le corps ramassé, le col court, les jambes courtes, et elles ont, comparativement aux autres races, beaucoup plus de force dans les reins et les extrémités postérieures : la croupe est large, la tête large et courte; les cornes s'étendent latéralement ou sont dirigées en arrière.

Les bêtes de plaine (*grav.* 19 *et* 20) sont plus allongées, plus minces ; leur croupe est moins large et moins haute; leurs jambes sont plus longues, leur cou plus long, leurs cornes ordinairement dirigées en avant.

Dans les races de montagne, la peau inférieure du cou, repliée sur elle-même lorsque les bêtes pâturent, forme un fanon fortement prononcé : tandis que, dans les bêtes de plaine, le cou s'étend en longueur pour atteindre l'herbe, et qu'il est dénué de fanon.

Les animaux transportés d'un pays de montagne dans un pays de plaine, d'un pays de plaine dans un pays de montagne, d'un climat tempéré dans un climat chaud et humide, et réciproquement, acquièrent, avec le temps, les caractères propres aux animaux indigènes de leur nouveau séjour.

Les chevaux de montagne sont remarquables par la solidité de leurs pieds; tandis que les chevaux élevés dans des pâturages humides ont les pieds faibles et plats.

2. — Influence des climats sur les formes et les qualités des bêtes bovines.

Dans les climats tempérés, les animaux atteignent une taille plus élevée et leur chair est plus tendre, plus succulente que dans les autres climats.

Dans les climats chauds, la peau, quoique peu épaisse, est d'un tissu très-serré.

Dans les climats humides, les os sont gros, poreux, légers; ils ont peu de consistance.

C'est dans les climats tempérés que les vaches donnent le plus de lait :

dans tous les climats, le lait est plus abondant dans les plaines humides, plus riche en beurre dans les montagnes.

Grav. 25. — Vache des montagnes de l'Écosse (West Highland, type d'une race de montagne).

Dans le Midi, la graisse se forme principalement sous la peau ; dans le Nord, les animaux ont plus de graisse intérieure. Le Nord fournit au commerce une grande quantité d'excellent suif.

Tous les bouchers allemands affirment que les bêtes bovines des Alpes, transportées et engraissées dans la plaine du Rhin, fournissent une quantité suffisante de viande et sont grasses à l'extérieur, mais n'ont jamais autant de suif que les bêtes hollandaises et allemandes [1].

Dans les pays chauds, les animaux sont plus énergiques et leur instinct est plus développé, les vaches sont petites et donnent peu de lait.

Dans les climats tempérés, les bœufs sont plus propres au travail, leur chair est plus succulente, les vaches fournissent plus de lait.

La nourriture détermine la taille et les formes des animaux : dans un climat humide, les plantes qui croissent dans les bas-fonds contiennent, à poids et volumes égaux, beaucoup plus de parties aqueuses que les plantes des terrains assainis ; aussi les animaux sont-ils forcés, pour se sustenter, de manger une masse plus considérable de ces plantes aqueuses ; leur estomac, toujours tendu, élargit peu à peu la capacité du coffre ; puis le volume de toutes les parties du corps augmente ; les os deviennent plus gros ; mais ils perdent en densité ce qu'ils gagnent en volume.

3. — Influence de la nourriture, du régime et du sol.

Le régime et les aliments doivent varier selon la destination des animaux.

Ainsi des animaux destinés au travail doivent, dès leur naissance, exercer leurs membres et être soumis jeunes à un travail proportionné à leurs forces ; au contraire, les animaux destinés à l'engraissement à l'étable ne doivent faire que peu d'exercice.

Ainsi les chevaux de course doivent recevoir une nourriture substantielle, sous un petit volume, tandis que des chevaux qui ne doivent marcher qu'au pas, qui peuvent sans inconvénient être chargés de graisse, les chevaux de brasseur, par exemple, peuvent consommer en beaucoup plus grande quantité des aliments moins nutritifs.

Les cultivateurs de l'Alsace nourrissent leurs chevaux avec des navets;

---

[1] La question est de savoir si les bêtes des Alpes, ainsi transportées, ont moins de graisse intérieure que dans leur pays natal. Partout les bouchers se plaignent que les bœufs suisses *se tuent mal*, c'est-à-dire qu'ils n'ont pas une quantité satisfaisante de graisse intérieure. Mais, pour ne pas être injuste envers les bêtes suisses en général, il faut aussi faire la remarque que jusqu'à présent on allait surtout chercher en Suisse les bêtes de Berne et de Fribourg, remarquables par leur grande taille, et qu'aujourd'hui on a reconnu que la Suisse possède d'autres races qui sont bien préférables, quoique moins lourdes.

les cultivateurs de la Bavière rhénane les nourrissent avec des pommes de terre cuites.

La plus chétive race acquiert de la taille dans de riches pâturages.

« Après la terrible épizootie de 1769 à 1771, qui enleva presque tout le bétail de la Frise, on fit venir du Jutland des bêtes qui n'étaient comparativement que des nains, qui auraient presque passé sous le ventre des bêtes de la race de Frise, et, sans croisement, elles en avaient atteint l'énorme taille dès la troisième ou quatrième génération. » (*Die holsteinische Milchwirthschaft.*)

Les vaches laitières doivent recevoir leur nourriture très-délayée; plus elles boivent, plus la sécrétion du lait est abondante.

Au contraire, les animaux de races destinées à la boucherie doivent être nourris d'aliments substantiels, qui favorisent la production de la chair et de la graisse.

Par le régime auquel ils sont soumis, les individus prennent des caractères qui passent à leurs productions, et qui finissent par devenir caractères constitutifs de la race.

Dans les animaux destinés à la boucherie, on cherche à donner plus de volume aux parties du corps qui fournissent une viande de meilleure qualité, en diminuant le volume des parties qui ont moins de valeur. On choisit donc les animaux qui ont une petite tête, un cou mince, des jambes fines et courtes; mais on atteint bien plus sûrement le but, si, dès leur naissance, on donne aux animaux une nourriture substantielle et abondante. Cette observation est de la plus grande importance; souvent par un bon régime, par une nourriture abondante et substantielle, et en maintenant les animaux constamment en bon état, on donne à une race une précocité, une taille, une disposition à engraisser dont on ne l'aurait pas crue susceptible. Alors le corps prend tout le développement désirable, tandis que les extrémités croissent dans des proportions beaucoup moindres.

Au contraire, de longs membres, une grosse tête, un corps court, sont toujours, dans un jeune animal, les indices et les suites d'un mauvais régime et d'une nourriture insuffisante.

Cela s'explique : tous les animaux naissent avec une grosse tête et de longs membres; si le corps ne prend pas le développement convenable, la disproportion subsiste; si, au contraire, le développement du corps est favorisé d'une manière extraordinaire, alors il s'établit une disproportion opposée, et les extrémités restent petites comparativement au corps.

Une nourriture abondante, mais peu substantielle, peut produire des animaux qui atteindront une taille et un poids considérables, mais ils conserveront toute leur vie un gros ventre, dont le poids peut même déterminer une courbure de la colonne vertébrale.

On voit donc que les jeunes animaux peuvent contracter des défec-
tuosités par suite d'une nourriture trop ou trop peu abondante.

Les travaux auxquels sont soumis les animaux exercent sur leur
conformation une influence réelle [1].

Sous l'influence de causes physiques, sans cesse agissantes, les formes
sont modifiées, puis elles sont transmises, et elles finissent par devenir
des qualités constitutives d'une race.

Dans le cheval de selle, le poids du cavalier abaisse le rein, donne à
la croupe une position horizontale, et tout le corps s'allonge dans des
mouvements prompts et faciles. Dans le cheval de trait, au contraire,
la croupe est abaissée par l'action du tirage, les extrémités se rapprochent, et l'animal se raccourcit dans des efforts lents et pénibles.

Les animaux qui vivent dans des pâturages médiocres, ceux qui travaillent beaucoup, ont plus d'agilité, plus de nerf, la fibre plus sèche; au contraire, les bêtes nourries à l'étable deviennent plus lourdes, plus lentes,
et perdent en vigueur ce qu'elles gagnent en disposition à engraisser.

La constitution et les formes des animaux peuvent être modifiées par
les influences du sol, du climat, des aliments et d'un bon ou d'un
mauvais régime.

En Suisse, les génisses nourries abondamment à l'étable deviennent
plus grandes, leurs os sont plus gros, leur cuir plus épais, leurs cornes
s'allongent horizontalement. Les génisses élevées dans les pâturages
sont plus petites, plus larges et plus fines. On y a observé aussi que
chaque localité, pour ainsi dire, a une race qui s'y est formée depuis des
siècles et qui lui convient particulièrement. Les vaches des hautes vallées transportées dans la plaine, où le fourrage est plus abondant, engraissent et donnent moins de lait, tandis que les grandes vaches de la plaine,
si elles sont transportées dans les montagnes, y dépérissent.

L'influence du sol, du climat, du pâturage surtout, peut être telle, que
le poulain qui, élevé près d'Alençon, serait devenu cheval de selle, devienne cheval carrossier dans les plaines de Caen. Des poulains nés en
Flandre et transportés dans les herbages de la Normandie acquièrent toutes
les apparences du cheval normand. Les chevaux élevés dans certains
lieux sont sujets à la fluxion périodique et deviennent aveugles, mais ces
infirmités sont presque toujours dues à de mauvaises conditions hygiéniques de l'élevage, car une bonne hygiène en empêche la reproduction.
On ne peut donc pas dire d'une manière absolue qu'il existe de cause
préexistante de dégénérescence. N'avons-nous pas vu les mérinos prospérer depuis les plaines de l'Estrémadure jusqu'à Moscou? et les Saxons ne

---

[1] Voir, page 37, la différence de conformation des bêtes de montagne et des bêtes
de plaine.

sont-ils pas parvenus à obtenir des mérinos à laine plus fine que celle qui a jamais été produite par les mérinos en Espagne?

L'éleveur doit connaître toutes ces influences locales ; c'est une folie de n'en pas tenir compte ; mais, après avoir choisi l'espèce d'animaux qui lui convient le mieux sous les rapports du sol, de la nourriture et de l'usage auquel il les destine, il doit être bien convaincu qu'avec des soins judicieux et des alliances bien entendues, on peut conserver et même perfectionner une race importée, sans avoir besoin de recourir à des mâles de la souche primitive.

Les Anglais conservent dans leur perfection, sur le même sol, des races de chevaux tout à fait différentes : l'énorme cheval de charrette, originaire des plaines humides de la Flandre, et le cheval de course, sorti primitivement des sables brûlants de l'Arabie, le cheval d'agriculture et le poney. On trouve aussi en Angleterre les vaches qui possèdent au plus haut degré la faculté de prendre la graisse, mais la Hollande possède les vaches qui donnent la plus grande quantité de lait. (Voir *grav. 16.*)

4. — Influence de l'éducation.

L'exercice des sens ou de certaines facultés fait acquérir aux animaux une plus grande perfection. Le caractère des animaux peut être modifié aussi par l'éducation et par les bons ou mauvais traitements.

Les qualités morales sont transmises comme les qualités physiques par la génération et deviennent qualités ou défauts inhérents à une race.

Je ne pense pas que personne révoque en doute cette transmission des qualités morales, dont l'espèce humaine offre tant de preuves évidentes. Tous nos animaux domestiques, dont les services demandent une certaine intelligence, tels que le chien de chasse, le chien de berger, ne sont pas choisis par nous au hasard, on préfère toujours les chiens dont le père et la mère possèdent au plus haut degré les qualités qu'on recherche.

Les animaux élevés en liberté, dans un état qui approche de l'état sauvage, comme les bêtes bovines de la Hongrie, de la Crimée ou des steppes (*grav.* 24) et comme la plupart des chevaux russes, ne connaissent l'homme que comme un ennemi, et on trouve généralement chez eux la disposition à mordre et à frapper.

En Suisse, les vaches sont traitées avec la plus grande mansuétude et elles vivent dans l'abondance, soit qu'elles pâturent, soit qu'elles soient nourries à l'étable ; aussi la race est-elle remarquable par sa douceur de caractère et par sa docilité. On attelle non-seulement les vaches, mais aussi les taureaux suisses.

L'éducation des animaux doit commencer avec leur vie. Ils doivent respecter leur maître; mais, habitués à ne recevoir de lui que de bons traitements, ils doivent l'aimer.

Ainsi, pour atteindre à quelque perfection dans l'éducation du bétail,

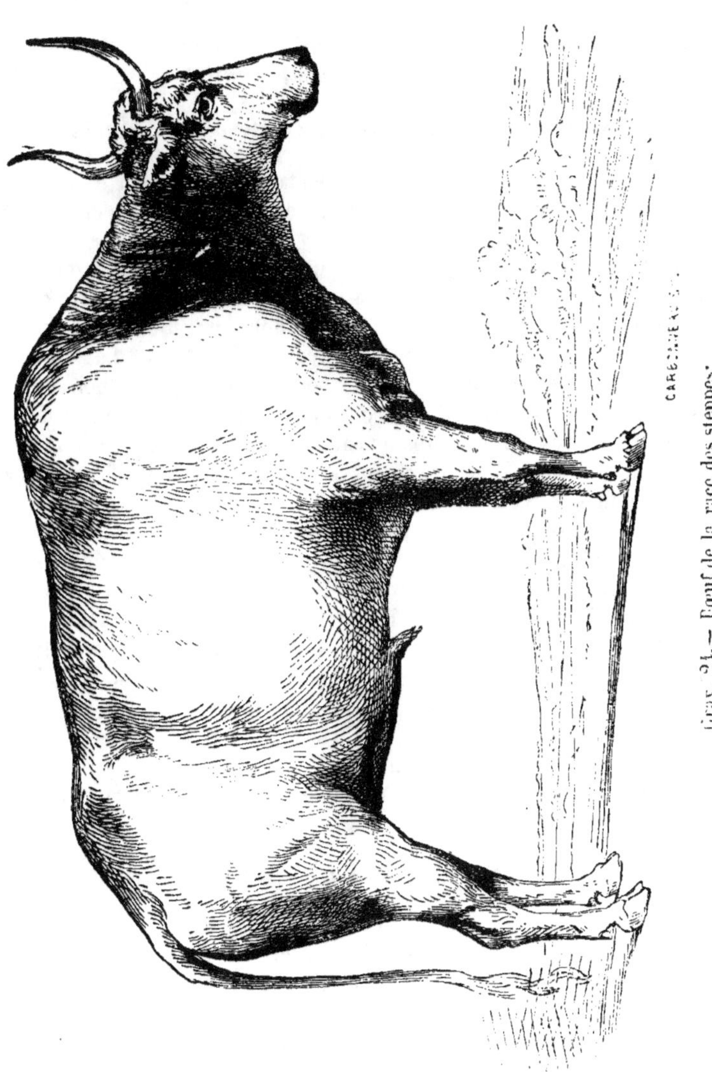

Grav. 24. — Bœuf de la race des steppes.

il faut une certaine disposition innée, il faut que l'éleveur aime ses bêtes, les observe, les étudie; qu'il prévoie leurs besoins et y pourvoie largement; qu'il les mette à l'abri de la brutalité des valets. On obtient ainsi des bêtes douces, dociles, amies de l'homme, et bien plus appropriées à toutes les destinations.

L'amour des bêtes est la première condition de succès, la première base de toute amélioration dans l'élève du bétail.

5. — Indices donnés par la couleur des robes.

Quelques personnes attachent de l'importance à la couleur de la robe; mais souvent leur opinion provient seulement de ce qu'elles ont trouvé de bonnes vaches de tel poil.

Le poil alezan ou bai, de diverses nuances, est le plus commun.

Les bêtes de la belle race du Glane sont bai clair ou isabelle doré; celles du Mont-Tonnerre sont isabelle très-clair, on en rencontre aussi de blanches, et quelques-unes avec des nuances grisâtres. La Suisse a d'excellentes bêtes d'un bai vif, et des bêtes pies rouges et noires; elle a aussi une race estimée, d'un brun foncé avec une raie fauve sur le dos, et enfin de très-bonnes bêtes de couleur isabelle de diverses nuances.

Quoiqu'il puisse exister à cet égard des préjugés, il n'en est pas moins certain que la couleur du poil est un indice du tempérament. Ainsi la robe noire peut faire supposer une fibre dure, tandis qu'une robe claire annonce une fibre molle et une disposition notable à engraisser.

Nous voyons dans l'espèce humaine les cheveux noirs être ordinairement l'indice d'un tempérament bilieux, les cheveux châtains d'un tempérament sanguin, les cheveux blonds d'un tempérament lymphatique.

Les chevaux blancs de naissance, soupe-au-lait, isabelle clair, alezan lavé, sont ordinairement mous; on estime le courage des bai brun; parmi les alezans vifs et foncés, on trouve beaucoup de chevaux chatouilleux, qui mordent et frappent.

On croit la chair des volailles à plumage blanc plus délicate que celle des volailles brunes ou noires.

6. — Transmission des qualités individuelles par la génération.

Le père est le créateur, le type de la race.

Le père fournit la semence, la mère est le sol dans lequel la semence est reçue et se développe.

Le principe fondamental, c'est que les pères et mères transmettent à leurs productions leurs défauts et leurs qualités. *Les semblables produisent les semblables.* On doit donc toujours choisir, pour en tirer race, les individus les plus parfaits, ceux qui possèdent au plus haut degré les qualités que l'on désire, et qui sont exempts des défauts que l'on veut faire disparaître.

Mais les qualités et les défauts ne sont pas toujours transmis immédiatement par le père et la mère, ils viennent souvent des ancêtres. Plus une race est ancienne et bien établie, plus ces défauts sont difficiles à déraciner; ils peuvent reparaître après plusieurs générations qui en ont été exemptes. On a donné le nom d'*atavisme* (d'*atavus*, aïeul) à cette influence des ascendants qui fait reparaître des qualités et aussi des défauts qui n'existaient pas dans le père et la mère.

Les Allemands ont aussi un mot pour définir cet accident, qui fait si souvent le désespoir des éleveurs; ils disent d'une bête chez laquelle reparaissent des défauts dont le père et la mère étaient exempts, et qui existaient dans ses ascendants à des degrés plus ou moins éloignés, c'est un *Rückschlag*, littéralement un *coup en arrière;* c'est un *pas rétrograde* qui nous éloigne du perfectionnement auquel nous tendons, et qui nous ramène à des défauts que nous travaillions à faire disparaître.

Si l'on accouple deux individus de races différentes, le caractère de l'individu dont la race est la plus ancienne domine dans les productions.

Si l'on accouple un taureau hollandais avec des vaches suisses, les produits prennent les caractères du père, bien plus promptement que si on unit des vaches hollandaises et un taureau suisse. Ce fait prouve l'influence de l'ancienneté de la race; car la race hollandaise est certainement la plus ancienne de ces deux races: les vaches ont dû peupler les vallées avant d'habiter les montagnes.

Si le mâle et la femelle appartiennent à deux races *constantes*, c'est-à-dire possédant des caractères fixes et constants, mais si ces deux races présentent entre elles de très-grandes différences, il est très-difficile de créer une nouvelle race constante.

Les qualités morales sont transmises comme les qualités physiques. Les chiens nous en fournissent des preuves évidentes.

Les mâles ressemblent ordinairement plus à leur mère, et les femelles ressemblent plus à leur père.

La disposition à produire beaucoup de lait est transmise plutôt par le père, et la disposition à engraisser est transmise plutôt par la mère.

Chez les vaches la disposition à produire plus ou moins de lait est transmise de la mère, par le fils aux petites-filles.

On croit que le mâle a plus d'influence sur les parties antérieures du corps, et la femelle sur les parties postérieures et les extrémités;

Que le père transmet plutôt les formes et tout ce qui a rapport à la vie extérieure, et que la mère transmet plutôt la taille et tout ce qui tient à la vie intérieure ou à la nutrition;

Que l'influence de la mère l'emporte pour ce qui concerne le tempérament et la faculté d'apprendre.

Il est possible qu'un étalon méchant n'engendre pas des poulains méchants comme lui; mais une jument qui mord et frappe transmettra très-probablement ce vice à ses poulains.

7. — Principes à suivre dans le choix des reproducteurs.

Dans l'accouplement des animaux, il faut éviter avec soin une erreur dans laquelle on est trop souvent tombé, c'est de vouloir améliorer une petite race par de grands mâles. On manque en cela complétement le but. Il est bien évident que le germe d'un énorme taureau suisse, par exemple, déposé dans le sein d'une petite vache, n'y trouvera pas l'espace nécessaire à son développement, et ne pourra donner qu'un être imparfait, mal conformé ou disproportionné. Les Anglais ont amélioré leurs chevaux de race par le petit étalon arabe, leurs chevaux de trait par de grandes juments flamandes, leurs porcs par le petit verrat chinois. Avec une nourriture abondante et substantielle, les productions d'une femelle de forte taille et d'un mâle de petite taille peuvent atteindre la taille de leur mère. Ce fait a été encore récemment prouvé à l'École vétérinaire d'Alfort, par les résultats de l'accouplement du petit bélier de Naz avec la grande brebis de Rambouillet.

Une question importante, c'est de savoir comment on peut le plus sûrement obtenir la transmission des qualités qui constituent une bonne vache laitière. Je crois que le taureau a au moins autant d'influence que la vache sur cette transmission et qu'il faut que les taureaux proviennent de bonnes vaches laitières si l'on a pour but principal la production du lait; mais on dit aussi que les qualités de la mère ne sont pas transmises ordinairement en ligne directe à la fille, et que c'est à la seconde génération que la petite-fille présente toutes les qualités lactifères de la grand'mère. On a même voulu expliquer ce fait par des raisons qui me semblent inadmissibles. L'objet important, c'est de savoir si le fait est vrai et s'il mérite d'attirer l'attention des éleveurs. S'il était constaté, il serait important pour le choix des bêtes dont on veut tirer race et il expliquerait beaucoup de mécomptes.

Quant aux principes qui doivent en général guider l'éleveur dans le choix des animaux reproducteurs, voici la doctrine des Anglais, telle qu'elle est émise par H. Cline :

« La femelle doit être *relativement* plus grande que le mâle. (Cette doctrine a été souvent mal comprise, dit Sinclair. On ne demande pas que la femelle soit plus grande que le mâle, mais que sa taille soit supérieure à la taille ordinaire des femelles, comparée à celle des mâles.)

« Les formes extérieures ne sont qu'une indication de la structure intérieure.

« La faculté de convertir les aliments en une substance assimilable qu'on appelle *chyle* est proportionnelle au volume des poumons; un animal pourvu de gros poumons peut convertir un poids donné d'aliments en une plus grande quantité de chyle qu'un autre animal qui a de petits poumons, et il est par conséquent plus facile à nourrir et à engraisser. Cuvier dit aussi que la force musculaire est toujours en raison de la respiration.

« La forme et la grandeur de la poitrine indiquent le volume des poumons. La forme de la poitrine doit approcher de celle d'un cône, ayant son sommet situé entre les épaules, et sa base vers les reins.

« La capacité de la poitrine dépend plus de sa forme que de son contour; car, quoique le contour soit égal dans deux animaux, l'un peut avoir de plus grands poumons que l'autre.

« Un cercle contient une surface plus grande qu'une ellipse de même circonférence, et l'ellipse contient d'autant moins de surface qu'elle s'éloigne plus de la figure du cercle. Une poitrine élevée n'a donc une grande capacité qu'autant qu'elle a une largeur proportionnée.

« La largeur des reins est toujours proportionnée à celle de la poitrine et du bassin. Le bassin, dans les femelles, doit être assez large pour qu'elles puissent mettre bas avec facilité. »

Les individus destinés à la reproduction ne doivent être ni trop jeunes ni trop vieux; ils doivent jouir d'une santé parfaite.

Si le mâle et la femelle sont de deux races différentes, ils ne doivent présenter entre eux ni contraste ni opposition tranchée; car, dans ce cas, il ne résulte pas une fusion des caractères des deux races; mais leurs produits présentent un mélange disparate, souvent informe, des caractères du père et de la mère.

On en a tous les jours la preuve dans le voisinage des haras, où l'on voit des chevaux provenant de juments communes et d'étalons de race, et chez lesquels il existe un mélange tellement incohérent des traits du père et de la mère, que les chevaux valent beaucoup moins que s'ils étaient de race tout à fait commune.

On voit de même que des béliers superfins croisés avec des brebis communes produisent des bêtes dont la laine est un tel mélange de celle du père et de la mère, qu'un drapier ne peut ni l'assortir ni en faire une étoffe passable.

On doit, dit Sinclair, éviter les croisements si l'on peut se procurer autrement une bonne race; on trouve plus d'avantages à améliorer une race déjà établie qu'à créer une race nouvelle par les croisements.

8. — Moyens d'améliorer une race.

Il y a deux manières d'améliorer une race.

La première consiste à choisir dans cette race les sujets les plus parfaits, pour les employer à la reproduction : c'est ce qu'on nomme *sélection;* grâce à cette méthode la race subsiste, elle est conservée *pure*, mais *améliorée*. Les Allemands nomment *Reinzucht*, les Anglais *thorough-breed*, cette méthode de multiplier une race sans mélange de sang étranger. Les Français n'ont que le mot *pureté* du sang ou de la race, pour rendre cette idée, et pourtant il est logique de dire : Ce taureau est de *pur* sang suisse, comme on dit : Ce cheval est de *pur* sang arabe ou anglais, et l'on devrait pouvoir également dire : Ce bœuf ou ce cheval est de la race ardennaise dans toute sa *pureté*, comme on dit : Ce bœuf est de la race normande dans toute sa pureté. Ces locutions sont admises dans les langues allemande et anglaise.

Par la seconde méthode, on introduit dans une race du sang d'animaux d'une race plus parfaite : alors la race est *ennoblie,* et ce mot, adopté par les Allemands, rend trop bien l'idée qu'on veut exprimer pour ne pas être aussi adopté en français.

A. — Multiplication en dedans. — Sélection.

On peut améliorer une race ou en unissant des individus de deux races différentes, c'est-à-dire par *croisement*, ou en unissant deux individus d'une même race.

On appelle amélioration par *sélection* cette seconde méthode, qui consiste à choisir les individus les plus parfaits dans une même race pour les accoupler; si l'on accouple ensemble les animaux du degré de parenté le plus rapproché, c'est la multiplication *en dedans* (*in and in* des Anglais). Cette méthode a été, comme nous l'avons vu, celle de Bakewell. Elle suppose, dit Weckerlin, que la race est déjà perfectionnée et qu'elle est exempte de graves défauts héréditaires. Par ce mode, on peut fixer des qualités qui jusque-là n'avaient appartenu qu'à quelques individus de la race; on produit des bêtes semblables entre elles et on arrive à une constance qui augmente de génération en génération. Celui qui multiplie en dedans cherche à fixer des qualités que possèdent déjà ses bêtes. Celui qui croise fait des essais et n'est jamais sûr du résultat. Cette dernière méthode ne doit être employée qu'avec une grande prudence.

Voici comment Sinclair s'exprime sur la multiplication en dedans :

« Ce système peut être avantageux, dit-il, lorsqu'il n'est pas poussé trop loin; mais l'expérience a prouvé qu'on ne pouvait pas continuer de la suivre avec succès. Quoique les animaux conservent leurs formes et leur beauté, ils finissent par devenir chétifs et incapables de propager leur race. Il est donc préférable de poursuivre l'amélioration en employant des individus de la même race, mais de familles différentes. »

Lorsque Sinclair se prononce aussi sévèrement contre la multiplication *en dedans*, on doit croire qu'il n'a voulu condamner que l'abus; car il est bien certain, non-seulement que c'est à cette méthode que Bakewell a dû ses succès, mais aussi que c'est à elle en grande partie que les Anglais sont redevables de la perfection à laquelle ils ont amené leurs chevaux. Il ne faut donc que savoir s'arrêter à temps, lorsqu'on s'est engagé dans cette voie, et il n'en est pas moins démontré que Buffon s'est grandement trompé lorsqu'il a condamné d'une manière absolue les alliances de famille, et cela, sans qu'il ait démérité du titre de grand que lui donnent les écrivains étrangers, alors même qu'ils signalent ses erreurs.

David Low, dans son *Agriculture pratique*, a fort bien discuté ce sujet :

« La multiplication, dit-il, peut avoir lieu soit par des individus unis entre eux par une très-proche parenté, tels que les frères et sœurs, les pères et mères et leurs descendants[1], ou bien en accouplant des individus de la même race, mais de familles différentes.

« Par ce dernier procédé, on obtient des bêtes plus robustes, sujettes à moins de maladies. Par le premier, on arrive plus tôt à produire des animaux de formes plus parfaites, possédant à un plus haut point la disposition à engraisser, et surtout nous parvenons à fixer les caractères des ascendants dans leurs produits. On sait que c'est par ce moyen que Bakewell et d'autres éleveurs sont arrivés à obtenir la *constance*, c'est-à-dire à donner à leurs bêtes des caractères propres, qui sont transmis avec certitude.

« Ces éleveurs, les premiers qui aient procédé rationnellement dans la pratique de leur art, ont été presque forcés de suivre cette route ; s'ils avaient eu recours à des taureaux d'autres familles, ils auraient risqué, par l'emploi d'animaux inférieurs, de faire perdre à leur race une partie de ses qualités.

« En outre, il est à remarquer que l'accouplement raisonné d'individus unis entre eux par une très-proche parenté produit des animaux qui ont une plus grande tendance à un développement précoce et à l'engraissement. Il paraît que, le développement de l'animal devançant dans ce cas l'âge ordinaire, les os et les muscles sont aussi plus tôt formés, il en résulte la disposition à engraisser jeune.

---

[1] On croit que l'on peut sans inconvénient accoupler le père avec sa fille, l'oncle avec sa nièce; mais on a reconnu qu'il ne convient pas d'accoupler le fils avec sa mère, le neveu avec sa tante.

« L'application de ce système a pourtant ses bornes, car la nature, pour se prêter à nos combinaisons, ne permet pas qu'on s'écarte trop de ses voies ordinaires. Il est connu que si par l'union d'individus proches parents on diminue le volume des os et on obtient une plus grande disposition à engraisser, d'un autre côté les produits sont plus délicats et plus sujets aux maladies. Si donc on peut, jusqu'à un certain point, continuer ces unions avec de très-beaux animaux pour acquérir avec certitude la constance dans la transmission de leurs qualités, en allant trop loin on force la nature. Si la race est précoce et facile à engraisser, elle perd son énergie, les femelles ne produisent plus la quantité de lait suffisante pour nourrir leurs petits, les mâles perdent leurs qualités prolifiques et deviennent incapables de perpétuer leur race[1].

« Si donc ces alliances intérieures ont déjà eu lieu pendant un certain temps dans une famille de bétail, on ne doit pas négliger de changer les mâles, en se procurant des individus de choix de la même race, mais d'une autre famille. C'est une condition importante pour assurer dans l'avenir la santé du bétail. Déjà beaucoup d'éleveurs ont éprouvé de grandes pertes à la suite d'unions en famille poussées trop loin dans le but de porter une race au plus haut point de perfection. »

La perfection ne réside pas seulement dans les formes extérieures, elle est surtout *dans le sang*. *Le sang*, disent les Anglais, *ne se perd jamais*, c'est-à-dire que si des qualités, inhérentes à une race bien établie, peuvent faire défaut dans certains individus isolés de cette race, le germe de ces qualités n'a pourtant pas cessé d'exister, et elles reparaissent chez les descendants de ces individus, pourvu que la pureté du sang soit conservée. C'est ainsi qu'il naît souvent de jeunes animaux plus parfaits que leurs auteurs immédiats, et qui reproduisent d'une manière frappante leurs ascendants, aïeux, bisaïeux ou trisaïeux.

Mais si les qualités les plus précieuses peuvent ainsi reparaître d'une manière souvent inespérée, malheureusement, et par suite du même principe, les défauts peuvent aussi se perpétuer, c'est là le *Rückschlag*, le pas rétrograde dont j'ai déjà parlé.

B. — Croisement.

Le croisement est l'accouplement de deux animaux du même genre, mais de races différentes.

Par les croisements on obtient quelquefois, pour certaines parties du corps, le changement qu'on désire, tandis que d'autres parties, et sur-

---

[1] J'appelle l'attention sur ce point : c'est probablement la cause de ce fait reconnu par beaucoup d'éleveurs, que la faculté de prendre la graisse augmente dans leurs élèves en même temps que les qualités laitières diminuent.

tout l'ensemble du corps, opposent une longue et opiniâtre résistance.

Les parties du corps qu'on modifie le plus facilement sont celles qui ont la moindre importance et qui se rapprochent du règne végétal, tels sont les poils, les cornes, les ongles.

Tous les animaux ruminants ont quatre estomacs et sont dépourvus de dents à la mâchoire supérieure. Tous ont le sabot fendu et c'est seulement dans cet ordre des ruminants qu'on trouve des bêtes ayant des cornes ou bois.

Dans certains animaux, la forme des cornes est dans un rapport exact avec le poil : elles sont droites si le poil est lisse; elles sont contournées en spirale si le poil est frisé.

Plus deux races qu'on veut croiser diffèrent l'une de l'autre, plus il est difficile d'obtenir la constance dans les produits.

Il est important, pour le succès des croisements, de savoir quelles qualités sont plus facilement transmises soit par le mâle, soit par la femelle.

Le plus sûr est d'accorder une égale influence sur les productions au mâle et à la femelle, en ayant surtout égard, chez l'un et chez l'autre, à l'ancienneté de la race et à sa constance. (Voir *Transmission des qualités individuelles par la génération*, page 44.)

C'est un grand avantage de commencer les croisements avec une race dont les qualités sont bien connues, et qui a le privilége de l'ancienneté et de la constance qui en est le résultat.

Si l'éloignement, les dépenses ou d'autres obstacles ne s'opposent pas à l'introduction de cette race, on ne doit pas craindre de dépayser les bêtes, c'est-à-dire on ne doit pas craindre qu'elles dégénèrent lorsquelles sont transportées au loin. Le sol, le climat, les aliments, ont une influence qui ne peut être révoquée en doute ; il ne faut donc pas faire venir des vaches de la Suisse ni du Glane pour les entretenir misérablement ; mais avec la nourriture à l'étable, base de toute bonne agriculture, on peut partout entretenir de belles et bonnes vaches, d'une taille proportionnée à la qualité plus ou moins riche du fourrage dont on dispose.

Celui qui est mal partagé à cet égard fera prudemment d'acheter de jeunes bêtes, ou seulement la quantité de vaches nécessaire pour former une souche.

Quoique j'insiste sur les avantages d'une bonne race déjà établie, je conseille cependant à celui qui a dans son voisinage une race passable de s'en tenir à cette race plutôt que d'aller au loin en chercher une autre. Souvent des bêtes possèdent de bonnes qualités : la misère, le défaut de soins et de nourriture, en ont seuls arrêté le développement.

C'est ici que trouvent leur application les principes de l'art d'améliorer une race.

Il y a deux sortes de croisements : ou bien l'on veut améliorer une race par des mâles d'une race plus parfaite, dont on prolonge l'emploi plus ou moins longtemps; ou bien on unit ensemble des animaux de deux races différentes, dont chacune possède des qualités qu'on espère réunir dans les produits du croisement.

Les produits obtenus par un croisement sont des métis. On dit métis de première, deuxième, troisième génération, quand, par le premier mode de croisement, on a employé une, deux, trois fois, des mâles de la race pure améliorante avec les femelles métisses déjà obtenues par le croisement précédent.

L'art des croisements peut être ainsi résumé : *L'éleveur doit choisir pour les accouplements le mâle le plus parfait, sans avoir égard à la famille à laquelle il appartient.* Mais ce principe, tout incontestable qu'il est, peut être mal compris et mal appliqué.

L'amélioration par le croisement des races exige beaucoup de jugement et une rare persévérance.

On n'arrive à des résultats positifs que par une longue suite d'essais. Pour cela, comme pour presque toutes les branches de la science agricole, la vie d'un seul homme est ordinairement trop courte. C'est là surtout que l'esprit d'association offre des résultats avantageux. Une entreprise conduite avec ordre et méthode est transmise du père aux enfants, et finit par amener un résultat qu'un seul aurait pu difficilement atteindre.

Deux grands exemples sont offerts aux éleveurs par l'Angleterre et la Saxe. Les Anglais possèdent les premiers chevaux de l'Europe, comme les Saxons possèdent les bêtes à laine les plus fines, parce que les uns et les autres, dès qu'ils ont obtenu de bonnes souches, ont été assez sages pour les conserver *pures* et les *améliorer par elles-mêmes,* en choisissant toujours pour la reproduction les animaux les plus parfaits, et en évitant avec le plus grand soin le mélange de tout sang étranger [1].

Les autres pays de l'Europe ont suivi une route différente; ils ont *croisé* les races, et les résultats obtenus de part et d'autre sont des faits parlants.

Il n'est pas un homme qui ait fait autant de tort que Buffon à l'amélioration des races de bétail sur le continent européen. Il a soutenu le principe de la nécessité des croisements; il a prescrit d'allier les extrêmes, les animaux du Nord avec ceux du Midi, et cette doctrine, propagée, ad-

---

[1] Il serait injuste de ne pas mentionner aussi le troupeau de Rambouillet, le plus ancien et le plus pur qui existe en France, et peut-être en Europe, dit M. Yvart. — Tandis qu'en Saxe on sacrifiait tout à la finesse de la laine, on voulait, à Rambouillet, obtenir des toisons abondantes avec un peu moins de finesse et des bêtes de plus forte taille. Par suite de circonstances qu'aucune prudence humaine ne pouvait prévoir, les laines superfines ont subi une dépréciation considérable, les bêtes saxonnes ont donc beaucoup perdu de leur valeur, tandis que les mérinos français sont de plus en plus appréciés et demandés.

misc partout à la faveur d'un nom illustre, a amené des maux incalcula-
bles. Ce fut à tel point, que l'Espagne, qui possédait une excellente race
de chevaux d'origine orientale, importée par les Maures, faisait venir,
en 1764, des étalons de la Normandie, du Danemark, etc., tandis que
de précieuses juments arabes, données par le dey d'Alger au roi d'Espagne, étaient employées à produire des mulets! La France, Naples,
l'Espagne, avaient pour les chevaux une immense supériorité sur l'Angleterre. Que l'on compare aujourd'hui ces pays entre eux, et qu'on nous
dise lequel a suivi la bonne voie.

Bien que je croie avoir exposé avec toute l'exactitude possible les principes qui doivent servir de règle à l'éleveur pour l'amélioration du bétail,
il n'est pas inutile de faire connaître les principes professés à cet égard
en Angleterre. Si l'on croit remarquer quelques différences entre les
idées de l'auteur anglais et celles que j'ai émises, un examen plus at-
tentif fait bientôt voir que nous sommes d'accord sur tous les points
fondamentaux. Il suffit pour cela de remarquer que les formes des
animaux, leur disposition à engraisser, qualités que possède la race de
Durham, sont ici supposées être le but auquel tend l'éleveur qui veut
améliorer sa race de bétail; on remarquera encore, que la *constance*
étant une des qualités que possède éminemment cette race, l'influence du
taureau améliorateur ne peut être douteuse, et si dans un croisement on
suppose que le mâle de race perfectionnée doit exercer sur le produit
une plus grande influence que la femelle, c'est qu'on suppose aussi que
la *constance* est nécessairement une des qualités de la race à laquelle
appartient le type améliorateur.

Une observation me reste encore à faire dans l'intérêt des cultivateurs du continent, c'est que l'introduction des races perfectionnées
anglaises est loin d'être avantageuse partout. De l'aveu des Anglais, et
comme on l'a prouvé par les essais faits à Hohenheim, ces races sont
délicates, elles exigent une grande quantité de nourriture et une nourriture choisie.

Il est encore à remarquer que les bêtes anglaises améliorées sont peu
propres au travail.

L'éleveur doit mettre une grande circonspection dans le choix d'une
race de bêtes bovines. Ce n'est pas toujours la race la plus parfaite qui
donne le plus de profit, mais bien celle qui convient le mieux aux circonstances locales, à la destination des bêtes, à la nature du sol, à la
qualité du fourrage, etc.

Voici les principes professés par David Low sur l'*amélioration des
races* par l'emploi des taureaux d'une race étrangère plus parfaite :

« Les résultats de ce mode d'amélioration ont souvent trompé l'attente de
l'éleveur, surtout lorsque le taureau n'a pas été bien choisi, et que les deux

races que l'on a alliées ensemble présentaient des différences prononcées.

« Dans ce cas, les produits du premier croisement sont ordinairement satisfaisants, mais il arrive trop souvent que leurs descendants sont non-seulement inférieurs, mais encore présentent des défauts qui n'existaient pas dans les souches primitives.

« Ces mécomptes proviennent cependant en grande partie de croisements mal entendus et de l'entière ignorance des principes qui doivent présider aux choix des individus de races différentes que l'on veut accoupler ensemble. Si l'on entreprend un croisement, le mâle doit toujours être d'une race plus parfaite que la femelle, et, à cette condition, le produit qu'on obtiendra sera toujours bon [1]. Mais, si après l'emploi d'un mâle de race plus parfaite, on revient aux mâles de la race inférieure, il peut fort bien arriver que l'introduction d'un sang étranger n'ait eu d'autre résultat que de rendre encore moins bonne qu'elle n'était la race qu'on veut améliorer.

« Il est donc de règle que les femelles provenant de croisements doivent toujours être couvertes par des mâles de la race améliorante, jusqu'à ce que les qualités qu'on désire obtenir soient devenues constantes dans les productions.

« Par le croisement, les caractères les plus saillants du mâle, dans les formes du corps, sont transmis à ses productions ; cette grande influence du mâle devient vraiment surprenante quand on fait couvrir une vache commune par un bon taureau de race perfectionnée. Par exemple, le premier croisement d'un taureau pur sang de la race à courtes cornes avec une vache très-ordinaire produit presque toujours un beau veau, possédant à un degré remarquable la faculté de prendre la graisse. Beaucoup de bêtes excessivement grasses, qui reçoivent des primes aux concours de notre pays, sont le résultat de semblables croisements ; mais, si l'on ne continue pas d'accoupler les femelles métisses avec des mâles de pur sang, jusqu'à ce que ces heureuses qualités soient devenues constantes, ces qualités cessent bientôt de se perpétuer.

« Si donc un éleveur veut améliorer son bétail par croisement, il faut qu'il se procure un taureau d'une race plus parfaite, dont l'origine ne soit pas douteuse, et qu'il persévère dans l'emploi de ce taureau, jusqu'à ce qu'il soit parvenu à créer une sous-race dont les caractères soient bien fixés et constants. Il y a certainement des cas nombreux où l'on obtient d'heureux résultats du simple mélange d'un sang plus parfait, comme cela a lieu avec des bêtes qui n'ont point de caractère prononcé : la moindre introduction d'un sang plus noble est alors une amélioration. Mais, si une race possède déjà de bonnes qualités bien éta-

---

[1] On ne doit pas oublier que le croisement a ici pour but d'améliorer une race par l'emploi de taureaux d'une race plus parfaite.

blies, appropriées à la nature du sol et aux circonstances locales, alors on ne doit entreprendre qu'avec la plus grande circonspection un croisement qui aurait pour but d'améliorer encore cette race.

« Ainsi, comme nous l'avons déjà dit, il est de règle dans les croisements d'employer toujours un mâle d'une race plus parfaite que la race de la femelle; et notre pays possède actuellement une race dont les qualités sont si solidement fixées, qu'il est difficile de commettre une erreur dans le choix d'un taureau. Ces nobles animaux doivent leur formation à notre art, c'est-à-dire à l'emploi de tous les soins qu'il est possible d'apporter à l'amélioration d'une race par la multiplication en dedans. On n'a plus besoin de risquer des essais incertains avec des taureaux d'une origine douteuse. Quand, par exemple, on accouplait une bête d'Ayrshire avec une bête de Galloway, le résultat le plus probable était la disparition des bonnes qualités de l'une et de l'autre, c'est-à-dire de l'abondance de lait des vaches d'Ayrshire et de la disposition à engraisser des bêtes de Galloway.

« Mais, si l'éleveur choisit son type améliorateur dans une race aussi perfectionnée que la race à courtes cornes, il a la certitude d'obtenir des bêtes joignant à une grande taille la faculté d'engraisser facilement.

« Avant tout l'éleveur doit considérer si les ressources de son exploitation lui permettent d'entretenir une aussi forte race. S'il en possède réellement les moyens, le plus sûr est de commencer tout de suite avec la race la plus parfaite, au lieu de s'exposer à des pertes de temps et d'argent, en ayant recours à des croisements dont le résultat est toujours douteux. »

Voici le procédé à suivre, si l'on veut introduire dans une race un peu de sang étranger. Je suppose qu'on veuille tenter d'améliorer la race percheronne par le mélange du sang arabe, mais qu'on ne veuille pas pousser le mélange assez loin pour risquer de perdre les qualités que possède le percheron comme cheval de travail; il faut alors faire saillir une jument percheronne par un étalon arabe. Si une jument naît de cet accouplement, on la fait saillir à son tour par un étalon percheron, et un poulain entier provenu de ce second accouplement sera le type qui servira à produire des chevaux de race percheronne possédant un peu de sang arabe.

J'ai pris pour exemple les races arabe et percheronne, pour être plus sûr de me faire comprendre. On peut, par ce procédé, verser dans une race plus ou moins de sang d'une autre race. Je n'ai pas besoin de dire qu'il n'est pas possible de faire ces mélanges avec précision et certitude du résultat, comme les mélanges qu'opère un chimiste dans son laboratoire; il faut, pour réussir, la connaissance parfaite des races sur lesquelles on travaille et un choix judicieux des animaux qu'on emploie;

il faut aussi beaucoup de temps, de patience et de persévérance.

Une erreur générale, c'est de croire qu'une race importée est sujette à une dégénérescence à laquelle on doit remédier en *rafraîchissant* le sang, comme on dit, au moyen de mâles pris dans la souche primitive.

Si l'on accouple ensemble deux individus qui eux-mêmes sont déjà des produits de croisements, les résultats sont tout à fait incertains et en quelque sorte abandonnés au hasard.

C'est pour cela que la *constance*, résultat de l'ancienneté, est une des qualités les plus précieuses dans une bonne race. Les Anglais pensent que c'est seulement à la huitième génération que les caractères d'une race peuvent être solidement établis; mais il ne faut pas admettre cette opinion comme une vérité absolue; Pabst s'est expliqué sur ce sujet d'une manière fort sage :

« Il n'est pas possible, dit-il, d'établir avec une précision mathématique, comme ont prétendu le faire quelques éleveurs, après combien de générations les caractères d'une race sont solidement fixés. La nature ne se laisse pas entraver par des formules ou des calculs mathématiques, et si nous pouvons suivre une partie de ses opérations, il en est beaucoup d'autres pour lesquelles elle travaille dans des voies secrètes où notre œil ne peut pénétrer. »

Le tableau suivant donne les résultats obtenus par l'emploi non interrompu de mâles de l'espèce améliorante pendant dix générations. On commence par une femelle de race commune, la 1re femelle obtenue par le premier croisement est employée au second, et ainsi de suite. Au 10e croisement, il ne reste plus que 1/1024 de sang commun, mais le sang n'est pas encore pur et à la rigueur il ne le sera jamais.

GÉNÉRATION.	SANG PUR DU CÔTÉ PATERNEL.	SANG PUR DU CÔTÉ MATERNEL.	TOTAL DU SANG PUR.	RESTE DU SANG COMMUN.
1	1/2	0	1/2	1/2
2	1/2	1/4	3/4	1/4
3	1/2	3/8	7/8	1/8
4	1/2	7/16	15/16	1/16
5	1/2	15/32	31/32	1/32
6	1/2	31/64	63/64	1/64
7	1/2	63/128	127/128	1/128
8	1/2	127/256	255/256	1/256
9	1/2	255/512	511/512	1/512
10	1/2	511/1024	1023/1024	1/1024

CHAPITRE III

ÉTABLE.

1. — Avantages d'une étable attenant à l'habitation du fermier.

Presque toutes les anciennes fermes sont mal bâties; les bâtiments, ordinairement insuffisants, sont mal distribués, et les étables des bêtes bovines sont ce qu'il y a de plus défectueux. Les fermes récemment construites sont en général mieux aménagées; cependant beaucoup laissent à désirer, et l'on voit que ceux qui en ont tracé les plans n'avaient pas l'expérience de la vie agricole. Bien souvent j'ai désiré pouvoir bâtir de toutes pièces une ferme pour moi, et, si j'avais pu le faire, certainement les étables, surtout celles des vaches, auraient été, comme chez les petits paysans, sous le même toit que l'habitation du fermier, de manière que l'on pût facilement, à toute heure et par tous les temps, passer de sa chambre dans l'étable. *L'œil du maître engraisse le bétail*, et si le maître peut à tout instant arriver, sans être vu ni attendu, cela suffit pour prévenir beaucoup d'abus [1].

De même qu'un vacher suisse n'oublie jamais dans ses prières le cher bétail, *das liebe Vieh*, un bon fermier ne doit pas aller se coucher sans avoir fait la ronde dans ses étables. Il n'est pas agréable de quitter à dix heures du soir une chambre chaude, pour traverser une cour par le vent, la neige ou la pluie, ou de se lever au milieu de la nuit, lorsqu'on est éveillé par le bruit de bêtes lâchées, ou qui se battent pendant que le palefrenier qui couche dans l'écurie dort profondément. Combien de fois j'ai alors souhaité que mes étables fussent contiguës à ma chambre ! Avec un passage propre, sablé, assez large pour pouvoir s'y promener et un banc pour s'asseoir, on peut, surtout par le mauvais temps, venir passer avec ses bêtes de bons moments, qui ne sont certes pas les moins bien employés de la journée.

---

[1] Je pourrais citer plus d'une ferme où les étables des vaches et des bêtes d'attelages, communiquant les unes aux autres, sont séparées de la maison d'habitation, et où tous les valets, au moment de la traite, viennent boire au seau à lait. Quelquefois ils ont la conscience de remplacer par de l'eau le lait qu'ils ont bu.

On peut objecter à cette disposition l'odeur du fumier et le danger des incendies. Le danger d'incendie peut être prévenu par un mur qui sépare complétement les deux parties du bâtiment et dépasse même la toiture, et ce n'est pas par les cheminées que le feu arrive ordinairement dans les greniers à fourrage. Quant à l'odeur, elle n'existe réellement qu'au moment où l'on enlève les fumiers; on peut la combattre par l'emploi de l'oxyde de fer et la détourner par des cheminées d'évaporation. Mais jamais je ne l'ai remarquée dans les maisons des petits cultivateurs, où les vaches sont sous le même toit et immédiatement à côté de l'habitation de la famille.

2. — Construction. — Température.

CONSTRUCTION. — Pour qu'une étable soit bonne, il n'est pas indispensable, comme disent certains auteurs, qu'elle soit construite sur un terrain élevé, exposée à l'est, etc.; mais il faut qu'elle ne soit pas humide, et que les animaux y aient suffisamment d'espace, et qu'en tout temps l'air s'y renouvelle facilement, qu'on puisse y établir un courant d'air en été, qu'elle soit chaude en hiver.

La hauteur du sol au plafond doit être de trois mètres environ. Il est bon d'établir des conduits ou cheminées pour laisser échapper les vapeurs qu'exhale le fumier. Si ces conduits ont leur ouverture supérieure

Grav. 25. — Porte d'étable glissant sur des rails.

au-dessous du plafond, ils remplissent mal leur destination, parce que les vapeurs se condensent, retombent en gouttes, et, si elles n'incommodent pas les bêtes, elles pourrissent bientôt tout l'espace qui environne le conduit. Il vaut mieux placer dans l'intérieur des murs des tuyaux en terre d'un diamètre de quinze centimètres, dont l'orifice inférieur est situé à environ deux mètres du sol et qui s'élèvent au-dessus du toit comme des cheminées. Dans les étables chaudes et surtout si une boisson chaude constitue une partie de la nourriture des bêtes, les plafonds ne résistent pas longtemps, et en peu d'années les poutres mêmes sont pourries. Les voûtes ont une durée indéfinie, mais on ne peut pas en établir partout et elles ont l'inconvénient d'être froides. On peut mettre sur les poutres un plancher, en couvrant les poutres et les planches, à leur partie inférieure, d'une couche de goudron, mais alors on risque que les vapeurs de l'étable, passant entre les planches, pénètrent dans le foin ordinairement entassé dans le grenier qui est situé au-dessus de l'étable, et donnent à ce foin un mauvais goût qui le fait refuser par les bêtes.

Chacun pèsera tous ces inconvénients ; pour moi, après avoir renouvelé déjà trois fois le plafond de mes étables, si j'avais à construire une étable neuve, je n'hésiterais pas à la faire voûter.

ANNEXE DE L'ÉTABLE. — Il faut avoir, près de l'étable, un local où l'on dépose le fourrage vert en été, où l'on coupe en hiver le fourrage sec et les racines, et une chambre où couchent les marcaires (valets d'étable).

TEMPÉRATURE. — Le froid fait souffrir les bêtes bovines comme tous les autres animaux, comme les hommes. Notre santé ne souffre certainement pas du feu que nous faisons en hiver dans nos appartements ; les chevaux ne deviennent pas malades parce qu'en hiver ils sont enveloppés de couvertures de laine et tenus dans des écuries chaudes ; pourquoi voudrait-on que la température des étables fût, en hiver, celle de l'air extérieur ?

J'insiste sur ce point, parce que, dans tous les ouvrages agricoles français que j'ai lus, on signale comme pernicieux l'usage qu'ont les paysans de tenir en hiver leurs étables chaudes.

Sans doute, il peut y avoir abus ; mais, si la température de l'étable descend à zéro, les bêtes souffrent du froid, les bœufs engraissent moins bien et les vaches donnent moins de lait.

Quelle que soit la forme d'étable qu'on adopte, on ne doit pas oublier que, pour les bêtes bovines comme pour les chevaux, comme pour les hommes, les *courants d'air* sont une cause fréquente et généralement trop peu observée de refroidissements et de maladies.

La température de l'étable ne doit pas être trop élevée ; il faut que l'air puisse y être toujours renouvelé, mais il ne faut pas y souffrir de courants d'air. J'insiste sur ce soin de toutes mes forces ; j'ai, à cet égard, une conviction fondée sur l'observation et l'expérience.

Je répète que c'est une grande erreur de croire que les étables ne doivent pas être chaudes. Le grand air, même par un froid rigoureux, est certainement très-favorable à la santé des animaux, mais à la condition qu'ils feront de l'exercice. J'applique aussi à mes vaches et à mes chevaux ce précepte évangélique qui prescrit de traiter les autres comme on voudrait être traité soi-même; or je m'accommoderais mal, en hiver, d'un logement dont la température serait celle de l'air extérieur.

Il est facile de comprendre qu'une vache laitière ou un bœuf qu'on engraisse et que l'on condamne à l'inaction doivent souffrir du froid, et, si on ne les en préserve pas, la vache donnera moins de lait et le bœuf engraissera moins bien; mais il vaut beaucoup mieux que les bêtes aient constamment à souffrir du froid que d'être momentanément exposées à un courant d'air froid dans une écurie chaude.

Portes. — Les portes d'étables doivent avoir 1ᵐ,60 de largeur et deux battants; elles doivent ouvrir extérieurement; lorsqu'elles sont ouvertes, les battants sont appliqués contre les murs, où ils sont arrêtés par des crochets. Lorsque les portes ouvrent en dedans, il arrive fréquem-

Grav. 26. — Fenêtre d'étable vue intérieurement.

ment qu'une bête, en sortant, entraîne un battant, le brise ou se blesse. Il vaut encore mieux adopter une porte glissant sur des rails (*grav.* 25), comme on en voit dans les gares de chemin de fer.

Les angles intérieurs des murs de l'étable doivent être arrondis.

FENÊTRES. — Pour le maintien de l'ordre et pour prévenir les abus, il ne doit jamais y avoir de portes de derrière. Si donc il n'y a de portes que d'un côté, sur l'intérieur de la cour, ce n'est que des fenêtres que les courants d'air peuvent provenir. On s'en garantit en faisant des ouvertures plus larges que hautes, élevées au moins de 2 mètres au-dessus du sol. Le châssis, d'une seule pièce, ouvre de haut en bas, de manière à laisser entrer autant et aussi peu d'air qu'on le désire; le courant d'air qui règne en haut, sous le plafond, ne peut jamais frapper les bêtes. Ces fenêtres (*grav.* 26) ont, dans ma ferme, 1^m,50 de largeur, et 0^m,60 de hauteur; on les ouvre et on les ferme au moyen de deux poulies. On peut aussi les garnir extérieurement d'un paillasson, ce qui permet, pendant les chaleurs de l'été, de maintenir entièrement ouvert le châssis vitré et de le remplacer par le paillasson (*grav.* 27).

Grav. 27. — Fenêtre d'étable garnie d'un paillasson, vue extérieurement.

3. — **Distribution**.

A. — Étable flamande.

Les étables flamandes sont bien aérées, bien distribuées et très-favorables pour faire beaucoup d'excellent fumier ; mais ce résultat peut être obtenu par d'autres moyens, et ces étables ont l'inconvénient d'exiger une étendue de bâtiment double de l'étendue d'une étable ordinaire. Quant au fumier amoncelé dans l'étable, il est bien prouvé par l'expérience qu'il n'est pas nuisible à la santé des bêtes. Ce fumier, d'ailleurs, fermente peu, parce qu'il est très-humide et très-tassé.

« Dans quelques endroits des Pays-Bas, dit Pabst, on amoncelle le fumier dans l'étable même, immédiatement derrière les bêtes. On économise ainsi la main-d'œuvre de transport du fumier au dehors, et il est entièrement à l'abri de l'air et du soleil ; mais, par contre, l'étable doit avoir une largeur double. La chaleur détermine, dans le fumier, une fermentation plus rapide qu'en plein air. Cette méthode entraîne en outre bien des inconvénients, surtout si le bétail est nombreux.

« Cependant, d'après l'éloge que Schwerz en avait fait, des personnes qui ne connaissaient pas bien cette méthode ni les circonstances dans lesquelles elle est appliquée, l'ont déclarée supérieure à toutes les autres. On a cru aussi qu'elle était en usage dans tout le Brabant, tandis qu'on ne la trouve pratiquée que dans le petit district autour de Contigh et dans quelques endroits de la Campine, où l'on n'a guère que du fumier de bruyères, pour lequel ce procédé peut être bon. »

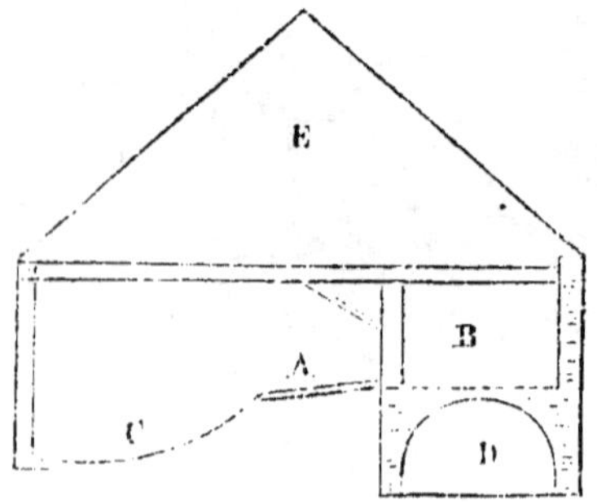

A. Place qu'occupent les bêtes bovines
B. Passage dans lequel on circule pour distribuer le fourrage aux bêtes. (On leur donne la boisson dans des baquets, et le foin est déposé sur le sol même du passage.)
C. Espace où le fumier est amoncelé derrière les bêtes.
D. Cave où l'on conserve les racines.
E. Grenier à fourrage.

Grav. 28.— Plan d'une étable flamande.

Voici le plan (*grav.* 28) d'une étable flamande telle qu'elle existait dans une riche abbaye, mais ce n'est pas une de ces étables qu'on trouve chez les petits cultivateurs. Chez ceux-ci, il y a derrière les bêtes un espace plus ou moins large, plus ou moins profond, dans lequel on amoncelle le fumier jusqu'à ce qu'on en ait besoin dans les champs, ou jusqu'à ce que l'espace soit rempli.

Les eaux de pluie ne pénètrent pas dans l'étable, la totalité des urines y reste et augmente la masse du fumier, au moyen de chaumes, feuilles, bruyères, gazons, en un mot de toutes les substances végétales que le cultivateur peut avoir à sa disposition : ordinairement ces magasins de fumier ont une porte assez large pour qu'on puisse introduire une charrette dans l'étable.

Il faut à une étable flamande, avec un seul rang de bêtes[1] une largeur de 8 mètres ; à une étable à deux rangs de bêtes, si les mangeoires sont placées au milieu de l'étable, il faut 10 mètres ; si les mangeoires sont fixées aux murs, 8 mètres suffisent.

Cette distribution rend la surveillance plus difficile, tandis que si les mangeoires sont fixées aux murs, le maître peut voir d'un seul coup d'œil toute l'étable d'une extrémité à l'autre. Quant aux dimensions, les étables contenant de 15 à 20 bêtes sont les meilleures pour la commodité du service et pour séparer les bêtes convenablement. Si l'on a à sa disposition un long bâtiment, au lieu de faire une seule étable dans le sens de la longueur du bâtiment, je crois qu'il vaut mieux faire plusieurs étables transversales.

B. — Étable française.

En France, les étables sont de deux sortes. Dans les unes, les mangeoires sont fixées contre le mur, de chaque côté, et les bêtes présentent la croupe vers le milieu de l'étable. Dans d'autres étables, les bêtes ont la croupe tournée vers le mur, et les mangeoires sont au milieu de l'étable, de chaque côté d'un passage qui règne entre elles sur toute la longueur de l'étable.

Cette dernière construction offre cet avantage que l'on peut commodément distribuer le fourrage sans être gêné ou heurté par les bêtes. Mais, si l'on veut pouvoir toujours inspecter facilement les bêtes, et si l'on veut leur laisser l'entrée et la sortie libres, il faut qu'outre le passage du milieu il y en ait un autre de chaque côté, le long du mur, ainsi qu'une porte correspondant à chaque passage. Chaque étable doit donc avoir trois portes, et sa largeur doit être augmentée d'au moins 5 mètres 30 centimètres, ce qui accroît beaucoup les frais de construction.

---

[1] L'espace qu'occupent les bêtes, du mur à la rigole par laquelle s'écoulent les urines, est de $3^m,30$; reste $1^m,40$ pour le passage. Cette largeur peut encore être diminuée, et il y a bien des étables où l'on est tellement forcé de ménager l'espace, qu'il n'y a entre les deux rangs de bêtes qu'une seule rigole, qui sert en même temps de passage.

On construit aussi des étables qui sont disposées comme les étables flamandes, moins l'emplacement destiné à amonceler le fumier derrière les bêtes ; on en trouvera un modèle, *Maison rustique*, tome II, p. 477 : c'est à celles-là que je donnerais la préférence, si je voulais construire.

Les bêtes y sont placées sur deux rangs ; elles présentent la croupe vers le passage qui règne au milieu et sur toute la longueur de l'étable. Ce passage est assez large pour que le fumier puisse être commodément enlevé, et pour que les bêtes entrent ou sortent avec facilité ; en outre il offre aussi cet avantage, qu'un coup d'œil suffit à l'inspection du maître.

Si l'on n'adopte pas pour les étables la construction flamande, elles doivent être pavées, et une rigole disposée derrière les bêtes doit conduire les urines au dehors dans un réservoir destiné à les recevoir.

Au delà de la rigole, sur toute la longueur de l'étable, est un passage qui doit être toujours parfaitement propre, si les bêtes sont bien tenues, si le maître a du plaisir à les visiter souvent et n'est pas de ceux qui vivent avec leur bétail dans la crotte et l'ordure. En enlevant le fumier trois fois par semaine et en faisant une litière suffisante, on peut tenir les bêtes très-proprement.

Dans certaines provinces, on laisse le fumier amoncelé pendant des mois entiers sous les bêtes, dans l'étable, à une hauteur de 3^m à 4^m. Cette disposition est très-mauvaise. Pour en diminuer les inconvénients il faut que les étables soient aérées, élevées, garnies de râteliers et de mangeoires mobiles.

On trouve en Suisse et dans quelques parties de la France, où manquent la paille et les autres matériaux propres à faire la litière, des étables disposées pour faire la lizée ou engrais liquide, mais l'emploi de ce fumier liquide nécessite une main-d'œuvre que l'économie de la paille ne compense pas toujours.

4. — Mangeoires.

Les mangeoires sont ordinairement construites soit en bois, soit en pierre.

Mangeoires en bois. — Si la nourriture des bêtes est habituellement liquide et chaude, les mangeoires en bois pourrissent promptement.

Mangeoires en pierre. — Elles valent mieux que les mangeoires en bois. On les garnit en avant, sur toute leur longueur, d'une planche de chêne large de $0^m,10$, épaisse de $0^m,04$, fixée par des boulons qui traversent la paroi de la mangeoire. On fixe à cette planche les anneaux auxquels on attache les bêtes, et elle empêche le frottement qui use et les chaines et la pierre.

Ces mangeoires, dont chaque portion a 2 mètres de longueur pour deux bêtes, sont larges de 0^m,30, profondes de 0^m,22 (mesurées en dedans); les parois ont 0^m,05 d'épaisseur en haut. Elles ne me coûtent que 2 fr. 50 par mètre courant.

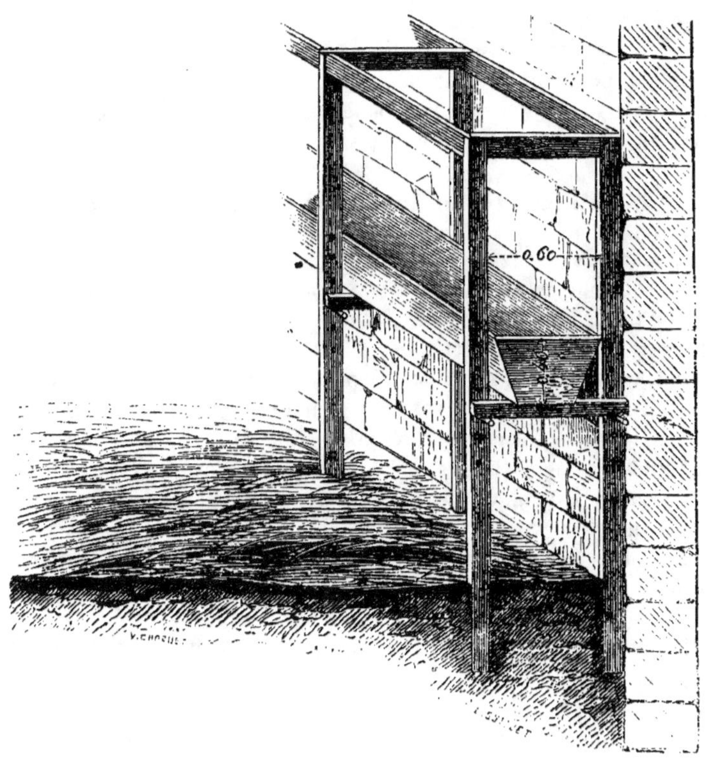

Grav. 29. — Mangeoire mobile.

Elles sont scellées au mur par un bon ciment, qui présente une surface polie et inclinée, et, si elles sont bien établies, leur durée doit être indéfinie. Cependant la pierre elle-même finit aussi par se décomposer, par pourrir, si on peut s'exprimer ainsi. On prolonge sa durée en enduisant l'intérieur de la mangeoire avec du goudron auquel on met le feu pour qu'il imbibe et pénètre bien tous les pores de la pierre.

Mangeoires en fonte. — Elles sont de beaucoup les meilleures et leur usage serait universel si leur prix était moins élevé.

Mangeoires mobiles. — La gravure 29 représente le système de mangeoires mobiles en usage dans les établies de M. Decrombecque. Le fumier y gagne en qualité, surtout si on emploie de la bruyère, des

genêts, de menues branches de sapin et d'autres substances d'une décomposition difficile. Cette méthode est fréquemment appliquée en
Flandre, en Bretagne et en Angleterre. Mais en Angleterre l'étable est
divisée en compartiments dans chacun desquels on place deux ou trois
bêtes qui ne sont pas attachées.

BAQUETS POUR LA BOISSON. — En Flandre, chaque vache reçoit sa
boisson dans un petit baquet; mais ceci n'est guère praticable qu'avec un
petit nombre de vaches, et les mangeoires sont toujours plus solides,
plus commodes et moins coûteuses.

5. — Manière d'isoler les bêtes bovines dans l'étable.

ISOLEMENT DES VACHES. — Il est important de pouvoir régler la nourriture de chaque vache. Il y a des vaches qui mangent goulûment et
beaucoup plus vite que les autres; quelquefois on est forcé de placer ensemble des vaches et des génisses, ou de placer avec des vaches laitières
des vaches qu'on veut engraisser; par ces raisons, il est bon de pouvoir séparer les bêtes, de manière à nourrir chacune d'elles d'une
façon particulière. On y réussit en faisant de petites séparations en planches, seulement assez larges et assez hautes pour que chaque bête ne
puisse manger que devant elle, et ne puisse pas atteindre la mangeoire
de sa voisine.

Pabst donne en outre un moyen plus économique, mais que je crois
beaucoup moins certain, pour arriver au même résultat. Voici ce qu'il
dit des étables :

« Il faut à une vache, selon sa taille, en longueur.   2^{m}40 à 2^{m}70
« En largeur. . . . .   0,90 à 1,20
« Mangeoire et passage pour distribuer le fourrage.   1,50 à 1,80
« Passage derrière les bêtes.   1,20   »

« Le bord supérieur de la mangeoire ne doit être élevé au-dessus du
sol que de 0^m,58.

« Le passage par lequel on distribue le fourrage (suttergand) doit être
plus bas de 0^m,08 que la mangeoire.

« Pour séparer les vaches, on place devant chacune d'elles deux perches
qui sont fixées au sol et au plafond. Les vaches qui ont les cornes longues
sont obligées de tourner la tête un peu de côté pour la passer entre les
perches et arriver à la mangeoire. Au moyen de cette disposition, chaque
vache mange seule, elle ne peut donner de coups de cornes à ses voi-
sines, ni gaspiller le fourrage en chassant les mouches. »

Je donne à mes bœufs et à mes vaches un espace de 1^m,15 pour chaque
bête, et cet espace est suffisant. Les uns et les autres sont attachés avec
des chaînes.

Box a taureau. — Dans beaucoup de villages du Glane, le taureau est placé dans une espèce de box, c'est-à-dire dans un compartiment particulier, construit dans l'étable à côté des vaches. Cette box consiste en quatre poteaux enfoncés en terre et aboutissant au plafond et unis entre eux par de fortes traverses. Un des poteaux est placé à environ $0^m,30$ de la mangeoire, de manière à laisser la place suffisante pour le passage du marcaire.

Sur l'un des côtés ou à l'extrémité de la box, il y a une porte pour la sortie et l'entrée du taureau. Pour cette porte un cinquième poteau est nécessaire.

CHAPITRE IV

MANIÈRE D'ATTACHER ET DE MAÎTRISER LES BÊTES BOVINES.

1. — Manière d'attacher les bêtes bovines dans l'étable.

On attache les vaches avec des chaînes; ordinairement le taureau a un collier de cuir, dans lequel passe un anneau avec un touret qui reçoit une double chaîne. On attache aussi les veaux avec de légers colliers en cuir, jusqu'à ce que leurs cornes aient atteint une longueur de 8 à 10 centimètres; une petite chaîne est fixée au collier à l'aide d'un touret.

Souvent une chaîne trop pesante blesse les taureaux à la nuque; les taureaux dont les cornes sont courtes trouvent toujours moyen de se dégager de la chaîne : il faut leur mettre un collier que l'on peut serrer à volonté au moyen de la boucle. La chaîne a l'avantage de coûter moins cher et de durer plus longtemps qu'un collier ; pour qu'elle ne blesse pas, on remplace, dans la partie qui porte sur la nuque du taureau, quelques anneaux par une plaque en fer longue d'environ 20 centimètres et large d'environ 10 centimètres. On lui donne une double courbure, les bords en sont légèrement relevés et elle est cintrée sur sa longueur de manière à prendre la forme de la nuque. Le taureau, attaché ainsi, ne peut pas être blessé, malgré le poids d'une double chaîne.

Ce sont là de ces détails en apparence peu importants, mais qui doivent tous les jours attirer l'attention du fermier. J'ai vu plusieurs fois, dans des étables mal éclairées, un taureau gravement blessé par sa chaîne, sans qu'on s'en soit aperçu. J'ai vu un bœuf gras dont le cou avait tellement grossi, qu'on ne voyait plus la chaîne qu'on lui avait mise lorsqu'il était maigre. Cette chaîne le blessait et gênait sa respiration. On eut de la peine à la lui ôter en la limant.

2. — Appareils pour maitriser et conduire les taureaux.

Ce qui est indispensable quand on veut prévenir les accidents et ce qui devrait être exigé partout comme mesure de police, c'est un anneau passé à travers le nez du taureau. Le taureau est un animal toujours difficile à gouverner et souvent dangereux. On le dompte et on le conduit facilement à l'aide d'un anneau nasal. Mais on doit mettre l'anneau au taureau dès qu'il est adulte et avant qu'il ait conscience de sa force.

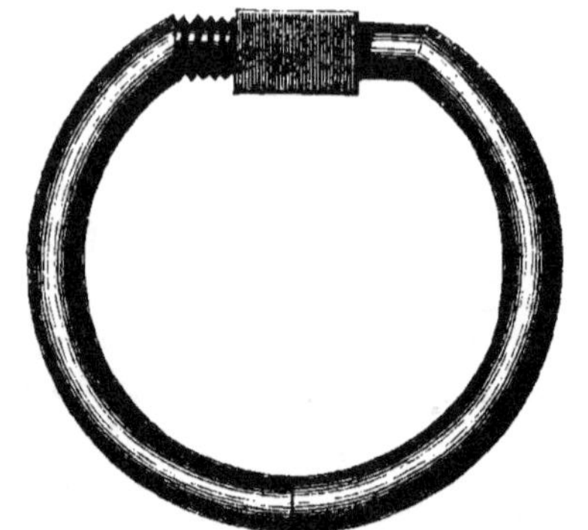

Grav. 50. — Anneau nasal anglais servant à maîtriser les taureaux.

ANNEAU NASAL ANGLAIS. — Dans les premières éditions de ce manuel, j'ai recommandé à mes lecteurs l'usage d'un anneau qui a certains avantages, mais qui est trop grand, ce qui est un inconvénient, et qu'il faut toujours tenir relevé au moyen d'une courroie qui passe autour des cornes. L'anneau anglais (*grav.* 50 *et* 51) est préférable : il

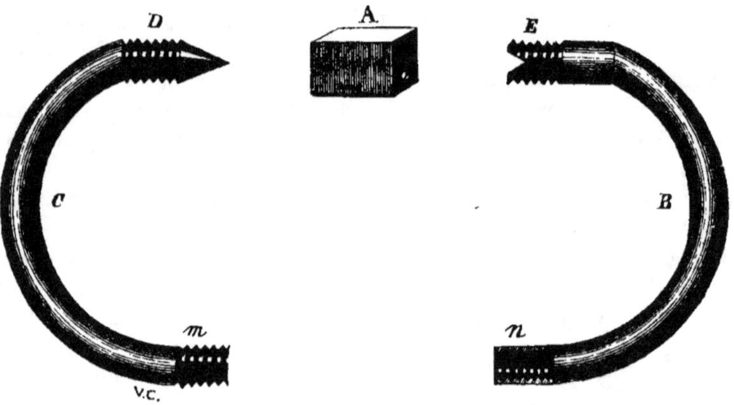

Grav. 51. — Pièces dont est composé l'anneau nasal anglais.

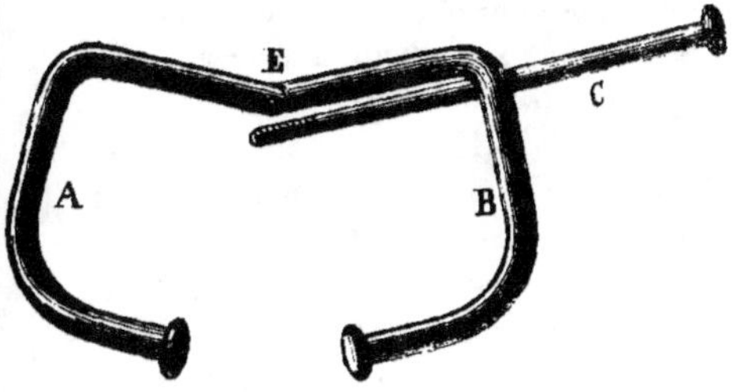

Grav. 52. — Anneau nasal à charnières dont les branches ont été écartées.

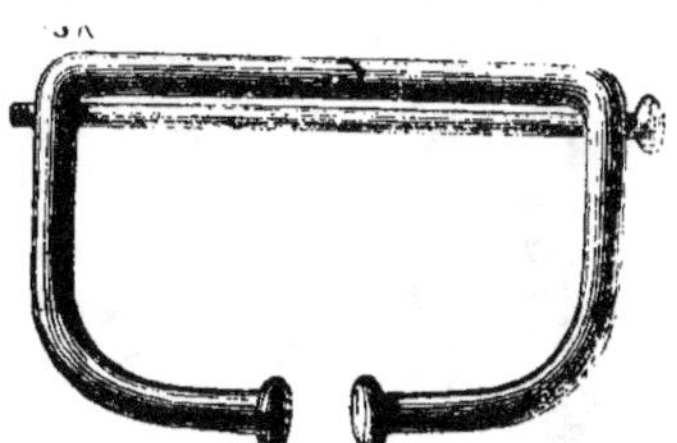

Grav. 53. — Anneau nasal à charnières dont les branches sont réunies et maintenues fixes.

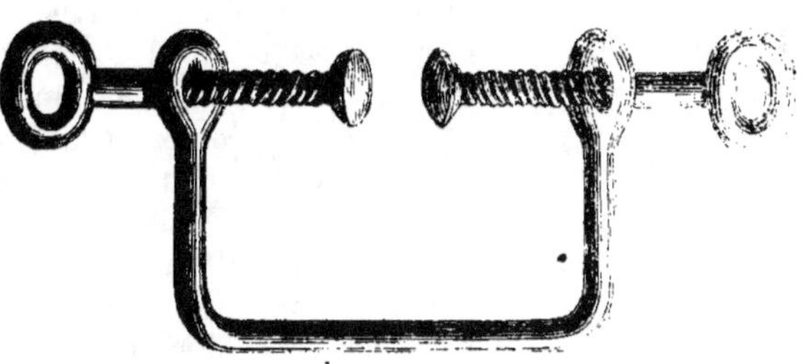

Grav. 54. — Mors nasal pour conduire les bêtes bovines avec des guides.

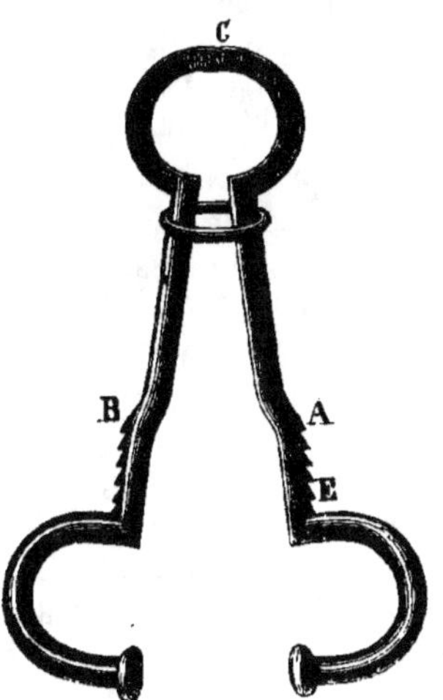

Grav. 55. — Moraille italienne ou mouchette ouverte.

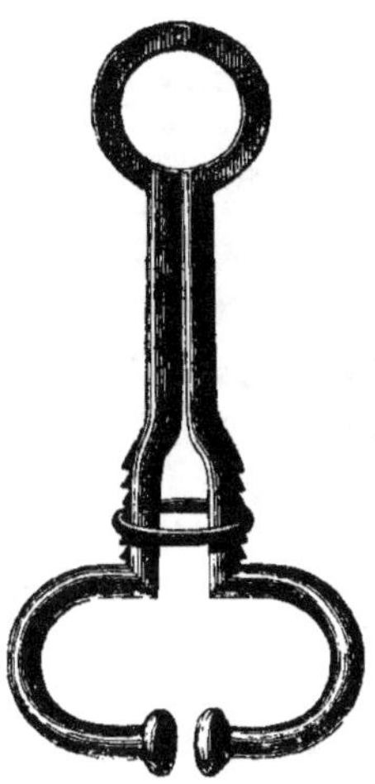

Grav. 56. — Moraille italienne ou mouchette fermée par l'anneau coulant.

est plus solide et on le laisse pendu à la cloison nasale sans que le taureau en soit incommodé; mais cet anneau est difficile à placer. Pour le placer, il n'est cependant pas nécessaire d'abattre le taureau, il suffit de l'attacher solidement à un poteau avec une corde qui fait le tour des cornes; une seconde corde fixée aussi aux cornes par son extrémité, passe par la bouche et fait le tour de la mâchoire inférieure, elle doit être tenue par un homme vigoureux. L'opérateur saisit alors d'une main les naseaux du taureau, il cherche avec les doigts de cette main l'endroit où la cloison nasale est le plus mince, et, au moyen d'un trocart ou d'un bistouri qu'il tient de l'autre main, il perce cette paroi. Cela fait, il passe l'anneau à travers la paroi et il le ferme solidement.

Cet anneau, que la grav. 30 représente fermé, et dont la grav. 31 reproduit les différentes parties, doit avoir, pour un taureau de grande taille, $0^m,05$ de diamètre et $0^m,01$ d'épaisseur. Il doit être en acier, poli avec soin. Il est composé de deux branches, B et C (*grav.* 31), assemblées par une charnière; lorsqu'il est fermé on l'arrête par une virole taraudée A. Pour placer cet anneau, on visse la branche C à l'extrémité de la branche B en *m* et *n*, et on dispose les deux branches de telle sorte qu'elles ne soient pas sur le même plan; on passe l'anneau à travers la cloison du nez, ensuite on visse la virole sur l'extrémité D de la branche C, on ramène les branches dans le même plan et on fait pénétrer le pas de vis de la virole de manière qu'elle tienne unies les deux branches.

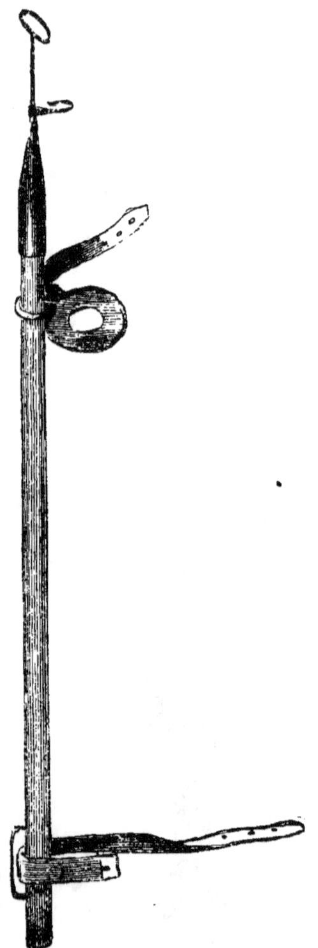

Grav. 37.— Appareil de M. Vigan pour maîtriser les taureaux.

ANNEAU NASAL A CHARNIÈRE. — Cet anneau (*grav.* 32 *et* 33) est destiné aux animaux dont on ne veut pas percer la cloison du nez. Une charnière E permet l'écartement des branches A et B, terminées par un bouton destiné à pincer le cartilage du nez. Dès qu'on a resserré les branches, la tige C les maintient en place (*grav.* 55).

MORS NASAL. — M. Félix Roland, professeur à Grand-Jouan, à qui

Grav. 58. — Taureau coiffé de l'appareil Vigan.

j'emprunte ces détails, se sert aussi d'un mors nasal (*grav.* 34) destiné à permettre de conduire les animaux avec des guides. Il est surtout employé pour le dressage de jeunes bœufs.

MORAILLE ITALIENNE. — La moraille italienne (*grav.* 35 *et* 36), dont les branches A et B sont unies par la charnière C et maintenues par un anneau coulant arrêté dans les encoches E, sert à conduire les animaux auxquels on ne veut pas laisser un anneau nasal à demeure afin d'éviter la suppuration que détermine souvent la présence d'un anneau dans la cloison du nez.

BÂTON AVEC CROCHET A RESSORT. — Quand on fait sortir le taureau, on le conduit à l'aide d'une chaîne longue d'environ 0^m,30 ; à une extrémité de cette chaîne est un crochet à ressort, et à l'autre extrémité on fixe un bâton long de 1^m,30. L'homme qui conduit le taureau le maintient ainsi à distance et est à l'abri de tout danger.

APPAREIL VIGAN. — Quand les taureaux sont très-méchants, on emploie l'appareil de M. Vigan, chef de culture à Petit-Bourg. Cet appareil, qui permet de faire conduire par un enfant l'animal le plus terrible, est composé d'une courte hampe (*grav.* 37) emmanchée dans une douille qui se prolonge en amincissant et porte une poignée à son extrémité. A 0^m,20 de la poignée, il y a un crochet descendant à angle droit, fixé à queue d'aronde et brasé. La hampe joue dans un anneau cousu sur une pièce de cuir destinée à être attachée aux deux cornes de l'animal (*grav.* 58); à l'extrémité opposée à la douille est un arrêt en fer dans lequel passe une sangle en cuir. Cet appareil est simple, peu coûteux, et d'un effet prodigieux.

CHAPITRE V

PANSAGE, SOINS HYGIÉNIQUES.

INFLUENCE DE LA PROPRETÉ SUR LA SANTÉ DES BÊTES BOVINES ET SUR LEURS PRODUITS. — Les bêtes mal soignées ne deviennent pas toujours malades, mais la propreté contribue à leur bien-être, à leur santé, comme elle contribue à la santé de tous les autres animaux et des hommes. La malpropreté déprécie les produits, et bien souvent l'on ne voudrait goûter ni lait ni beurre si l'on avait vu les vaches qui les ont produits.

Il est d'ailleurs bien prouvé que le fumier et la litière en décomposition sur lesquels les vaches reposent donnent au lait des vaches un goût désagréable. Tous ces motifs démontrent qu'il faut aux vaches une quantité suffisante de litière, assez souvent renouvelée pour qu'elles reposent sur une couche sèche.

Le laitage est un des premiers aliments des habitants de la campagne; il est réellement meilleur, et il est surtout bien plus appétissant, quand on sait qu'il provient de vaches bien propres.

NÉCESSITÉ DU PANSAGE. — Il est incontesté que les chevaux doivent être pansés, et que le pansage est utile, nécessaire même à leur santé; pourquoi refuserait-on les mêmes soins aux bêtes bovines? Il est difficile de les maintenir propres; aussi presque tous les paysans se dispensent de cette peine, et s'habituent ainsi à voir sans dégoût les bêtes bovines revêtues d'un enduit de bouse durcie qui leur couvre parfois la moitié du corps. Il est cependant reconnu que le pansage ou les frictions au moyen de l'étrille favorisent et accélèrent l'engraissement du bœuf.

PANSAGE. — Le marcaire doit être muni d'une étrille, d'une brosse, d'un peigne, d'une éponge, d'un couteau en fer ou en bois qui ressemble au couteau de chaleur des chevaux; il sert à enlever le fumier frais, qui souille ordinairement chaque matin les cuisses des bêtes.

Tous les jours les vaches doivent être étrillées et brossées; la queue, les cuisses et les jarrets doivent être lavés toutes les fois que cela est nécessaire.

Le pis surtout doit être tenu propre, mais il ne faut pas le laver en hiver à l'eau froide, on s'exposerait à arrêter la sécrétion du lait ou à causer des engorgements; on ne doit pas non plus le laver immédiatement avant de traire; l'eau dont il serait encore humide, coulant sous les doigts du marcaire, les ferait glisser et ne lui permettrait pas de comprimer le pis suffisamment.

Les vaches qui pâturent n'ont pas besoin de tous ces soins; cependant, comme elles passent ordinairement la nuit à l'étable, on peut chaque matin les étriller; si elles sont surprises par un orage ou par une forte pluie et rentrent mouillées, elles doivent être essuyées et frottées avec de la paille. C'est un soin que ne négligent pas les Suisses dans les pâturages de leurs montagnes.

INFLUENCE DE L'EXERCICE. — Le séjour continuel à l'étable ne nuit pas à la santé des vaches[1]; cependant un peu d'exercice leur est

---

[1] La question n'est pas de savoir s'il est dans la nature que les vaches pâturent, mais de savoir s'il est dans notre intérêt qu'elles ne pâturent pas et soient nourries à l'étable. Il n'est pas non plus dans la nature que les chevaux soient ferrés, montés et attelés; que les bœufs soient castrés et engraissés pour être menés à la boucherie. Alléguer de pareilles raisons contre la stabulation, c'est vouloir nous ramener à l'âge d'or.

salutaire. Dans l'état actuel de l'agriculture en France et en Allemagne, la stabulation complète est le but auquel doivent tendre les efforts des cultivateurs. Mais le système de culture anglais, avec pâturage, est certainement plus parfait, en même temps qu'il est admirable de simplicité. On ne doit cependant l'adopter que lorsque, grâce à la stabulation, on a obtenu une quantité d'engrais suffisante et amené les terres à un haut degré de fertilité.

Il y a en Allemagne des fermes où l'emplacement du fumier est entouré d'une barrière ; tous les jours on y répand de la paille sèche, et on y lâche les vaches pendant quelques heures. Les bêtes prennent ainsi de l'exercice, jouissent du grand air, et, loin que leurs déjections soient perdues, elles se trouvent ainsi portées sur le tas de fumier. Le piétinement des animaux sur la paille sèche qu'on place chaque jour à la surface du tas de fumier augmente sa quantité en même temps qu'il le tasse et ajoute ainsi à sa qualité.

En Suisse, c'est toujours près de la fontaine où on abreuve les vaches qu'on dispose cette enceinte. On y répand de la paille, de la tourbe, toutes les substances qui peuvent être converties en fumier et on obtient ainsi une quantité considérable d'engrais à ajouter au fumier qui provient des étables.

Influence des bains. — Dans ma ferme, les vaches sortent chaque jour si le temps le permet; elles jouissent d'une heure de liberté dans la cour, où coule une fontaine. Pendant les chaleurs, on les conduit à un étang qui est près de la ferme, et on les y fait baigner et nager.

Les bœufs sont chaque jour pansés, et baignés pendant les chaleurs de l'été. Je recommande à tous les cultivateurs qui ont de l'eau à leur disposition ce soin très-important pour les bœufs, car ces animaux souffrent de la chaleur et sont exposés aux maladies inflammatoires.

Ces soins ne sont ni embarrassants ni dispendieux, et pourtant ils contribuent à la santé des bêtes bovines et à la prospérité de l'étable. Aussi ai-je toujours de belles et bonnes vaches, dont je m'occupe avec autant de plaisir et plus de profit que bien des éleveurs ne s'occupent de leurs chevaux.

CHAPITRE VI

ALIMENTATION.

SECTION I. — ALIMENTATION GÉNÉRALE ET ALIMENTS.

1. — Influence de l'alimentation.

La vache est pesante, elle est munie d'un pied fourchu et tendre ; il est évident qu'elle a été destinée à fouler le sol mou des vallées couvertes d'herbes.

La nourriture de la vache doit être bonne et abondante ; les pâturages les plus gras pour l'été, les fourrages les plus tendres pour l'hiver, doivent lui être réservés. Elle ne broute pas l'herbe près de terre. Lorsque son estomac est rempli, elle se couche et rumine.

Les plantes marécageuses ne conviennent pas à la vache, elles peuvent même lui causer de dangereuses maladies ; aussi elle n'entre dans un marais que quand elle y est contrainte par la faim.

Les pâturages qui produisent une herbe peu abondante, ou des foins grossiers, servent à nourrir les chevaux auxquels on fournit, par une quantité suffisante de grain, le complément de principes nutritifs dont ils ont besoin pour réparer leurs forces épuisées par le travail.

Les sols durs, pierreux, les pâturages où l'herbe est rare et courte, doivent être laissés aux bêtes à laine.

On rencontre la vache sur toute la surface du globe, et partout on reconnaît l'influence qu'exercent sur elle le climat et la nourriture.

Les vaches suisses, qui trouvent une abondante nourriture dans de riches pâturages, sont grandes, robustes, et produisent un lait abondant et crémeux. Celles qui paissent les pâturages élevés des Alpes sont beaucoup moins lourdes que les vaches qui habitent toujours les vallées.

Sur les bords de la mer, depuis la Hollande jusqu'au Danemark, l'air est humide, l'herbe est abondante, mais peu substantielle ; les vaches sont grandes, leur lait est plus abondant, mais plus aqueux et moins riche en beurre que le lait des vaches des montagnes.

Toutes ces questions ont été assez développées dans le chapitre II pour qu'il soit inutile d'y revenir ici.

2. — Choix du mode d'alimentation.

La nourriture qu'on doit donner aux bêtes bovines varie selon leur destination, mais surtout selon la nature des produits du sol. Aussi un homme sage se décidera dans le choix des animaux, non d'après ses goûts, mais en ayant égard à la nature de ses prés, à la qualité de ses fourrages, à la constitution de son sol, à la disposition de ce sol à produire des grains ou des racines, et aux débouchés de l'exploitation.

Les bêtes à l'engrais ont besoin d'une nourriture substantielle. Le cultivateur qui, avec de bons prés, possède des terres fortes qui produisent le sainfoin, la luzerne, l'avoine, les féveroles, a tout ce qu'il faut pour réussir dans l'engraissement.

Les vaches laitières doivent être nourries d'aliments délayés et de racines.

Le cultivateur qui n'a que des prés médiocres ou des terres légères dont il n'obtient des produits satisfaisants qu'à force de travail doit élever des bêtes bovines et pour ses besoins et pour la vente. On achètera volontiers chez lui, parce qu'on peut avoir la certitude que les bêtes élevées sur un tel sol réussiront partout.

La nourriture des bêtes peut varier à l'infini. Quelle que soit la destination des animaux, on doit les bien nourrir. Quand les animaux sont mal nourris, il n'y a que perte à attendre; mais il ne faut pas moins éviter la prodigalité que la parcimonie. Une économie bien entendue consiste à ne donner *ni trop, ni trop peu*, mais à *donner assez*.

On nourrit les bêtes bovines, ou à l'étable pendant toute l'année, ou uniquement au pâturage, ou bien au pâturage depuis le printemps jusqu'à l'automne, et à l'étable pendant l'hiver.

A. — Nourriture au pâturage.

NOURRITURE EN LIBERTÉ AU PATURAGE. — Le pâturage est la plus naturelle, la plus facile, et dans certaines contrées la plus économique manière de nourrir le bétail. En Suisse, on croit qu'une prairie qui, si elle est pâturée, nourrit trois vaches, ne peut nourrir que deux vaches si elle est fauchée. Les Anglais croient aussi qu'une prairie pâturée fournit plus de substance alimentaire que si elle est fauchée deux fois. Les premières pousses de l'herbe sont plus nutritives, dit-on, que les pousses suivantes. Block estime à 8 p. 100 cet excédant de valeur nutritive.

En outre, lorsque l'herbe a été broutée, elle croît immédiatement avec une plus grande rapidité : l'herbe d'une prairie est coupée presque tous les jours par les dents de l'animal qui y pâture, tandis que si elle est fauchée elle n'est coupée que deux fois dans le courant d'un été.

Il y a aussi la pâture des chaumes après la moisson et la pâture des prés à l'automne, qui convient surtout au jeune bétail.

Si dans un troupeau l'on choisit dix bêtes parmi les grosses, les moyennes et les petites, qu'on les pèse le matin et qu'au bout de dix jours on les pèse de nouveau dans les mêmes circonstances, le pâturage sera réputé suffisant si elles n'ont pas perdu de leur poids; il sera bon si elles ont gagné sensiblement; il sera réputé propre à l'engraissement (pré d'embouche) si le gain a été pendant ce temps de 3 k. p. 100 k. du poids de l'animal.

Un pâturage n'est convenable pour les vaches que si chaque vache peut y être nourrie sur un hectare et demi; quand cet espace est insuffisant pour nourrir une vache, on y fait pâturer des moutons.

On associe ordinairement un cheval à dix bêtes bovines. Il pâture l'herbe que celles-ci dédaignent, et surtout l'herbe qui a poussé près de leurs bouses, ou qui a été arrosée de leurs urines.

Si un pâturage est surchargé de bêtes, elles rongent l'herbe jusqu'au collet, arrachent même les racines et dégarnissent le gazon. Il suffit d'un seul jour où une pâture ait été trop chargée pour que l'on puisse reconnaître pendant plusieurs années la place où cette surcharge a eu lieu.

Les Anglais vantent l'usage de faire pâturer les prairies une année et de les faucher l'année suivante. On maintient ainsi l'équilibre entre les plantes gazonnantes et les plantes élevées.

Quand les bestiaux ne passent pas la nuit dans le pâturage, il se détériore et on n'en obtient pas tout le fourrage qu'il pourrait produire.

NOURRITURE AU PATURAGE AU PIQUET. — Ce mode de pâturage a été très-bien décrit par M. Moll. (Voir *Maison Rustique*, t. II, p. 471.) Chaque bête, attachée à un piquet par une corde longue de 3 mètres, ne peut brouter que la partie de la prairie que la longueur de la corde lui permet d'atteindre. On avance dans la prairie en enfonçant successivement le piquet à $0^m,50$ plus loin. De cette manière on n'abandonne à la fois aux bêtes qu'un petit espace, elles peuvent pâturer les trèfles sans craindre la météorisation, et on évite les inconvénients du pâturage ordinaire, où les bêtes, par leur fiente et en piétinant tout l'espace qu'on est forcé de leur laisser libre, gâtent une grande quantité d'herbe.

NOURRITURE EN PARTIE A L'ÉTABLE, EN PARTIE AU PATURAGE. — Ce mode consiste à profiter des ressources momentanées qu'offre la pâture des champs et des prés et à donner dans l'étable aux animaux un supplément de nourriture lorsque cette pâture n'est pas suffisante.

NOURRITURE A LA JACHÈRE ET AU PATURAGE. — Quand on entreprend l'exploitation d'un domaine, on trouve presque toujours des terres, sinon appauvries, du moins dans un état de fertilité très-médiocre. On a peu de fourrage, on manque des engrais indispensables pour assurer la réussite des prairies artificielles; ce serait alors folie que de vouloir dès le début adopter dans toute sa rigueur un assolement alterne et la nourriture du bétail à l'étable. Dans bien des cas un cultivateur prudent a recours avec grand avantage à la jachère et au pâturage.

La chose essentielle n'est pas de cultiver tout de suite un grand nombre d'hectares de terre et d'avoir à l'étable un grand nombre de têtes de bétail; il ne faut cultiver que ce qu'on peut très-bien fumer, et il ne faut avoir que le nombre de bêtes qu'on peut très-bien nourrir.

Dans bien plus de cas qu'on ne le croit généralement, on trouve de l'avantage à adopter une agriculture semi-pastorale, ou *pastorale-mixte*. Un assolement de neuf ans, par exemple, avec une année de trèfle, suivie de deux années ou même de trois années de pâturage.

INFLUENCE DU PRIX DE REVIENT DES FOURRAGES SUR L'ÉLEVAGE. — Une considération importante pour le cultivateur, c'est que la culture des terres et l'économie du bétail, quoique formant deux branches distinctes, sont toujours intimement unies, de manière que la prospérité de l'une agit nécessairement sur la prospérité de l'autre. Ainsi le cultivateur qui retire de son bétail le plus grand profit net est celui qui le nourrit bien aux moindres frais, et celui qui nourrit aux moindres frais est celui qui sait produire le fourrage au plus bas prix possible. Le prix de revient du fumier résulte donc du prix de revient des fourrages.

B. — Nourriture à l'étable, ou stabulation.

Avant de parler de la nourriture à l'étable et des substances dont cette nourriture doit être composée, je transcris ici ce qu'en dit M. Moll :

« Ce mode de nourriture nécessite des dépenses et des soins plus grands que la nourriture au pâturage, mais il offre, sous le rapport de la production du fumier, un avantage si grand sur les autres méthodes, qu'il a été adopté généralement. Aujourd'hui des contrées entières n'ont plus d'autre mode de nourriture du gros bétail, et cette adoption a permis d'y tenir un nombre infiniment plus grand d'animaux que celui que permettait d'entretenir la nourriture au pâturage. En effet, par la stabulation, on peut nourrir une tête de bétail sur le plus petit espace de terrain possible; non-seulement parce qu'une portion de la nourriture n'est pas, comme dans le pâturage ordinaire, gâtée par le piétinement, mais encore parce que le surcroît considérable de fumier que l'on obtient par la stabulation, permettant de fumer parfaitement les terres, en augmente le produit. A l'exception des contrées où l'agriculture proprement dite n'est qu'un accessoire, et de celles où les fourrages artificiels susceptibles d'être fauchés ne réussissent point, la stabulation d'été du gros bétail doit devenir partie intégrante de toute bonne culture, et les pâturages, soit naturels, soit artificiels, si l'on trouve de l'avantage à en conserver, doivent être abandonnés aux moutons.

« Du reste, le problème de la stabulation d'été du gros bétail est depuis longtemps résolu d'une manière satisfaisante, sous le rapport de la production des fourrages comme sous le rapport de la santé des animaux.

« Partout où viennent le trèfle, la luzerne, le sainfoin ou les vesces, on peut nourrir le bétail à l'étable. Il y a même des localités où l'on a réussi à introduire ce mode de nourriture, quoique le sol ne produisît que du trèfle blanc, de la spergule, du sarrasin et du seigle qu'on cultive dans le but de les faucher en vert. Néanmoins dans des cas pareils, à moins de circonstances particulières, il y a généralement plus d'avantage à élever des moutons.

« Quant aux bêtes bovines, elles s'accoutument très-bien à la stabulation et n'en éprouvent aucun inconvénient lorsque l'étable est vaste, aérée, proprement tenue, et qu'on a soin de les mener boire à quelque distance, ou mieux encore de les tenir pendant une partie du jour, soit dans une cour, soit sur un tas de fumier peu élevé au-dessus du sol et entouré de barrières. Cette dernière méthode, généralement pratiquée en Saxe, m'a semblé la meilleure, aussi bien pour le bétail que pour le fumier, qui s'améliore sensiblement par l'effet du piétinement des animaux, et s'accroît de tous les excréments qu'ils y déposent et qu'on n'a pas la peine d'y transporter. » (*Maison Rustique*, t. II.)

3. — Aliments.

A. — Foin.

IMPORTANCE DE FAUCHER LES FOURRAGES A POINT. — Il est important de faucher les fourrages à point, de ne pas les laisser durcir sur pied, de sécher avec soin le trèfle, la luzerne, le sainfoin, de manière qu'ils conservent leurs feuilles. Si l'on attend la complète floraison de ces plantes, si pour les sécher on les retourne à l'ardeur du soleil comme l'herbe des prés naturels, si enfin, pour compléter l'œuvre, on les lie en bottes sur le champ qui les a produites, alors on perd presque toutes les feuilles et on n'engrange que des tiges dures, ligneuses, qui ont perdu une grande partie de leurs facultés nutritives. Si au contraire on les sèche avec soin, le trèfle et la luzerne conservent leurs feuilles et valent du foin.

HERBE DES PRAIRIES NATURELLES. — Il y a encore en France bien des contrées où l'on ne sait pas faire le foin. Tous les paysans font pourtant du foin ; mais il y a bien des manières de faire même la chose la plus simple. Voici le procédé suivi ici et que je recommande.

Si l'herbe est fauchée le matin ou pendant un temps pluvieux, on la laisse en *andains* jusqu'à ce que la rosée soit dissipée ou que le temps soit beau ; alors, à l'aide de râteaux, on éparpille l'herbe le mieux possible, on la soulève, puis on la retourne. On répète cette opération deux ou trois fois dans le courant de la journée. Si le soir l'herbe n'est pas encore sèche, on la met en petits tas contenant chacun 5 à 10 kilogr. de foin très-sec. L'herbe ainsi mise en tas présente une moins grande surface à la rosée que si cette herbe restait étendue sur le sol, puis il s'opère pendant la nuit une notable évaporation. Lorsque le matin on éparpille l'herbe qui a passé la nuit en petits tas, on la trouve sensiblement plus légère qu'elle ne l'était la veille. En outre, si la pluie survient, ces petits tas sont à la vérité plus tôt pénétrés, mais ils sèchent aussi plus facilement, et, quand le mauvais temps se prolonge, le foin est moins exposé à être gâté. Par les temps pluvieux on a toujours quelques intervalles de soleil, et on en profite pour retourner le foin. Enfin, chaque petit tas peut être soulevé et retourné d'un seul coup à l'aide d'une fourche.

Fanaison des fourrages. — On se garde bien de laisser le foin *jeter son feu en meules dans les prairies;* la fermentation a lieu sous le toit de la ferme, et on y met le foin à l'abri de la pluie le plus tôt possible. Je comprends difficilement comment on peut, sans s'exposer à de grandes pertes, traiter autrement une récolte de foin un peu considérable, dans un pays où on n'a jamais la certitude de deux journées sans pluie. Il y a des années où la fanaison est très-difficile, où il faut profiter de chaque rayon du soleil pour *dérober,* comme disent les paysans, l'une après l'autre chaque voiture de foin.

Dessiccation des fourrages. — Quelle est la meilleure manière de sécher les fourrages? Le but est d'enlever aux plantes leur eau de végétation sans leur ôter les sucs auxquels elles doivent leurs facultés nutritives. Plus ces sucs sont concentrés et desséchés, moins il reste aux plantes des facultés nutritives qu'elles possédaient lorsqu'elles étaient vertes, ou, si les mêmes principes y existent encore, ils sont si concentrés, qu'ils ne peuvent plus être complétement dissous par l'estomac des animaux. Si l'on avait des doutes à cet égard, ils doivent être détruits par ce fait, que les fourrages secs, divisés par le hache-paille, puis infusés dans un liquide très-chaud, et consommés ainsi sous forme de soupes, sont beaucoup plus nourrissants que s'ils sont donnés secs aux animaux et gagnent un tiers en facultés nutritives. Un autre fait connu de toutes les bonnes ménagères, c'est que les meilleurs fruits secs sont ceux dont la dessiccation a été opérée lentement et seulement jusqu'au point suffisant pour assurer leur conservation; de même que les plantes médicinales doivent être séchées lentement et même à l'ombre. Sans aucun doute le foin le plus parfait serait celui qui aurait été séché avec les mêmes précautions; mais ce qu'on fait facilement pour quelques poignées de fleurs de tilleul ou de violette n'est pas praticable pour des milliers de kilogrammes de foin. Trop souvent le cultivateur, forcé de lutter chaque jour contre les éléments, fait comme il peut et non comme il voudrait.

Il est donc démontré que si on a le bonheur de récolter les fourrages par une température sèche, on ne doit pas en abuser pour tourner et retourner le foin, l'exposer à l'air et au soleil, et l'amener à une extrême dessiccation.

TRÈFLE ET LUZERNE. — Si en France bien des cultivateurs ne savent pas sécher l'herbe des prés naturels, on y sait encore moins sécher le trèfle et la luzerne. Bien fanés, bien rentrés, le trèfle et la luzerne valent certainement du foin de première qualité et sont supérieurs à bien des foins que l'on considère comme bons, tandis que souvent ils n'ont qu'une qualité très-inférieure parce qu'on n'a pas su les sécher.

Fauchage. — On doit faucher la luzerne avant qu'elle soit en fleur; on fauche le trèfle lorsqu'il est fleuri, mais avant qu'une partie de ses fleurs commence à se flétrir. Si l'on attend plus tard, les feuilles inférieures pourrissent, les tiges deviennent dures, ligneuses, et, si on gagne quelque chose en quantité sur la première coupe, la qualité du foin est inférieure; puis il reste d'autant moins de temps pour la végétation des coupes suivantes.

Fanaison. — Après le fauchage, si les andains sont épais, c'est-à-dire si la quantité de trèfle que le faucheur abat à chaque coup de faux est épaisse, on l'éparpille à l'aide de la fourche. Si les andains sont peu épais, on les laisse sans y toucher jusqu'à ce que leur superficie soit sèche, ce qui, par un soleil ardent, a lieu en un jour.

Le lendemain on retourne les andains, on les réunit deux par deux et on râtelle la place qu'ils ont occupée. On les met ensuite en petits tas, et, si la température est très-favorable, après trois jours la dessiccation peut être suffisante.

Il faut ne toucher au trèfle que le matin et le soir, soit pour le retourner, soit pour le charger sur des charrettes et l'engranger. Un peu d'humidité produite par la rosée empêche la chute des feuilles, et cette humidité, pas plus que la couleur verte des feuilles, ne doit donner aucune inquiétude pour la conservation de la récolte, si la masse de trèfle est bien tassée et soustraite aux courants d'air. Dans un été pluvieux, en engrangeant ma récolte de trèfle, je l'ai divisée par couches séparées par de la paille, et, grâce à cette précaution, j'ai pu préserver mon trèfle de la fermentation et le conserver en bon état.

Il faut bien se garder de faner le trèfle, de le secouer, de le retourner à l'ardeur du soleil, comme on fane le foin des prairies naturelles ; si on le traite ainsi, on perd les feuilles, qui sont la partie la plus délicate et la plus substantielle du trèfle, et on ne conserve que les tiges.

Quand le temps est incertain, ou que les champs sont éloignés, ou qu'on est pressé par d'autres travaux, il est une autre excellente méthode de sécher le trèfle. Elle consiste à suspendre le trèfle sur des perches où on le laisse jusqu'à ce qu'il soit parfaitement sec. Pratiquée en Allemagne, recommandée par plusieurs écrivains, notamment par Schwerz, cette méthode a été décrite dans le *Journal d'Agriculture pratique*, Ire série, tome V, page 269.

Inconvénient du bottelage dans les champs. — Il ne faut jamais botteler la récolte sur le champ qui l'a produite. En bottelant, on achève de briser les parties tendres des plantes, et le fourrage, quel qu'il soit, s'il est rentré bottelé, occupe beaucoup plus de place ; puis la fermentation ne peut s'y opérer aussi régulièrement à cause des vides que les bottes laissent entre elles, et, toutes les fois que le fourrage n'est pas bien tassé, la vapeur que produit la fermentation s'accumule dans ces vides et détermine la moisissure d'une partie des fourrages, tandis que, si tout le tas forme une masse compacte, cette vapeur s'élève à la surface du tas et s'évapore.

Je ne puis m'expliquer cette méthode de botteler le fourrage dans les champs autrement que par l'influence d'une vieille habitude ; ce qui presse le plus, c'est toujours de mettre les récoltes à couvert sans perdre une minute. Lorsque le fourrage est à couvert, on trouve facilement le temps de le botteler.

Dessiccation. — Le trèfle coupé vert perd en séchant 75 à 80 p. 100 de son poids, dit Schwerz. Les herbes de prairie coupées vertes, sans humidité étrangère sur leurs tiges et sur leurs feuilles, perdent en séchant, selon Sinclair, 66 à 70 p. 100 de leur poids.

Fermentation. — C'est seulement lorsque la dessiccation est jugée suffisante que le foin est mis en gros tas. Dans le pays que j'habite, lorsque la fenaison est faite à prix convenu, du moment que le foin est mis en gros tas pesant chacun environ 100 kilogr., la tâche des ouvriers est accomplie, leur responsabilité cesse, et, s'il survient de la pluie, c'est tant pis pour le propriétaire qui n'a pas immédiatement rentré sa récolte.

La fermentation qui suit la rentrée du foin et sa mise en tas, soit dans les greniers, soit dans les meules, est-elle nuisible ? Je suis loin de le croire. Aucune des substances que nous emmagasinons n'échappe à la fermentation. Les fourrages, les grains, les racines, les fruits, fermentent. Toutes ces substances éprouvent dans nos celliers ou dans nos greniers une seconde maturité, après laquelle seulement elles ont acquis toute leur perfection. Pourquoi en serait-il autrement du foin ?

Foin brun. — En Allemagne on désigne sous le nom de *foin brun* du foin rentré à moitié fané et mis en tas dans la cour de la ferme. Ce foin ainsi entassé s'échauffe tellement, qu'il forme bientôt une masse solide, compacte et de couleur brune, que l'on coupe par tranches. Ce foin brun est très-nourrissant et excellent pour les bêtes bovines ; il paraît ne pas convenir aussi bien aux chevaux, auxquels on sait que le regain est nuisible ; mais l'avidité avec laquelle les bêtes bovines le mangent prouve du moins que la fermentation ne lui ôte rien de sa qualité.

Qualités a rechercher dans le foin. — Le foin et le regain font toujours partie en plus ou moins grande proportion de la nourriture des bêtes bovines. Le regain, à qualité égale, doit être préféré au foin. Plus le foin ou le regain est fin, tendre, substantiel, aromatique, mieux il convient aux bestiaux.

Dans le pays que j'habite, la qualité des prairies naturelles varie beaucoup ; on nomme foin de vaches (*Kühefutter*) le foin des meilleurs prés, et foin de chevaux (*Pferdfutter*) le foin aigre des prés humides. Les cultivateurs qui n'ont que du foin aigre et grossier font usage de chevaux, parce qu'ils savent que des bêtes bovines nourries avec ce foin ne leur feraient ni honneur, ni profit[1]. Cependant il est possible de faire consommer ce foin à des bêtes bovines ; mais la quantité qu'elles en mangent doit être très-petite, et leur nourriture doit consister principalement en racines.

Moyen de faire consommer du foin grossier. — Le foin de première qualité que je récolte étant consommé par les bêtes à laine, il ne me reste pour les vaches que du regain et du foin médiocres de prairies arrosées. Je n'en donne à chaque vache que 5 kilogr. par jour. Je fais même consommer aux bœufs de travail du foin tout à fait grossier. Pour cela on le coupe au hache-paille, on verse dessus des résidus très-chauds de la distillation des pommes de terre, et les bœufs mangent ainsi, sans en perdre un brin, de mauvais foin qu'ils rebuteraient si on le leur présentait dans son état naturel.

Couper le fourrage au hache-paille est une excellente méthode pour les foins de prés naturels, et encore plus pour les trèfles, luzernes, etc.

---

[1] Certains prés produisent du foin qui, à la vue et à l'odorat, semble être de bonne qualité, mais que les bêtes bovines refusent toujours, tandis que les chevaux le mangent volontiers.

De cette façon on ne perd absolument rien et on peut même faire manger aux bêtes une forte proportion de paille. Lorsque les fourrages de diverses qualités sont bien mélangés, ils profitent mieux aux animaux.

B. — Regain.

On ne coupe pas le regain au hache-paille comme le foin. Une très-bonne manière de nourrir les bêtes est de leur donner la moitié de leur ration en foin [1] coupé et trempé, et l'autre moitié en regain. Si l'on a de très-bon regain, c'est le meilleur fourrage sec que l'on puisse donner aux vaches laitières. Avec de très-bon foin ou regain, ou avec de la luzerne ou du trèfle bien sec, on peut, au moyen de fortes rations, entretenir en bon état des bêtes qui n'ont avec cela que de l'eau claire à boire, mais cette nourriture coûte fort cher et les vaches ainsi alimentées produisent peu de lait, aussi je recommande les boissons chaudes. Malgré les frais de main-d'œuvre et de combustible, cette nourriture est très-économique, les bêtes sont beaucoup mieux entretenues, et on obtient aussi une plus grande quantité de meilleur fumier.

Il faut calculer les frais qu'occasionnent toutes ces préparations, tenir compte du combustible, de la main-d'œuvre et de la valeur du fourrage. Il y a certainement des positions où on trouve de l'économie à fourrager le foin, le regain, la paille *au naturel*, sans les couper et sans leur faire subir aucune préparation, mais c'est une exception.

C. — Racines.

l'on n'a pas de distillerie, on peut faire cuire aussi les racines. On peut couper, à l'aide du coupe-racine, les navets, carottes et betteraves pour les faire manger crus; mais on ne doit jamais se dispenser de faire cuire les pommes de terre : crues, elles sont un aliment médiocre dont l'usage peut entraîner des inconvénients; cuites, elles sont excellentes pour tous les animaux, et la cuisson ne leur fait pas perdre plus de 3 p. 100 de leur poids. Si la cherté du combustible ou d'autres motifs empêchent de faire cuire les pommes de terre, on doit les mélanger avec d'autres racines.

On doit également éviter de faire manger aux vaches des navets seuls, à moins que la quantité en soit très-peu considérable.

Les navets, ou turneps, sont, comme on sait, le pivot de l'agriculture anglaise. Les journaux agricoles de l'Angleterre répètent les mêmes

---

[1] Au foin on ajoute ordinairement moitié ou deux tiers de paille hachée, de balles de grains ou de siliques de colza.

plaintes sur la mauvaise saveur que les turneps donnent au lait et au beurre. Le chlorure de chaux et le salpêtre qui ont été proposés pour faire disparaître cette saveur ont seulement pour effet de changer un mauvais goût en un goût plus mauvais encore. Quand on veut faire usage du chlorure de chaux pour ôter une mauvaise saveur au lait, on met, dans un litre d'eau, 50 grammes de chlorure de chaux, et, dans quatre litres et demi de lait, une cuillerée de cette eau. On recommande aussi de ne distribuer aux vaches, qu'immédiatement après qu'elles ont été traites, les navets, choux et autres aliments qui donnent une mauvaise saveur au lait.

D. — Résidus de distillerie.

Avec une distillerie, on a le très-grand avantage d'avoir chaque jour une bonne nourriture préparée pour les bêtes, à la même heure, en même quantité et à la même température.

Une partie des résidus doit être alors employée à tremper le fourrage, à préparer des soupes qui conviennent aux bœufs de travail, aux bœufs à l'engrais et aux vaches laitières. On rend les soupes plus nourrissantes en y ajoutant des tourteaux ou du grain égrugé.

Selon Schmalz, 60 kilogr. de résidus égalent 20 kilogr. de pommes de terre ou 10 kilogr. de foin.

Les résidus peuvent être plus ou moins délayés. Dans ma pratique, j'estime que les pommes de terre avec le malt qu'on y ajoute conservent, après avoir subi la distillation, la moitié de leurs facultés nutritives.

E. — Soupes.

Si on n'a pas de racines, il faut faire bouillir de l'eau à laquelle on ajoute des tourteaux ou du grain égrugé, et avec laquelle on trempe une partie du fourrage, foin haché ou balles de grain.

Une excellente manière de préparer ces soupes est de mettre les fourrages hachés dans un tonneau ou dans une cuve, puis d'y introduire la vapeur d'eau mise en ébullition dans une chaudière, on les fait cuire ainsi de la même manière que les pommes de terre destinées à être distillées. On ajoute dans le tonneau, et par lits, les racines, tourteaux ou tous autres suppléments, qui sont ainsi cuits et intimement mélangés avec le foin, la paille, etc. J'ai l'expérience de ce procédé et je crois que les fourrrages gagnent ainsi un quart en faculté nutritive.

La paille et les fourrages sont hachés par un instrument d'un usage général aujourd'hui et dont le hache-paille Laurent (*grav.* 59) est un bon spécimen.

F. — Aliments fermentés.

Pour éviter les accidents qui peuvent résulter de l'emploi des pommes de terre crues et la dépense qu'entraîne leur cuisson, on a eu recours à la

Grav. 59. — Hache-paille Laurent.

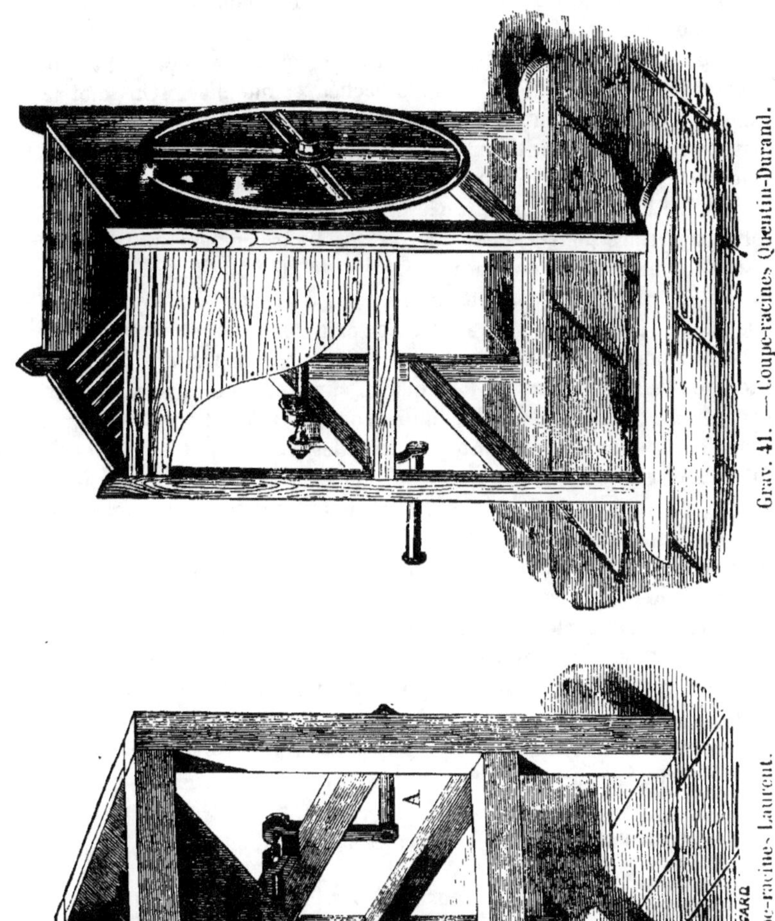

Grav. 41. — Coupe-racines Quentin-Durand.

Grav. 40. — Coupe-racine Laurent.

fermentation ; ce procédé est recommandé par beaucoup de cultivateurs d'Allemagne.

Les pommes de terre crues sont écrasées aussi complétement que possible et mélangées avec de la paille hachée et mouillée. On met le mélange dans une cuve ou dans une caisse ; on le presse fortement et on le laisse fermenter pendant deux ou trois jours. La masse s'est alors fortement échauffée, et les pommes de terre sont réduites en une bouillie qui a pénétré la paille de manière à former avec elle un tout homogène.

Cette nourriture plaît beaucoup au bétail. La proportion en poids est de 180 kilogrammes de pommes de terre et de 240 kilogrammes de paille hachée, auxquels on a fait absorber 4 à 5 seaux d'eau. Cette quantité forme la ration de 12 vaches, de sorte que chaque vache reçoit 8 kilogr. de pommes de terre par jour. Comme la nourriture doit fermenter pendant trois jours, il faut quatre cuves ou une cuve divisée en quatre compartiments, dont chacun doit contenir une ration journalière. Chaque jour on épuise le contenu d'une des cuves pour alimenter le bétail et l'on remplit la cuve qui a été épuisée la veille. La troisième cuve a ainsi vingt-quatre heures et la quatrième cuve quarante-huit heures de fermentation.

On emploie de la même façon la betterave crue après qu'elle a été débitée avec le coupe-racine.

On peut employer plusieurs genres de coupe-racines ; mais l'un des plus simples et des plus solides, à mon avis, est celui qui a été construit par M. Laurent (*grav.* 40) ; celui de M. Quentin-Durand (*grav.* 41) peut aussi être employé avec succès. Avant de couper les racines, on les lave à grande eau, en les faisant passer dans un cylindre construit à cet effet (*grav.* 42).

G. — Fourrages préparés par échauffement spontané.

On peut aussi préparer le fourrage par échauffement spontané ; la proportion doit être de deux tiers de paille et un tiers de foin, sans addition de racines. On croit que le fourrage ainsi préparé gagne en faculté nutritive, comparativement au fourrage sec, dans le rapport de 3 à 2. Un inconvénient de cette préparation, c'est que la fermentation est hâtée ou ralentie, selon la température. Il faut rompre la masse au moment où la chaleur est à son plus haut point ; car il ne faut pas laisser à la fermentation acide le temps de se développer.

On peut remplacer la paille hachée par des siliques de colza, des balles de grain, du foin haché, etc. On peut également ajouter au mélange et faire fermenter en même temps du grain moulu, du son ou des tourteaux oléagineux.

II. — Fourrages aigris.

Une nourriture peu connue en France est celle qu'on prépare dans quelques localités de l'Allemagne avec des fourrages verts, des racines coupées, des choux, etc., qu'on entasse, par couches saupoudrées de sel, dans des espèces de citernes en pierre. Pour cent kilogrammes de fourrage vert, on ajoute un kilogramme de sel. On pose sur la masse un couvercle de bois qu'on charge de grosses pierres; puis on ajoute de l'eau en quantité suffisante pour que la masse soit recouverte de 0ᵐ,15 d'eau. La masse fermente promptement et prend un goût aigre comme la choucroute, qu'on prépare par un procédé semblable. Le fourrage reste longtemps dans cet état, pourvu qu'au moyen du couvercle et d'une suffisante quantité d'eau on ait soin d'empêcher le contact de l'air. Le bétail est très-avide de cette nourriture, qui influe aussi favorablement sur la quantité que sur la qualité du lait. On comprend, du reste, que cet aliment ne doit pas former l'unique nourriture du bétail; ce n'est, au contraire, qu'une sorte d'assaisonnement La petite culture surtout peut tirer un grand parti de cette méthode.

Une méthode analogue est usitée dans le Mont-Dore pour les chèvres qu'on y entretient; au lieu de fourrage et de racines, ce sont des feuilles de vigne qu'on entasse ainsi, et qui constituent la nourriture principale des chèvres pendant l'hiver et même durant une grande partie de l'été. (Voir *Maison rustique*, t. II, p. 571.)

I. — Tourteaux concassés.

On trouve beaucoup d'avantages à faire broyer les tourteaux sous une meule d'huilerie. S'ils sont seulement concassés, leur dissolution est plus difficile et ils profitent moins aux bêtes. Il y a des engraisseurs qui donnent les tourteaux secs et grossièrement concassés. Je crois que les tourteaux profitent mieux s'ils sont délayés dans la boisson. Il ne faut pas trop se fier à la rumination pour le broiement parfait des aliments; car, si l'on donne aux bœufs des grains entiers, on en retrouve une forte proportion intacte dans les déjections.

J. — Grains concassés.

Quoique l'on soit presque toujours trompé par les meuniers, il y a grande économie à faire égruger ou plutôt à faire aplatir les grains. Dans ma ferme, les bêtes bovines ne consomment pas de grain qui ne soit égrugé. Que l'on regarde les déjections des chevaux ou des bœufs nourris de grains non égrugés, et l'on verra que beaucoup de grains sont rendus entiers. Il y a des chevaux qui avalent goulûment l'avoine et de vieux chevaux qui ont de la peine à la mâcher, on retrouve la moitié des grains tout entiers dans les déjections de ces chevaux. Ces grains échappent à la mastication, à la digestion; ils traversent le corps de l'animal sans servir aucunement à sa nutrition; ils sont même nuisibles, parce qu'ils absorbent et enlèvent en pure perte une portion

Grav. 43. — Concasseur-aplatisseur de M. Peltier.

des sucs gastriques. Je donne le dessin (*grav.* 43) du concasseur-aplatisseur employé par l'administration de la Compagnie des petites voitures de Paris et fabriqué par M. Peltier; cet appareil égruge ou aplatit
le grain sans qu'on ait besoin d'avoir recours au meunier.

K. — Proportion des aliments solides et des aliments liquides à donner
aux bêtes bovines.

Pour les vaches laitières, la nourriture doit être très-délayée. Plus
elles boivent, plus elles produisent de lait [1]. Le lait, substance liquide,
est surtout produit par les aliments liquides. 100 kilogrammes de trèfle
vert produisent plus de lait que ces 100 kilogrammes réduits à 22 kilog.
de trèfle sec, et une vache donne d'autant plus de lait qu'elle boit plus
d'eau avec la même quantité d'aliments solides. Cette eau opère sans
doute une dissolution plus complète du fourrage sec, dont l'animal peut
alors mieux s'assimiler les parties nutritives. Il ne faut cependant pas
tomber dans l'excès et vouloir nourrir les vaches uniquement de liquide :
une certaine quantité de nourriture solide, ne fût-ce que de la paille,
est d'absolue nécessité. Je crois que l'on peut admettre que les aliments
solides doivent former le tiers de la ration, c'est-à-dire qu'une vache qui
consomme par jour 15 kilogrammes d'aliments doit recevoir 10 kilogrammes d'aliments délayés et 5 kilogrammes de foin ou regain.

Une vache de moyenne taille doit vider, à chacun de ses deux repas,
deux seaux de 20 litres, c'est-à-dire 80 litres par jour. Un bœuf à l'engrais peut boire en un jour 200 litres de résidus. En hiver, les vaches
et les bœufs à l'engrais ne font, dans ma ferme, que deux repas par
jour : ils sont composés de fourrage sec, de soupe et de résidus, dans
lesquels sont délayés les tourteaux. On jette ensuite dans le râtelier la
paille, dont les bêtes choisissent ce qui leur convient ; le reste sert de
litière.

Selon Pabst, il faut, pour une partie de substance sèche, donner au
porc 7 à 8 p. 100 de liquide, au bœuf 4 à 5, au cheval 3 à 3 1/2, au
mouton 2 1/2 à 3 ; mais ces données générales subissent beaucoup de
modifications.

Dans les petits ménages qui n'ont qu'une ou deux vaches, on peut leur
donner toute l'année, au moins le matin, un seau de boisson préparée
avec les eaux de vaisselle, les débris cuits des légumes, du son, des tourteaux, etc. Dans les fermes, dès qu'il y a du fourrage vert, le bétail n'a
ordinairement plus à boire que de l'eau. On a remarqué que le bétail
semble préférer à l'eau pure l'eau verdâtre et mêlée de jus de fumier
d'une mare. On dit même qu'en Hollande il y a des contrées où l'on
mêle du jus de fumier à l'eau que boivent les vaches. Cette pratique est
dégoutante et absurde.

---

[1] Là aussi il faut éviter l'excès, car, si l'on force la production du lait par une
nourriture très-délayée, ce lait devient aqueux et on en obtient peu de beurre.

4. — Valeur comparative des fourrages.

La ration quotidienne du bétail est composée de plusieurs espèces d'aliments. Chacun de ces aliments contient des proportions différentes de principes nutritifs. On a pris, pour terme de comparaison, 100 kilogr. de bon foin de prairie et on a cherché quelles étaient les quantités des autres aliments qui peuvent remplacer cette quantité de foin et nourrir également le bétail.

Voici, d'après Schwerz, les équivalents de 100 kilogr. de bon foin :

Avoine.	50 k.	Carottes.	270 k.
Tourteaux de colza ou de lin.	50	Betteraves.	350
Regain.	100	Paille d'orge.	400
Trèfle sec.	100	Paille d'avoine.	400
Luzerne.	100	Navets.	500
Rutabagas.	150	Choux.	600
Pommes de terre.	200	Glands.	60 à 70
Topinambours.	200		

M. Boussingault a donné dans son *Économie rurale* un tableau plus complet des équivalents nutritifs, nous le reproduisons ici :

ALIMENTS.	Équivalents nutritifs.	ALIMENTS.	Équivalents nutritifs.
Foin de prairie.	100 k.	Pulpe, résidu de betterave.	303 k.
Regain de foin.	58	Pommes à cidre.	718
Trèfle rouge en fleur, fané.	67	Carotte.	383
— vert.	250	— blanche.	479
— avant la fleur, fané.	34	Pomme de terre jaune.	287
— en vert.	267	— rouge.	250
Luzerne en fleur, fanée.	60	Topinambour.	548
— — en vert.	256	Boussingaultia.	311
Paille de froment d'Alsace.	383	Navet blanc.	884
— — ancienne.	259	— turneps.	460
— de seigle.	479	— jaune.	383
— d'avoine d'Alsace.	383	Panais.	460
— — ancienne.	287	Rutabaga.	676
— d'orge d'hiver.	383	Potiron.	548
Feuilles de betteraves.	274	Choux pommés.	311
— de carottes.	221	Blé rouge.	58
— de vigne.	121	— poulard.	46
Tiges et feuilles de topinambours.	217	— corné.	55
Feuilles de maïs.	115	Farine de blé tendre.	50
Betterave champêtre.	548	— corné.	31
— blanche de Silésie.	462	— rouge.	61
— rouge à sucre.	256	Balles de froment.	139
Canne à sucre mûre.	718	Seigle.	81

ALIMENTS.	Équiva- lents nutritifs.	ALIMENTS.	Équiva- lents nutritifs.
Seigle bien sec..	58 k.	Graine de lin.	35 k.
Farine de seigle.	52	— de colza..	41
Orge d'hiver..	54	Noix mondées.	41
Maïs d'Alsace.	58	Chènevis.	41
Sorgho.	67	Graine de pavot.	41
Millet..	55	Faîne mondé.	85
Quinoa blanc.	48	Tourteau de madia..	23
Avoine.	61	— de lin.	22
Riz.	96	— de colza.	23
Sarrazin..	58	— de noix..	22
Fève de marais.	29	— de chènevis..	27
Féveroles.	25	— de pavot d'Alsace.	21
Haricots blancs.	27	— d'œillette d'Artois.	19
Doliques.	35	— de faîne du Nord.	43
Pois jaune.	30	— de cameline d'Alsace..	21
Pois de Clamart.	50	— d'arachide..	14
Lentilles.	29	— de sezame.	17
Vesce..	26	Marc de raisin distillé.	195
Glands secs décortiqués..	144	— desséché à l'air.	58
— verts non décortiqués..	359	Pain de creton.	10
Graine de madia.	31	Lait de vache.	189

Une réunion de cultivateurs allemands, à Stuttgard, en 1842, après une discussion approfondie, a approuvé le tableau suivant :

Sont égaux en valeur nutritive à 100 kilogr. de foin ordinaire :

		Kilogr.		Terme moyen.
1.	Foin d'excellente qualité, riche en feuilles, bien récolté, de prés de montagne; foin bien récolté de jeune trèfle, luzerne, esparcette.	75 à	90	82
2.	Bon foin ordinaire de prés naturels, trèfle, luzerne, esparcette, bisaille.	90	110	100
3.	Foin ordinaire, plus long, plus dur, ou moins bien récolté.	110	200	155
4.	Paille de légumineuses bien récoltée.	150	200	175
5.	— d'orge bien récoltée.	180	220	200
6.	— d'avoine bien récoltée.	200	250	225
7.	— de blé bien récoltée.	250	300	275
8.	— de seigle bien récoltée.	250	550	300
	Ces pailles diminuent proportionnellement de valeur selon qu'elles ont été moins bien récoltées, ou qu'une moindre quantité d'herbe y est mêlée.			
9.	Herbe verte, trèfle, luzerne, esparcette, bisaille..	550	450	400
10.	— — — — — coupés plus tard et déjà durs.	400	500	450
11.	Pommes de terre.	»	»	200
12.	Betteraves..	250	550	300
13.	Rutabagas..	250	550	300
14.	Carottes..	250	300	275
15.	Navets.	400	500	450
16.	Choux.	450	550	500
17.	Son de seigle.	45	75	60

		Kilogr.	Terme moyen.
18. Tourteaux de colza (les tourteaux de lin ont une valeur un peu plus grande).		» »	50
19. Drèche de brasserie.		100 140	120
20. Résidus de la distillation des pommes de terre.		300 400	350
21. Résidus de grain distillé.		» »	100

Des expériences faites par Mathieu de Dombasle (voir *Annales de Roville*, 7ᵉ livraison) ont donné les résultats suivants :

	Équivalents de 100 kilogr. de foin.
Tourteaux de lin.	57 k.
Orge pesant 66 kilogr. par hectolitre.	47
Pommes de terre crues.	187
— cuites.	162
Betteraves de la variété blanche.	220
Carottes.	307

Une seule de ces expériences laisse des doutes dans mon esprit : je crois que les pommes de terre n'ont pas été cuites de la manière la plus convenable, et l'emploi que j'en fais depuis plusieurs années, pour la nourriture des chevaux, me fait croire qu'un kilogramme de bonnes pommes de terre cuites à la vapeur vaut un kilogramme de foin médiocre. Peut-être aussi les pommes de terre cuites profitent-elles mieux aux chevaux qu'aux moutons.

Toutes les données précédentes ne sont malheureusement et ne peuvent être qu'approximatives, car le foin et ses équivalents ont une composition qui varie selon les climats, les intempéries des saisons, la nature du sol, le degré et le genre de fumure, et par conséquent les expériences faites dans un lieu et à une certaine époque ne peuvent jamais être une vérité absolue.

La qualité du fourrage peut varier beaucoup. 15 kilog. de mauvais foin sont moins nourrissants que 10 kilog. de bon foin. Il y a des foins tellement nutritifs, que les chevaux qui s'en nourrissent et qui travaillent modérément sont gras sans manger d'avoine, et il y a des foins de prairies arrosées qui ont une belle couleur et une odeur agréable, mais qui ne nourrissent guère plus que de la paille. Ces derniers foins, qui rendent nécessaires des suppléments considérables en avoine, sont très-sains pour les chevaux, tandis que les chevaux deviennent facilement aveugles par l'abus des foins trop nutritifs. Pour les bêtes bovines, il n'y a rien à craindre de l'usage des foins les plus substantiels. Les foins des prés arrosés ont moins de poids sous un même volume que les foins provenant de prairies non arrosées.

5. — Valeur comparative des pailles.

La valeur comparative des pailles est aussi une question importante à laquelle on n'a pas encore donné une suffisante attention.

Mathieu de Dombasle, dont les écrits contiennent tant d'utiles enseignements, donne, dans la 8ᵉ livraison des *Annales de Roville*, les résultats des expériences chimiques de Sprengel sur la valeur des diverses espèces de pailles.

De ses expériences, Sprengel croit pouvoir conclure que la valeur relative des pailles, comme fourrage, est différente de la valeur relative qu'elles ont comme litière ou engrais.

Comme fourrage, il les classe ainsi :

1.	Paille de millet.	7.	Paille de colza.
2.	— de maïs.	8.	— d'orge.
3.	— de lentilles.	9.	— de seigle.
4.	— de vesces.	10.	— de froment.
5.	— de pois.	11.	— d'avoine.
6.	— de fèves.	12.	— de sarrasin.

Comme litière, il les classe ainsi :

1.	Paille de colza.	7.	Paille de pois.
2.	— de vesces.	8.	— d'orge.
3.	— de sarrasin.	9.	— de froment.
4.	— de fèves.	10.	— de seigle.
5.	— de lentilles.	11.	— de maïs.
6.	— de millet.	12.	— d'avoine.

PAILLE DE FROMENT ET DES AUTRES GRAMINÉES. — Les sommités des tiges des graminées contiennent plus de principes nutritifs que les extrémités inférieures de ces tiges.

PAILLE DE COLZA. — Comme c'est à une époque où la litière manque que la paille du colza arrive à maturité et qu'elle occupe beaucoup de place, on en fait des meules à l'extérieur, près des étables, et on l'emploie immédiatement pour litière. C'est certainement le meilleur emploi qu'on puisse en faire, à moins qu'il y ait disette de fourrages.

SILIQUES DE COLZA. — Les siliques de colza ne sont pas appréciées à leur valeur alimentaire. Je crois, à poids égal, qu'elles valent du foin médiocre, et je les fais consommer soit mêlées à des racines crues et découpées, soit trempées et infusées. On peut les conserver pendant une année dans un grenier tout aussi bien que le foin. Les siliques mélangées aux pulpes résultant de la distillerie sont employées avec beaucoup de succès par M. Decauville, à Petit-Bourg (Seine-et-Oise), qui a obtenu la prime d'honneur en 1858, et par beaucoup d'autres cultivateurs.

Paille de sarrasin. — Il en est de la paille de sarrasin comme de la paille de colza. Mauvais aliment par elle-même, elle n'est jamais parfaitement sèche quand on la bat, et ce qu'il y a de mieux à faire, à mon avis, c'est de la laisser au dehors, en meules, pour l'employer comme litière et la convertir tout de suite en fumier.

6. — Qualités comparatives de quelques aliments.

Avoine. — L'avoine convient peu aux vaches laitières, qu'elle échauffe. Cependant, convertie en farine et en boisson, on la recommande, ainsi que les farines d'orge, de seigle et de blé, parce qu'elle augmente la sécrétion du lait.

Betteraves, pommes de terre, navets, carottes. — Ces racines ont la propriété de produire de la viande et de la graisse plutôt que du lait. Le mélange de betteraves et de pommes de terre est bon ; les navets sont très-peu nutritifs, il y a avantage à les cuire, de même que les carottes et les pommes de terre.

Les feuilles de betteraves crues sont une assez mauvaise nourriture pour les vaches : si elles en mangent beaucoup, ces feuilles leur agacent les dents et leur donnent la diarrhée. Les feuilles ont moins d'inconvénient lorsqu'on les fait manger cuites; c'est une ressource pour les petits cultivateurs qui croient que la valeur des feuilles cuites fait plus que compenser l'arrêt de développement des racines après l'effeuillage.

Résidus de la laiterie. — Les vaches mangent avec plaisir et profit tous les *résidus* de la laiterie, lait caillé, petit-lait, lait de beurre.

Eaux de vaisselle. — Les eaux de vaisselle et toutes les eaux grasses offrent encore une ressource que l'on ignore dans beaucoup de fermes, où l'on jette ces eaux, si l'on n'a pas de porcs pour les consommer. Quelques vaches les refusent d'abord, mais toutes les vaches boivent ces eaux avec avidité lorsqu'elles y sont habituées.

Son. — Le son engraisse, mais ne favorise pas la sécrétion du lait; délayé dans de l'eau, c'est une nourriture saine et rafraîchissante. L'eau de son, dont le son a été retiré, convient aux bêtes malades.

7. — Sel.

Le sel, dont les hommes ne peuvent être impunément privés, n'est pas moins utile aux animaux. Malheureusement, dans beaucoup de pays, il est trop cher pour qu'on puisse en donner chaque jour une ration aux bêtes.

Je donne à chaque vache, une fois par semaine, une forte poignée de sel dans la mangeoire. Quand on voit avec quelle avidité elles le lèchent, on ne conçoit pas pourquoi bien des gens se donnent beaucoup de mal en tourmentant les bêtes, pour leur frotter la langue et le palais de sel. Je donne tous les jours du sel aux bœufs que j'engraisse. Au prix où est à présent le sel, on devrait en donner chaque jour aux bêtes.

Des faits nombreux prouvent que le sel est le meilleur antidote contre le principe vénéneux contenu dans les pommes de terre ; l'addition d'une quantité, même minime, de sel, est donc très-utile toutes les fois qu'on donne les pommes de terre crues et sans préparation.

8. — Ration d'entretien et ration de production des bêtes bovines.

Ration d'entretien. — On appelle ration d'entretien la ration qui est nécessaire pour qu'une bête bovine, parvenue à toute sa croissance, se maintienne en bonne santé sans augmentation ni diminution de poids, lorsqu'elle ne produit ni travail, ni lait, ni graisse.

Ration de production. — On appelle ration de production la ration au moyen de laquelle on obtient d'une bête un accroissement de taille ou un produit en travail, en lait ou en viande.

On a cherché à établir une proportion entre le poids de la bête et la quantité d'aliments qui lui sont nécessaires. On admet qu'il faut pour la ration d'entretien de chaque jour 1,7 (une partie, plus sept dixièmes) p. 100, ou un soixantième du poids de la bête vivante. On admet pour la ration de production 3,3, ou un trentième du poids de la bête vivante, la ration étant toujours supposée composée de bon foin ou de son équivalant en autres aliments ; mais ces principes théoriques ne me semblent pouvoir être que de peu d'utilité dans la pratique.

Quant à la quantité de nourriture qui est nécessaire à une vache laitière, d'après mon expérience, on peut l'évaluer à 5 p. 100 de son poids. Par conséquent, si une vache pèse 300 kilog., il faut lui donner chaque jour 15 kilog. de foin.

9. — Distribution des aliments.

Les aliments doivent être distribués par petites portions ; ils profitent mieux, et il n'y a pas de gaspillage.

Le repas dure environ deux heures.

La régularité des repas est importante, ils doivent avoir lieu tous les jours à la même heure, et le fourrage doit être distribué dans un ordre qui soit toujours le même. Grâce à cette régularité, il n'y a pas de temps perdu pour le marcaire, qui, pendant que les vaches mangent, les trait, les étrille et enlève le fumier.

Dans une étable double, il enlève chaque jour le fumier d'un côté, et le travail est ainsi le même chaque jour, quoique le fumier ne soit sorti de l'étable que trois fois par semaine.

Vers midi, si le temps est beau, les vaches sortent et peuvent boire à la fontaine qui coule dans la cour; mais il est rare qu'elles boivent cette eau froide tant que la distillerie leur fournit une boisson chaude.

Dans toute ferme bien tenue, les fourrages doivent être bottelés, et tous les autres aliments du bétail doivent être pesés et régulièrement délivrés au marcaire.

SECTION II. — NOURRITURE SPÉCIALE DES BŒUFS EN HIVER.

Pendant l'hiver, les bœufs de travail peuvent rarement travailler, aussi sont-ils généralement assez mal nourris, et leur nourriture consiste surtout en paille d'avoine ou d'orge.

Une distillerie est une précieuse ressource pour leur alimentation. On leur fait consommer les plus mauvais fourrages, après qu'ils ont été trempés dans des résidus de distillerie : avec cette nourriture liquide et de la paille, les bœufs produisent beaucoup plus de fumier, ils arrivent en bon état au printemps, et l'on a ménagé les meilleurs fourrages pour l'époque des travaux. Alors la nourriture doit être en rapport avec le travail qu'on exige des bœufs. Si ce travail est pénible, il faut, ou que le foin soit de première qualité ou qu'on y ajoute des racines ou même un peu d'avoine.

Je crois que pour tous les animaux la nourriture avec le foin seul n'est ni la meilleure ni la plus économique.

Dans beaucoup de fermes où on a le foin en abondance, on ne le ménage pas, et on ne donne presque rien de plus aux animaux de travail. Si l'on vendait une partie de ce foin pour acheter de l'avoine, on réaliserait certainement une économie, et les bêtes s'en trouveraient aussi beaucoup mieux.

La valeur mercantile des denrées doit être prise en considération et doit faire varier la nourriture du bétail. C'est pourtant une chose à laquelle bien peu de cultivateurs ont égard, et rarement les prix ont entre eux le rapport de la valeur réelle des choses. Ainsi, 1 kilogr. de foin a coûté en 1853 presque autant que 1 kilogr. d'avoine; en 1854, 100 kilogr. de foin coûtaient 6 fr., et l'on avait pour 6 fr. 400 kilogr. de pommes de terre, et cependant bien peu de cultivateurs ont dérogé à leurs habitudes et nourri leur bétail avec l'aliment qui était à plus bas prix.

SECTION III. — NOURRITURE SPÉCIALE DES VACHES LAITIÈRES.

1. — Influence des aliments sur le lait.

Les aliments qu'on donne aux vaches influent non-seulement sur la quantité, mais aussi sur la qualité et sur la saveur du lait.

Les aliments frais, verts, nourrissent mieux et produisent plus de lait que les aliments secs.

On reconnaît à sa saveur le lait des vaches nourries de résidus de distillerie, de navets, de choux, etc.

Le beurre des vaches mal nourries est blanc et maigre.

En hiver la nourriture est sèche, la même quantité de crème produit moins de beurre qu'en été, et le beurre est moins bon.

Le meilleur lait, en hiver, est produit par de très-bon *foin* ou *regain*, par du *trèfle*, de la *luzerne*, des *pommes de terre cuites*, des *carottes*, du *grain égrugé*, c'est-à-dire dépouillé de son enveloppe.

Les *carottes* sont nourrissantes, bonnes pour engraisser; c'est une excellente nourriture pour les chevaux. Le beurre des vaches nourries de carottes a une belle couleur jaune.

Les racines de *persil* donnent au beurre une saveur agréable. On recommande dans le même but les plantes suivantes, séchées et réduites en poudre : thym, sauge, cumin des prés (carvi), fenouil, baies de genièvre ; on croit qu'une poignée de ces plantes suffit pour cinq vaches.

On recommande les feuilles de *céleri*, que l'on conserve salées dans des tonneaux ou cuves, et que l'on donne par petites portions aux vaches dans leur boisson. Ces feuilles sont un assaisonnement aux autres aliments, et elles contribuent à parfumer le lait.

2. — Nourriture des vaches en été.

Dans certaines contrées privilégiées il y a de vastes et riches *pâturages* où l'on n'a, pour ainsi dire, qu'à lâcher le bétail au printemps, et où l'on peut, en même temps, récolter d'abondantes provisions pour l'hiver. Ces positions sont hors de la règle commune, et mes conseils s'adressent aux cultivateurs qui n'ont qu'une étendue restreinte de prairies, et dont la culture doit être assez perfectionnée pour suffire chaque année à la nourriture du bétail pendant environ cinq mois d'hiver.

Transition de la nourriture sèche a la nourriture verte. — Elle doit être ménagée avec précaution. On donne la nourriture verte d'abord en petites quantités, et mêlée de foin ou de regain.

Les soins, à cet égard, doivent être d'autant plus grands, que le fourrage vert est plus jeune, plus tendre et plus aqueux.

En été les vaches font trois repas, et chacun de ces repas dure près de deux heures. Dans une grande étable, le marcaire qui distribue le fourrage par petites portions à chaque vache est obligé de faire presque sans interruption le tour de l'étable pendant ces deux heures.

Herbe des prés. — C'est une ressource à laquelle on est quelquefois forcé de recourir; mais cette herbe est toujours bien inférieure à tous les fourrages cultivés.

Luzerne. — La luzerne ne réussit pas partout.

Sainfoin. — Le sainfoin ne réussit pas partout. Il est ordinairement assez espacé, et donne un si excellent fourrage sec, qu'on le coupe rarement vert.

Trèfle. — Le trèfle est la nourriture verte la plus ordinaire. Un peu avant de faucher le trèfle rouge on fauche le trèfle incarnat; enfin, comme supplément au trèfle, on sème de l'escourgeon, du seigle, des vesces d'hiver, des vesces mêlées d'avoine, et aussi d'autres grains, pois, maïs, sarrasin.

Trèfle incarnat. — Il est très-avantageux dans les terres légères. Sa qualité est médiocre; les vaches qui en sont nourries ne produisent pas une grande quantité de lait. Lorsqu'il est sec, les vaches ne le mangent pas volontiers. Il prospère dans des terres très-médiocres et on peut le couper plutôt que les autres fourrages. Quand il réussit, son produit est abondant; s'il manque, on peut le remplacer par une autre récolte; il n'occupe jamais la terre que pendant neuf mois, d'août à mai; enfin, après sa récolte, on peut encore lui faire succéder des betteraves, même des pommes de terre. Le trèfle incarnat, converti en foin, et coupé et trempé avec les résidus de la distillerie, m'a fourni souvent une partie de la nourriture d'hiver de mes vaches, et il a été pour moi une ressource précieuse.

Trèfle rouge. — Si c'est le trèfle rouge qui est la nourriture de tout l'été, on doit commencer à le couper dès qu'il est assez grand pour pouvoir être fauché, et bien avant qu'il soit en fleur; alors ce trèfle, fauché de très-bonne heure, est bon à être fauché pour la deuxième fois, lorsque la première coupe est épuisée.

Fauchage du trèfle. — Dès que le trèfle devient dur, les vaches ne le mangent pas volontiers, elles en gaspillent beaucoup et elles produisent peu de lait. On ne doit donc pas tarder à le faucher et à le faire sécher; en outre, si on le laisse sur pied, on diminue la valeur de la coupe suivante. Il faut le faucher et le sécher dès que ses fleurs commencent à être flétries.

Si le trèfle est vigoureux et la température favorable, on fait la seconde coupe environ six semaines après la première.

Dangers du trèfle pour la météorisation. — En ayant soin de distribuer par petites portions le trèfle aux vaches et de prolonger ainsi les repas, elles peuvent manger du trèfle à satiété, même lorsqu'il est encore *jeune*.

C'est une erreur trop généralement admise de croire que le trèfle pâturé lorsqu'il est mouillé est dangereux ; s'il est dangereux, c'est au contraire lorsqu'il est flétri par le soleil, ou lorsque, fauché sec, il s'est échauffé en tas. Si cela pouvait s'accorder avec la distribution du travail, je ferais faucher le trèfle vert, chaque jour, même le dimanche, le matin à la rosée et le soir au coucher du soleil. Dans les premières années de la culture de ma ferme, pauvre en fourrage, j'ai été quelquefois forcé de faire pâturer à l'automne des trèfles trop petits pour être fauchés ; plusieurs fois mes vaches ont gonflé, mais toujours après midi, par un temps sec, et jamais le matin. J'ai communiqué cette observation à un vétérinaire instruit, des informations ont été prises, et j'ai vérifié que d'autres que moi avaient constaté ce fait [1]. Quant au trèfle qu'on fauche mouillé de pluie ou de rosée, je puis affirmer que jamais il ne m'a causé un accident, quoique mes bêtes en mangent autant qu'elles en peuvent manger.

En Suisse on prescrit de faucher le trèfle avant neuf heures du matin et de l'arroser d'eau avant de le donner aux bêtes quand il n'est pas mouillé par la rosée. Cette pratique est surtout utile si le fourrage n'est plus jeune et tendre. Il faut cependant remarquer que le fourrage qui a été rentré très-mouillé est moins agréable aux bêtes, parce qu'il est mêlé de terre qu'on ramasse en fauchant et râtelant quant le sol est détrempé par la pluie.

Il est imprudent de faire boire les bêtes quand elles sont bourrées de trèfle. On les conduit à l'abreuvoir vers dix heures, avant le repas de midi, et vers quatre heures avant le repas du soir.

Les bêtes nourries de trèfle tendre et succulent boivent peu.

Trèfle plâtré. — On attribue au plâtre répandu sur le trèfle de fâcheuses influences sur la santé des bêtes bovines et des chevaux.

---

[1] En Prusse, le gouvernement entretient dans chaque cercle (les cercles sont formés de quatre à cinq cantons) un médecin vétérinaire qui correspond avec un collége de médecine établi au chef-lieu de régence et qui doit présenter un rapport à la fin de chaque trimestre. Tous les faits intéressants observés par ces vétérinaires sont recueillis, toutes les questions douteuses sont soumises à tous, une véritable enquête est ainsi faite, et peu de questions restent sans solution.

Mes trèfles sont tous les ans plâtrés, et je n'ai pas remarqué qu'il en résultât aucun fâcheux effet pour les animaux ; mais par l'effet du plâtre le trèfle acquiert une végétation plus vigoureuse, il est plus succulent, il contient plus de principes nutritifs, et, fourragé sans précaution, il doit être plus dangereux : il l'est d'autant plus que les bêtes ont été plus mal nourries pendant l'hiver, et qu'on les fait passer plus rapidement de la disette à l'abondance.

VESCE. — Il peut arriver que le trèfle vert manque dans l'intervalle d'une coupe à l'autre ; les vesces alors sont une ressource précieuse. Les vesces mêlées d'avoine et fauchées en fleur sont, pour les vaches, une excellente nourriture qui favorise plus que le trèfle la production du lait [1] ; mais elles nécessitent des frais de culture plus considérables que les autres fourrages : il faut environ deux hectolitres de semence de vesces par hectare, on ne les coupe qu'une seule fois par année, et il en résulte que la vesce est un fourrage beaucoup plus cher que le trèfle ; aussi ne la cultive-t-on généralement que comme supplément. Il ne faut cependant pas oublier que les vesces fumées et bien réussies maintiennent la fraîcheur de la terre, étouffent toutes les mauvaises herbes, et sont ainsi une bonne préparation à un grain d'hiver qu'on sème alors sur un seul labour.

SEIGLE VERT. — C'est le fourrage le plus précoce, aussi est-il, sous ce rapport, une ressource précieuse. Malheureusement il devient bientôt dur, et les bêtes le refusent. On devrait toujours le couper au hache-paille.

COLZA. — Si le sol est riche on peut encore y semer du colza après la récolte des vesces.

MAÏS. — Si le sol est suffisamment riche, le maïs, mêlé de pois, fournit un très-bon et très-abondant fourrage vert. On sème, pour un hectare, 4/5 ou 320 litres de maïs, 1/5 ou 80 litres de pois, ensemble 400 litres. On recommande particulièrement le maïs pour les vaches laitières. Il doit toujours être coupé au hache-paille.

SARRASIN. — Il peut aussi être semé pour être fauché en vert. Les bêtes s'en dégoûtent promptement.

SPERGULE. — C'est une ressource pour les terres légères qui ne produisent pas de trèfle. Dans la Campine le beurre de spergule est renommé.

RAY-GRASS D'ITALIE. — Il fournit un fourrage abondant toutes les fois que le sol a été bien fumé.

---

[1] C'est pourtant une question sur laquelle les cultivateurs ne sont pas d'accord. La valeur des fourrages varie beaucoup selon la vigueur de leur végétation, selon l'époque à laquelle on les coupe, selon la nature du sol, la température, etc.

3. — Nourriture d'automne.

A l'automne, on a des feuilles de betteraves, de choux, etc., mais ce sont de bien faibles ressources lorsqu'on a beaucoup de bétail. Les prés et les trèfles de l'année offrent quelquefois une bonne pâture d'automne qui peut être très-utile au cultivateur qui a peu de fourrage.

Du sarrasin, semé à la fin de juin et en juillet, est un bon fourrage à faucher en septembre; enfin, les navets, qu'on ne peut jamais conserver longtemps, et que, par cette raison, il convient de consommer dès l'automne, servent de transition entre la nourriture verte et la nourriture sèche.

Dans ma position, je trouve préférable de laisser aux bêtes à laine tout ce qui est à pâturer, et, dès le mois d'août, les résidus de la distillerie et le fourrage sec composent de nouveau la nourriture des vaches qui sont ainsi nourries toute l'année à l'étable.

4. — Nourriture des vaches dans les pâturages enclos.

L'agriculture pastorale étant aujourd'hui impossible par suite de la division des propriétés et du prix élevé des terres, la nourriture à l'étable est devenue chez nous une nécessité d'une bonne agriculture, et longtemps elle a été recommandée comme le but de perfection auquel devaient tendre les efforts de tous les cultivateurs. Alors on ne connaissait pas encore la culture anglaise, avec pâturages et enclos, culture admirable de simplicité, la plus parfaite qui existe, qui a pour base un nombreux bétail dont on retire des produits directs considérables et qui fournit des engrais au moyen desquels les terres sont portées au plus haut point de fertilité.

Cette culture a une rotation de cinq années :

1. Turneps fortement fumés et consommés sur place ;
2. Orge ;
3. Trèfle avec graminées, 1re coupe fauchée, 2e coupe pâturée ;
4. Pâturage ;
5. Blé.

Les pâturages sont divisés en enclos formés par des haies d'épine blanche. Les bêtes y sont en liberté, sans qu'il soit besoin de les garder; elles peuvent s'abriter sous des hangars, elles vivent dans une abondance continuelle, et cette méthode est sans aucun doute la plus avantageuse sous tous les rapports. Elle est d'une extrême simplicité, nécessite peu de travail et peu de frais. Les produits pour la boucherie comme pour la laiterie, sont supérieurs aux produits obtenus par la stabulation ; les pâturages enclos sont une des premières causes de la supériorité du bétail anglais.

De bons pâturages permanents sont une chose précieuse. Dans les pays à pâturages, une longue expérience a appris aux cultivateurs herbagers la meilleure manière de les gouverner et de les utiliser. Cependant quelques renseignements à cet égard pourront être utiles aux cultivateurs placés de manière à pouvoir établir des pâturages permanents. Ils trouveront ces renseignements dans le *Cours d'agriculture* de M. de Gasparin.

Quant aux avantages que présente une prairie selon qu'on la fauche ou qu'on la fait pâturer, les opinions sont tellement partagées que je m'abstiens de les reproduire. J'engage les cultivateurs à consulter un travail de M. Briaune, publié dans le *Journal d'Agriculture pratique*, année 1840-44, p. 307.

5. — Nourriture des vaches en Bavière.

La nourriture du bétail, comme beaucoup d'autres procédés de culture et d'économie domestique, ne peut être la même dans les fermes et chez les petits cultivateurs. Le canton que j'habite peut être offert en exemple à ces derniers, pour la manière dont les vaches y sont nourries.

Le sol y est généralement léger et pauvre, la plus grande partie des prés sont tourbeux ou marécageux. Les terres sont soumises à l'assolement alterne ; la moitié des terres est annuellement plantée en pommes de terre, l'autre moitié en seigle ; on ne les laisse jamais en jachère.

Les pommes de terre et le laitage sont la base de la nourriture de tous, et on peut dire toute la nourriture des pauvres qui mangent peu ou point de pain et presque jamais de viande. Il n'y a pas une famille qui n'ait une vache, même les familles qui n'ont ni terre ni prés.

Les forêts fournissent des feuilles ou de la bruyère pour litière ; au printemps, dès que le dégel est arrivé, les champs qui l'année précédente ont porté du seigle sont piochés, retournés ; on en tire les racines de chiendent, et ces racines, lavées, puis égouttées, sont pour les vaches une très-bonne nourriture.

Vers la fin de mai, lorsque tous les champs sont cultivés et n'offrent presque plus de ressources, les forêts fournissent de l'herbe que l'on arrache à la main.

Plus tard, lorsque cette herbe est sèche et dure, on arrache dans les champs de mauvaises herbes de toutes espèces jusqu'au moment où commence la pâture d'automne, après la moisson.

Toutes ces ressources réunies aident à entretenir les vaches pendant environ huit mois, et, pour les quatre mois d'hiver, les cultivateurs qui n'ont point de prés, et qui n'ont pas les moyens d'acheter du foin, font sécher pendant l'été de l'herbe de la forêt.

Mais ce qui mérite de fixer l'attention, c'est que ce sont les soupes, qui, toute l'année, sont la principale nourriture des vaches. Ces soupes sont faites avec les pelures de pommes de terre et autres légumes, l'eau de vaisselle, quelques tourteaux, le peu de son que l'on peut avoir dans le ménage, et une foule de plantes comme les jeunes chardons, les orties que les bêtes ne mangeraient pas crues. On fait également cuire les feuilles nférieures et les baies des pommes de terre, les feuilles de betteraves, de navets, de choux. En un mot, on pourrait dire que, chez les pauvres, excepté l'herbe, tout passe par la marmite, tout est cuit et consommé par les vaches, en forme de soupe. Quand on voit les vaches en bon état, et que l'on observe combien peu de valeur ont les aliments qu'elles consomment, on est forcé de reconnaître que cette méthode est excellente et peut servir d'exemple aux pauvres paysans de beaucoup d'autres pays.

Il faut seulement observer que cette manière de nourrir les vaches, excellente pour les pauvres gens qui ne peuvent pas toujours trouver un travail rétribué, serait très-mauvaise pour les cultivateurs qui ont un meilleur emploi à faire de leur temps et qui peuvent payer des journaliers pour piocher du chiendent ou ramasser de mauvaises herbes.

6. — Rapport entre le fourrage consommé et le lait produit par les vaches.

Ici je laisse, malgré moi, une lacune. Après avoir indiqué les différentes manières de nourrir les bêtes, et celles de ces méthodes que je considère comme les meilleures, je voudrais pouvoir dire quelle quantité de lait et de viande produit une quantité donnée de fourrage consommé par des vaches et des bœufs de bonne race : malheureusement je ne me sens pas en état de résoudre cette question avec l'exactitude nécessaire, et ceux qui ont quelque expérience sentiront combien elle offre de difficultés.

M. Riedesel, habile cultivateur allemand, a fait sur ce sujet des expériences très-intéressantes que je crois utile de faire connaître ; je vais le laisser parler lui-même :

« Le hasard, dit-il, m'amena un jour des Suisses qui voulaient m'acheter tout le lait produit par mes vaches pour en fabriquer des fromages.

« Je ne pus m'accorder avec eux sur le prix du lait, mais dans les pourparlers qui eurent lieu, je m'aperçus que ces gens en savaient beaucoup plus que moi et que tous les miens sur l'élevage des veaux, les soins à donner au bétail, la nourriture et les produits à en tirer.

« J'eus alors l'idée, au lieu de leur vendre le lait produit, de les charger de la production du lait. Je les trouvai disposés à cet arrangement, et je passai avec eux en conséquence un marché, où il fut stipulé que je fournirais toute l'année aux bêtes une nourriture régulière, complétement suffisante, et qu'eux, chargés de tous les soins à donner aux vaches, me payeraient, à un prix convenu par mesure, tout le lait produit par elles.

« Le premier résultat de cet arrangement fut que je me trouvai bientôt dans la nécessité de vendre près de la moitié de mes vaches; car mes Suisses leur donnaient une quantité de fourrage presque double de ce qu'elles avaient eu précédemment, et je pus bientôt me convaincre que tout le produit en fourrage de mon exploitation était loin d'être suffisant pour nourrir ainsi la quantité de bêtes que j'avais eues jusqu'alors.

« Au commencement, je ne pouvais en prendre mon parti. Moi et mes gens nous nous désespérions de voir mes Suisses exiger, selon la lettre de leur contrat, une telle quantité de fourrage, et du meilleur fourrage. Je savais positivement que j'avais précédemment donné à mes vaches plutôt plus que moins que la quantité de nourriture prescrite par les auteurs en qui j'avais une foi entière. Ainsi, tandis que Thaer indique 10 kilogr. de foin ou l'équivalent pour la nourriture d'une vache de forte taille, je croyais avoir fait beaucoup pour les miennes en leur accordant 12 kilogr.

« Mais, si le changement opéré dans le régime de mes vaches était grand, celui qui en résultait pour leur état et pour la production de leur lait fut encore plus frappant.

« La quantité de lait augmenta successivement, et elle parvint au plus haut point lorsque les bêtes eurent atteint cet état de prospérité des vaches grasses rêvées par Pharaon. Alors la quantité de lait parvint au double, au triple, au quadruple de ce qu'elle aurait été jusqu'à cette époque. De sorte que, si je comparais le produit actuel au produit précédemment obtenu, un quintal de foin ou l'équivalent me produisait trois fois plus de lait qu'il n'en avait produit lorsque je pratiquais mon ancienne méthode de nourrir les vaches.

« On concevra sans peine que de tels résultats attirèrent particulièrement mon attention sur cette branche de mon exploitation agricole. Elle devint mon affaire de prédilection, l'objet d'observations suivies avec le plus grand soin, et, pendant plusieurs années, je lui consacrai une grande partie de mon temps. Je me procurai même des balances pour peser le fourrage et les bêtes vivantes, afin de pouvoir établir, sur des bases positives, des comptes exacts.

« Par mes correspondances, mes recherches, l'observation des faits, les expériences, les essais de toutes sortes, je ne négligeai rien de ce qui pouvait répandre quelque lumière sur ces faits nouveaux, d'abord incompréhensibles pour moi, me faire regagner le temps perdu, et, en quelque sorte, me consoler d'avoir, pendant vingt-cinq ans, consommé presque en pure perte le fourrage de mon exploitation.

« La question étant ainsi saisie et approfondie, je ne pouvais manquer d'arriver à des résultats instructifs ; je crois avoir atteint ce but, et je vais exposer succinctement sur l'élevage des veaux et la nourriture du bétail les principes qui sont devenus pour moi des convictions.

« 1. — Il faut à chaque bête, pour être complétement nourrie et rassasiée, une quantité de nourriture proportionnée à sa masse, c'est-à-dire au poids de la bête vivante.

« 2. — L'alimentation ne peut être complète que si les aliments contiennent une quantité suffisante de principes nutritifs. On sait que le foin est plus nutritif que la paille, que les grains sont plus nutritifs que les racines, etc.

« 3. — Pour qu'une bête soit entièrement rassasiée, il ne suffit pas que les aliments qu'on lui donne contiennent une certaine quantité de principes nutritifs, il faut encore que ces aliments forment un volume suffisant pour remplir et lester convenablement les organes de la digestion et de la rumination.

« 4. — Il est nécessaire qu'une bête soit entièrement rassasiée pour que les principes nutritifs contenus dans les aliments lui profitent autant que possible. Si l'estomac n'est pas suffisamment lesté, les aliments ne peuvent être convenablement digérés, et le corps ne s'assimile pas la totalité des principes nutritifs qu'ils contiennent.

« 5. — On reconnaît que les bêtes sont suffisamment nourries lorsqu'on peut constater qu'elles sont dans l'état le plus prospère et qu'elles remplissent entièrement le but de leur destination.

« 6. — La preuve qu'elles sont rassasiées résulte de ce qu'elles ne veulent plus manger. Une bête régulièrement et complétement nourrie mange jusqu'à ce qu'elle soit rassasiée, et pas plus qu'il ne convient à son bien-être. Il n'y a que les bêtes affamées qui se donnent des indigestions.

« 7. — On n'obtient la nutrition et la satiété au point le plus convenable que par de bon foin, ou du fourrage équivalent à de bon foin en facultés nutritives et en volume.

« 8. — Une partie des principes nutritifs contenus dans les fourrages est, avant tout, nécessaire à l'entretien de la vie.

« 9. — L'entretien de la vie, ou, pour parler plus exactement, le maintien de l'animal au même poids, exige une quantité de principes nutritifs proportionnée au poids de l'animal vivant.

« 10. — Si les principes nutritifs contenus dans les aliments ne sont pas suffisants pour cet entretien de la vie, la bête diminue de poids; si, au contraire, il y a excédant de principes nutritifs, la bête augmente de poids, elle engraisse, elle grandit, ou elle fournit d'autres produits : du travail, du lait, etc.

« 11. — Pour l'entretien de la vie chez les bêtes bovines il faut, par jour, 1 kilogr. 660 grammes de foin ou l'équivalent, pour chaque 100 kilogr. du poids de l'animal vivant, c'est-à-dire 1/60 du poids de la bête, soit, par an, 600 kilogr. par 100 kilogr. du poids de la bête.

« 12. — Pour que l'animal soit dans le meilleur état d'entretien et de production, il lui faut, par jour, une ration double de celle que je viens d'indiquer, c'est-à-dire 2/60 de son poids, ou 3 kilogr. 300 grammes par 100 kilogr. de son poids, soit, par an, 1,200 kilogr. par 100 kilogr. de son poids.

« 13. — Outre 2/60 de son poids en substances sèches, l'animal a besoin de 8/60 d'eau, c'est-à-dire de 13 litres d'eau par 100 kilogr. de son poids.

« 14. — Si, pour être complétement rassasiée, une bête bovine a besoin, par jour, d'une quantité de nourriture égale à 3 1/3 p. 100 de son poids, et si 1 2/3 sont nécessaires pour l'entretien de la vie, il s'ensuit que la moitié de la ration complète est *nourriture d'entretien*, et que l'autre moitié est *nourriture de production*, de laquelle résultent la graisse des bêtes à l'engrais, la croissance des jeunes animaux, la formation du veau et le lait des vaches, etc.

« 15. — Chaque kilogramme de fourrage de la ration de production produit chez les vaches laitières 1 kilogr. de lait et chez les vaches pleines 28 grammes d'accroissement du veau. Chez les jeunes animaux et chez les bêtes à l'engrais, 10 kilogr. de ce fourrage produisent 1 kilogr. d'augmentation du poids de l'animal.

« 16. — Il résulte de ce qui vient d'être énoncé (*voir* 12) qu'une génisse, une vache laitière ou une vache pleine, doit, de même qu'un bœuf à l'engrais, manger, dans une année ou 365 jours, 365 fois 3 kilogr. 300 grammes ou 1,200 kilogr. de foin pour chaque 100 kilogr. de son poids, ou, ce qui est la même chose, 12 fois autant de kilogrammes de foin que son poids vivant. Si donc une vache pèse 300 kilogr., elle mange dans une année 12 fois 300 kilogr., ou 3,600 kilogr. de foin; pèse-t-elle 600 kilogr., elle mange le double, ou 7,200 kilogr.

« 17. — De la totalité de ce fourrage consommé, la moitié, ou 600 kilogr. par chaque 100 kilogr. du poids de la bête vivante, forme la ration d'entretien, et l'autre moitié forme la ration de production.

« 18.— Cette ration de production devrait, d'après ce que j'ai dit (*voir* 15), produire un poids égal de lait, c'est-à-dire 600 kilogr. de lait, s'il ne fallait en déduire la quantité de fourrage nécessaire à la formation et à l'entretien du veau pendant la gestation. (Cette quantité est de 35 kilogr. du fourrage de la ration de production par chaque kilogramme du poids du veau à sa naissance.)

« 19. — Le veau pèse à sa naissance (du moins c'est ce que j'ai trouvé en terme moyen), un dixième du poids de sa mère. Il pèse donc pour chaque 100 kilogr. du poids de sa mère 10 kilogr., qui ont consommé (*voir* 18) 350 kilogr. de la ration de production de la mère.

« 20. — Déduction faite de ces 350 kilogr. de la ration de production, il reste encore, par chaque 100 kilogr. du poids de la mère, 250 kilogr., c'est-à-dire deux fois et demie autant que le poids total de la vache. Ces 250 kilogr. de foin doivent produire un poids égal de lait.

« 21. — On sait très-bien qu'une vache ne produit pas chaque jour de l'année la même quantité de lait. Pendant les quatre premières semaines qui suivent le part, la vache produit du lait en quantité égale à 3 1/3 p. 100 de son poids, c'est-à-dire précisément autant de lait qu'elle doit en moyenne recevoir de foin pendant chaque jour de l'année. Mais peu à peu, et dans une proportion qui est assez régulière, elle produit chaque jour moins de lait, jusqu'au moment où elle tarit tout à fait, six semaines ou deux mois avant de mettre bas.

« Tels ont été les résultats de mes observations, de mes essais et de mon expérience sur mes vaches, soignées et nourries par des Suisses; mais il est bien entendu que dans toutes mes observations et mes calculs je n'ai pu énoncer que des termes moyens.

« De l'application de ces principes, j'ai obtenu et j'obtiens encore les résultats les plus satisfaisants. »

Je cite d'autant plus volontiers cette lettre de M. Riédesel, que j'ai l'entière conviction que c'est seulement en les nourrissant complétement qu'on tire de toutes les bêtes tous les produits qu'elles peuvent donner.

Les paysans disent ici proverbialement *qu'une vache est comme une armoire, et qu'on ne peut en tirer que ce qu'on y a mis.*

Voici selon M. Reinhart, cultivateur distingué du Wurtemberg, l'énumération des avantages que présente la nourriture complète des bêtes :

1. — La même quantité de fourrage consommée par 10 vaches produit plus de lait que si elle était consommée par 15 ou même par 20 vaches.

2. — Ces 10 vaches nécessitent un moindre capital, par conséquent leur compte a moins d'intérêts à servir, et le produit net est beaucoup plus considérable.

3. — Lorsqu'on a moins de bêtes on a moins de risques à craindre.

4. — Il faut aussi moins de travail pour les soigner, par conséquent il y a économie de soins, de temps et de main-d'œuvre.

5. — Une bête grasse qu'on réforme pour une cause quelconque a une bien plus grande valeur qu'une bête maigre. Si un accident survient à une bête maigre, l'éleveur ne peut en tirer qu'un profit insignifiant.

6. — Si la paille qu'on distribuerait en quantité insuffisante à 20 vaches mal nourries sert à faire à 10 vaches une litière abondante, les 10 vaches produisent plus de fumier, et, comme elles sont bien nourries, ce fumier est de meilleure qualité.

7. — S'il survient une année de disette, on peut encore, en réduisant la nourriture, conserver toutes les bêtes et ne pas être forcé d'en vendre un certain nombre, ce qui, dans de telles circonstances, n'a jamais lieu qu'avec grande perte.

8. — Des bêtes toujours bien nourries et bien soignées mangent régulièrement et ne sont pas exposées à une foule d'accidents qui arrivent si souvent à des bêtes affamées.

CHAPITRE VII

ENGRAISSEMENT.

---

1. — Conditions nécessaires au succès d'un engraissement.

L'engraissement du bétail est une des parties les plus importantes de l'agriculture [1].

CONDITIONS QUI ASSURENT LE SUCCÈS D'UN ENGRAISSEMENT. — L'engraissement du bétail n'est pas toujours la principale affaire du cultivateur dans toutes les exploitations agricoles; mais il ne doit pas y avoir de ferme où l'on n'engraisse aucun animal. Toutes les bêtes que réforme le fermier ne doivent sortir de ses étables que pour aller à la boucherie.

---

[1] V. Favre, de Genève, a écrit un traité sur l'engraissement que j'engage mes lecteurs à consulter : *Observations et conseils pratiques sur l'engraissement des veaux, des vaches et des bœufs dans le canton de Genève.* — Genève, 1824.

Les conditions qui assurent le succès d'un engraissement sont :

Un bon choix des animaux à engraisser;

Une bonne méthode d'engraissement;

De bons fourrages;

Le talent de bien acheter les bêtes maigres et de bien vendre les bêtes grasses.

BUT AUQUEL L'ENGRAISSEMENT DOIT TENDRE. TYPE D'UN BŒUF GRAS PARFAIT. — Sous le rapport des formes, les Anglais sont d'avis que le bœuf gras le plus parfait est celui qui se rapproche le plus de la forme d'un quadrilatère. Si l'on suppose un cadre que l'on applique sur la partie antérieure (*grav.* 44) et sur la partie postérieure du corps de la bête (*grav.* 45), et un autre cadre deux fois plus long que l'on applique sur le côté et sur le dos de la même bête (*grav.* 46, 47), le bœuf le plus parfait de formes sera celui qui remplira le plus exactement ces cadres.

CHOIX DES BŒUFS A ENGRAISSER. — Je n'ai rien à ajouter à ce que j'ai dit des qualités que doit posséder un bœuf pour être apte à être engraissé (voir *Type d'un bœuf d'engrais*); mais j'engage tous les cultivateurs qui veulent élever ou engraisser, et qui sentent de quelle importance est le bétail, à faire tous leurs efforts pour apprendre à connaître les bêtes. C'est une science difficile qu'on n'acquiert que par l'expérience. Après avoir étudié la théorie, après s'être bien pénétré des principes, il faut observer, comparer, manier les bêtes, les mesurer, les peser vivantes, les accompagner, s'il est possible, jusqu'à la boucherie, et s'assurer là des résultats positifs d'un engraissement qu'on a dirigé et dont on a suivi avec sollicitude tous les progrès.

NÉCESSITÉ DE N'ENGRAISSER QUE DES BŒUFS DÉJA EN CHAIR. — Pour engraisser avec profit, la première condition est donc de ne choisir que des bêtes de bonne race et de n'engraisser que des animaux déjà en bon état. En trois mois on engraisse complétement un bœuf déjà en chair, et il faut souvent six mois pour mettre en chair un bœuf qui a la peau collée sur les os.

Je me sers de cette expression *en chair*, quoiqu'elle ne soit pas exacte, parce qu'elle est d'un usage général. Les fibres dont la réunion forme la chair musculaire existent toujours, ainsi il n'y a réellement ni plus ni moins de chair. La différence provient de la graisse, qui, se formant entre les fibres musculaires, remplit leurs interstices et augmente leur volume, de même que la graisse qui vient remplir le tissu cellulaire le gonfle et grandit les proportions extérieures de l'animal.

Si, comme malheureusement cela peut arriver dans les exploitations les mieux dirigées, l'urgence des travaux, les chaleurs excessives de l'été, la non-réussite des prairies artificielles, ont amené à une grande maigreur les bœufs qu'on avait intention d'engraisser, on ne doit pas les mettre immédiatement à l'engrais. « L'époque la plus longue de l'engraissement, dit Fabre, le temps pendant lequel les animaux consomment le plus et acquièrent proportionnellement le moins en poids, l'emploi le moins avantageux du fourrage, est la consommation faite par l'animal maigre jusqu'à ce qu'il ait pris de la chair. »

Grav. 44. — Cadre appliqué sur la partie antérieure du corps d'un bœuf parvenu à l'état de perfection.

Grav. 45. — Cadre appliqué sur la partie postérieure du corps d'un bœuf parvenu à l'état de perfection.

Grav. 46. — Vue de profil d'un bœuf remplissant le mieux possible le cadre d'épreuves.

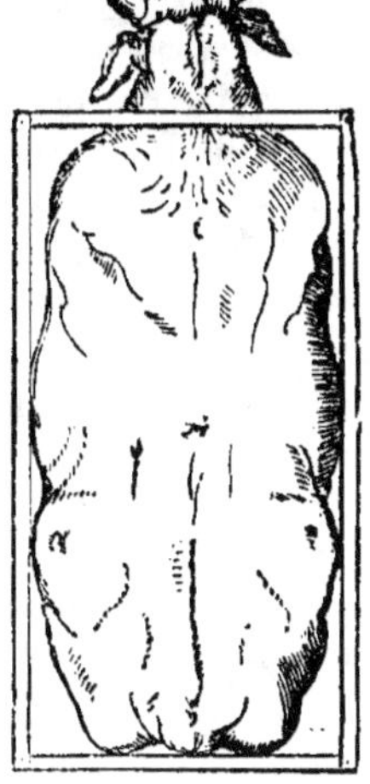

Grav. 47. — Projection d'un bœuf perfectionné revêtu du cadre d'épreuves.

Le parti le plus sage est, dans ce cas, de laisser aux bœufs maigres le temps de se *refaire* en les appliquant à un travail modéré et en les nourrissant bien. Si l'on est au commencement de l'hiver, il peut être avantageux ou de conserver les bœufs encore un an, ou de leur laisser passer l'hiver sans les engraisser pour les vendre au printemps comme bœufs de travail.

Il m'est arrivé de me laisser séduire par le bas prix de bœufs maigres venant d'un canton pauvre, où les bêtes pâturent presque toute l'année dans les forêts et n'ont jamais une nourriture suffisante. De tels bœufs, quand ils arrivent dans une bonne étable, ne peuvent être rassasiés; ils se purgent, ils grandissent, et il faut les garder au moins un an avant de pouvoir les engraisser.

Si l'on veut engraisser des bœufs maigres, fatigués, qui ont souffert par excès de travail et insuffisance de nourriture, il faut leur donner d'abord des aliments rafraîchissants et délayants. Des engraisseurs belges m'ont assuré qu'ils obtenaient, dans ce cas, de bons effets de lavements émollients administrés aux bœufs pendant plusieurs jours consécutifs.

Les bêtes qu'on met à l'engrais doivent être dans un état de santé parfaite. Si on s'aperçoit qu'un bœuf manque d'appétit, digère mal, n'engraisse pas, le plus sûr est de le vendre tout de suite. Car, ordinairement, plus on le garde longtemps et plus il consomme stérilement de fourrage.

Nombre et durée des repas. — Quelle que soit la méthode d'engraissement qu'on adopte, l'ordre et l'exactitude dans la distribution des aliments sont toujours deux conditions de rigueur.

Le défaut d'exactitude dans la distribution des repas a un double inconvénient : les animaux étant irrégulièrement nourris, les progrès de l'engraissement sont beaucoup plus lents, ensuite l'engraisseur ne peut savoir ce que les bêtes consomment, et par conséquent il ne peut se rendre compte des résultats de sa spéculation.

Tous les engraisseurs ne sont pas d'accord sur la manière de nourrir les bêtes. Les uns ne leur donnent que deux repas en vingt-quatre heures, les autres divisent la nourriture en un plus grand nombre de petites portions.

Le petit cultivateur qui engraisse une ou deux paires de bœufs, et qui les soigne lui-même, peut les nourrir *à la main*, et leur distribuer par jour cinq ou six repas et même plus; mais le cultivateur dont l'exploitation est plus étendue, qui ne peut ni distribuer les repas lui-même ni exercer sur ses agents une surveillance de tous les instants, celui-là doit chercher à simplifier le plus possible tous les procédés. Ce motif me semble suffisant pour qu'on ne donne à toutes les bêtes, en hiver, que deux repas. C'est la méthode que j'ai adoptée, et je m'en trouve bien sous tous les rapports. Chaque repas durant deux heures, il y a, d'un repas à l'autre, dix heures d'intervalle. Les animaux sont rassasiés complétement à la fin de chaque repas, et l'estomac est vide lorsque arrive l'heure du repas suivant ; on court ainsi beaucoup moins de risques de dégoût et d'indigestion, et, s'il arrive qu'une bête ait mal digéré, il est facile de s'en apercevoir.

INFLUENCE COMPARATIVE DE L'ISOLEMENT, DU REPOS, DE L'EXERCICE. — Beaucoup de cultivateurs croient que l'isolement, le silence et l'obscurité sont nécessaires à un bœuf à l'engrais, d'autres sont convaincus qu'un léger exercice stimule l'appétit et facilite la digestion du bœuf à l'engrais.

Je ne suis pas partisan de l'isolement absolu du bœuf à l'engrais dans l'obscurité. Je veux pouvoir observer mes bêtes à tous les instants du jour, et je veux qu'une étable soit chaude, mais claire et propre. Je ne crois pourtant pas que pendant l'hiver on doive faire prendre de l'exercice aux bœufs qu'on engraisse, à moins qu'on n'engraisse qu'un très-petit nombre de bœufs qu'il soit facile de bien surveiller.

Le froid, la pluie, la neige, la glace qui couvre la terre, peuvent occasionner des accidents, surtout à des animaux qui courent, sautent, luttent ensemble, et se frappent de leurs cornes d'une manière souvent dangereuse.

Les bêtes bovines qui restent continuellement à l'étable n'y témoignent pas cette inquiétude, ce besoin de mouvement qui agite un cheval bien nourri, condamné à l'inaction. Souvent même on a de la peine à faire lever un bœuf qui digère et rumine, on voit qu'il jouit complétement des deux plus grands biens de l'être non pensant chez lequel le sexe n'existe plus, abondance de bonne nourriture et repos absolu.

Je ne pense donc pas que l'exercice soit nécessaire, et je crois que c'est seulement par l'étrille, par un pansage journalier, que nous devons stimuler extérieurement la vitalité du bœuf à l'engrais.

2.—Accroissement de poids produit par 100 kilogrammes de foin absorbés par un bœuf à l'engrais.

Il est généralement admis qu'en moyenne 100 kilogr. de foin ou l'équivalent absorbés par un bœuf à l'engrais produisent un accroissement de 5 kilogr. de son poids.

Selon Pabst, 100 kilogr. de foin produisent seulement 4 kilogr. d'augmentation de poids, et il faut pour l'engraissement 4 kilogr. de foin par jour par 100 kilogr. du poids vivant de la bête à engraisser.

On estime que, pour un engraissement complet, il faut 5,535 kilogr. de foin ou l'équivalent pour 100 kilogr. du poids de l'animal vivant, c'est-à-dire une ration quotidienne de 1/30 ou 3 1/3 p. 100 de ce poids. Ainsi un bœuf pesant vivant 600 kilogr. devra recevoir, par jour, 20 kilogr. de foin.

Cette règle ne peut cependant pas servir de base rigoureuse. L'appétit n'est pas le même chez tous les animaux, ni dans tous les temps chez le même animal. Au commencement de l'engraissement les bœufs mangent plus ; plus tard, lorsque l'engraissement avance, l'appétit diminue, et il faut réserver, pour cette époque, les fourrages les plus substantiels, qui, sous un moindre volume, contiennent plus de principes nutritifs.

3. — Nourriture des bœufs à l'engrais.

Les engraisseurs les plus expérimentés de l'Angleterre sont d'avis qu'il faut commencer l'engraissement par les fourrages les plus substantiels, afin, disent-ils, d'élargir les vaisseaux de sécrétion, ou plutôt de les stimuler et d'en augmenter l'activité. On obtient surtout ce résultat au moyen d'aliments farineux, mais d'une digestion facile ; donnés en breuvage, ces aliments sont très-utiles pendant les huit ou quinze premiers jours de l'engraissement, parce qu'on distribue alors aux bêtes une ration moins forte des autres fourrages. Plus tard, lorsque les bêtes ont acquis un certain point de graisse, leur appétit diminue peu à peu ; à cette époque elles ne consomment plus les mêmes rations qu'auparavant et restent à peu près dans le même état. Si alors on veut les faire arriver à un degré plus élevé d'embonpoint, il faut leur donner une nourriture plus succulente et qui, sous un moindre volume, contienne une plus grande proportion de parties nutritives, et, si on habite une contrée où la viande très-grasse est recherchée et bien payée, les grains employés de cette manière sont souvent remboursés à l'engraisseur avec un grand profit.

Selon les circonstances, on se décidera pour la nourriture froide ou pour la nourriture chaude.

Avantages de la nourriture chaude. — Lorsque les racines ne forment qu'une proportion peu considérable de la nourriture, il vaut mieux les faire cuire et les donner en soupes.

Racines. — Si les racines doivent former la moitié au moins de la nourriture, on les donne crues. Les racines qui engraissent le mieux sont les betteraves, et, si on y ajoute des pommes de terre, ce ne doit pas être dans la proportion de plus de 1/3 de pommes de terre pour 2/3 de betteraves.

Pommes de terre. — Si les pommes de terre doivent faire la base

de l'engraissement, il faut les faire cuire, lors même que le combustible
est cher. Lorsqu'elles sont crues, les pommes de terre sont dangereuses,
car elles contiennent un principe vénéneux ; cuites à la vapeur, c'est
un aliment sain, économique et excellent ; j'en nourris mes chevaux
depuis vingt ans. Ce n'est pas ici le lieu de donner des détails sur
l'emploi des pommes de terre à la nourriture des chevaux, mais je
dois dire que, données sans précautions, les pommes de terre peuvent
causer de graves accidents et qu'elles ont fait périr beaucoup de chevaux.

FOIN, LUZERNE, TRÈFLE. — De très-bon foin, de très-bon regain, de
la luzerne ou du trèfle secs, sont une excellente base de la nourriture
des bœufs à l'engrais. Très-peu de prés naturels produisent un fourrage
aussi nourrissant que la luzerne ou le trèfle secs, qui ont encore l'avantage d'exciter les bêtes à boire beaucoup. Cependant, si on emploie
ces fourrages seuls, l'engraissement est long et coûteux, on doit toujours les mélanger avec d'autres aliments, racines, tourteaux ou grains.

TOURTEAUX. — Les chimistes nous apprennent aujourd'hui que les
substances qui contiennent des corps gras sont très-favorables à l'engraissement du bétail. Les engraisseurs expérimentés savent depuis longtemps que les tourteaux favorisent et hâtent l'engraissement ; beaucoup de cultivateurs croient même ne pas pouvoir engraisser avantageusement sans tourteaux. Les tourteaux sont non-seulement très-
favorables à l'engraissement, mais encore ils augmentent la qualité du
fumier. On distribue ordinairement les tourteaux secs et concassés en
morceaux dont les plus gros ont environ le volume d'une noix.

GRAINS. — On donne les grains ou secs, ou bouillis, ou moulus. Dans
le Voigtland, où l'on amène des bœufs à un point de graisse étonnant,
on n'emploie pas les grains autrement que cuits jusqu'au point de former une espèce de gelée. On les mêle avec du fourrage haché ou des
racines (*Sturm*). Cette dernière manière de les administrer est la meilleure ; même après la cuisson, beaucoup de grains sont avalés et rendus entiers par les bêtes et par conséquent sont complétement perdus.
En général, les grains sont d'un prix trop élevé pour qu'on puisse les
employer avec avantage autrement que pour terminer l'engraissement.

SON. — On emploie aussi avantageusement le *son* pour l'engraissement du bétail. Longtemps on a contesté au son ses facultés nutritives ;
on le comparait à de la sciure de bois. L'expérience a démontré que
le son est une bonne nourriture, et l'analyse a prouvé qu'il est riche en
principes azotés et en matière grasse. La quantité de ligneux qu'il contient est insignifiante.

Donné seul et en grande quantité, le son peut occasionner de graves
indigestions ; mais il est très-salutaire si on le mélange à d'autres aliments et particulièrement aux pommes de terre cuites. On ne doit pas

le donner sec, si ce n'est en le mélangeant avec des racines crues et découpées.

Farines de graines de lin, pois, fèves, maïs, orge. — La *graine de lin* est excellente pour l'engraissement du bétail. On vante beaucoup les avantages qu'on retire de son emploi en Angleterre. M. de Gourcy en a donné une explication détaillée dans le *Journal d'Agriculture* de mai 1849. On verse peu à peu un tiers de farine de lin et deux tiers d'autres farines, de fèves, pois, maïs et orge, dans une chaudière contenant de l'eau en ébullition, et on remue bien le mélange pour l'empêcher de s'attacher à la chaudière. La proportion est de 5 kilogr. de farine pour 20 litres d'eau. Après quinze à vingt minutes d'ébullition, on verse le bouillon sur 5 kilogr. de fourrage coupé placé dans des cuves ou dans des espèces de citernes spéciales. On doit remuer soigneusement le fourrage à mesure qu'on l'arrose pour qu'il soit complétement humecté; on le tasse ensuite fortement et on le couvre. On le laisse ainsi au moins deux heures et pas plus de huit heures, et on le donne chaud aux bêtes deux fois par jour.

Outre cette nourriture ainsi préparée, le fermier anglais donne à chaque bête 40 kilogr. de turneps, et, après chaque repas, il met devant elle de la bonne paille.

Cette alimentation est économique et rend l'engraissement rapide.

Préparation des fourrages mêlés aux racines et tourteaux. — J'ai déjà indiqué un moyen de préparer le fourrage en le coupant et en le mêlant à des racines et à des tourteaux, et en abandonnant ce mélange à la fermentation qui se développe naturellement dans une masse d'aliments tassés et mouillés ; je vais parler maintenant de la cuisson des aliments au moyen de la vapeur. Foin et paille hachés, balles de grains, siliques, sont placés dans une cuve ordinairement en pierre, par couches alternatives, avec les racines coupées; la cuve est ensuite couverte et on y introduit la vapeur produite par une chaudière remplie d'eau en ébullition. Il faut avoir la précaution de ménager sous la masse, autour de la masse et dans la masse même, des passages suffisants pour que la vapeur puisse pénétrer partout.

Avant de se décider pour l'un ou l'autre procédé, on doit calculer les prix du foin, de la main-d'œuvre et du combustible. Il est certain que la cuisson augmente la faculté nutritive des aliments [1], mais cet avantage peut devenir nul si les frais de préparation et de cuisson sont trop élevés.

Les soupes ont surtout l'avantage très-grand de faire consommer aux

---

[1] Ce fait est nié par M. Boussingault dans son *Économie rurale;* mais ses expériences ne m'ont pas encore convaincu.

bêtes des balles de grain, de la paille, des fourrages durs ou même avariés, en un mot, une foule de substances qu'autrement elles refuseraient de manger.

Pour atteindre ce but, comme pour préparer des aliments, fournir les moyens d'en tirer tout le parti possible et produire la plus grande quantité de fumier, la distillation des pommes de terre a d'incomparables avantages.

Résidus de distillerie. — Favre n'a pas parlé de l'engraissement dont les résidus de distillerie forment la base. C'est celui qui est le plus en usage dans la Bavière et celui que je regarde comme le plus profitable partout où l'on peut distiller de manière à obtenir les résidus pour bénéfice net de la distillation.

On engraisse aussi avec les résidus sans addition de tourteaux ni de grain ; on engraisse même dans le nord de l'Allemagne avec des résidus et de la paille. Dans ce dernier cas un bœuf consomme chaque jour les résidus de 50 kilogr. de pommes de terre.

Cet engraissement est lent ; cependant il peut produire un bénéfice net plus considérable qu'un engraissement qui ne durerait que trois mois, avec foin, tourteaux, etc.

On estime que les pommes de terre distillées conservent la moitié de leurs principes nutritifs, c'est-à-dire que les résidus de 50 kilogr. de pommes de terre nourrissent autant que 25 kilogr. de pommes de terre. Ainsi la paille de seigle, qui contient très-peu de principes nutritifs, ne serait qu'une sorte de lest pour l'estomac. Ceci vient à l'appui de ce que j'ai dit précédemment, qu'il doit toujours exister une certaine proportion entre les aliments solides et les aliments liquides.

Ces considérations et le bas prix de la houille, qui vaut environ 40 cent. les 50 kilogr., expliquent comment les cultivateurs de ce pays-ci peuvent distiller, lorsque souvent l'hectolitre d'eau-de-vie ne vaut pas même 20 fr.

Préparation des fourrages mêlés aux résidus de distillerie. — La distillerie doit être placée près des étables, et c'est un grand avantage d'avoir, attenant à la distillerie, un local destiné à la préparation des fourrages. Mais l'espace manque dans presque toutes les fermes.

J'ai chez moi trois grandes auges pour vaches, bœufs de travail et bœufs à l'engrais. Elles sont construites en briques revêtues d'un ciment et adossées contre le mur extérieur des étables. Une quatrième auge, de moindre dimension, contient les tourteaux qu'on fait dissoudre dans des résidus. On prépare les soupes une fois en vingt-quatre heures.

Les bœufs de travail consomment les balles de grains et les fourrages de qualité inférieure.

Le trèfle sec est toujours coupé et trempé.

On étend dans l'auge une couche de fourrage sec coupé à une longueur de 0^m,03 à 0^m,05, puis on verse dessus des résidus sortant de l'alambic en quantité suffisante pour que le fourrage en soit imbibé; on forme une seconde couche que l'on trempe de la même manière. Lorsque l'auge est pleine on la couvre, et ce n'est qu'après quelques heures qu'on distribue le fourrage aux bêtes.

EFFETS DE L'ALCOOL SUR L'ENGRAISSEMENT. — Des expériences faites en Allemagne paraissent prouver que, de toutes les substances nutritives, l'alcool est la substance dont les effets sur l'engraissement sont les plus prompts et les plus certains; aussi les résidus de distillerie sont-ils d'autant plus nourrissants qu'ils contiennent plus d'alcool.

L'alcool pur peut, pendant le dernier mois de l'engraissement, être administré avec grand profit à la ration d'abord d'un huitième de litre, et enfin d'un litre; mais il ne peut être employé que là où il est à très-bas prix; par exemple en Allemagne, où son prix ordinaire est de 15 à 20 centimes le litre. En Bavière il vaut actuellement 16 fr. l'hect.

DISTRIBUTION DES ALIMENTS. — Lorsque le moment du repas est arrivé, le marcaire fait le tour de l'étable et distribue à chaque bête une ration du fourrage trempé qui a été préparé dans l'auge; puis, quand les bêtes n'ont encore mangé qu'une partie de ce fourrage, le marcaire fait une seconde tournée et verse sur chaque ration de fourrage ce qui reste de résidus purs; dans une troisième tournée, il distribue les résidus dans lesquels sont délayés les tourteaux; enfin, lorsque les auges sont vides, il jette dans les râteliers le foin ou le regain qui termine le repas.

Lorsque le repas du soir est terminé, il jette dans les râteliers de la paille d'orge ou d'avoine que les bêtes mangent pendant les longues nuits d'hiver; c'est ainsi que les bœufs pesant environ 600 kilogr. reçoivent leur ration complète de 20 kilogr. ou 3 1/3 p. 100 de leur poids.

La ration journalière d'un bœuf à l'engrais est ainsi composée de :

		Équivalents de foin.
Trèfle coupé et trempé.	2ᵏ,50	2ᵏ,50
Foin.	5 »	5 »
Résidus de 25 kilogr. de pommes de terre.	» »	6 25
Tourteaux de colza.	2 »	4 »
Paille..	» »	2 25
		20 »

3 1/3 par 100 kilogr. font bien un total de 20 kilogr. pour un bœuf pesant 600 kilogr.

On peut varier les proportions de ces aliments. Selon les procédés de distillation employés, les résidus sont plus ou moins étendus d'eau; mais la quantité d'eau contenue dans les aliments jointe à la quantité d'eau absorbée en boisson par un bœuf doit être au moins de 100 litres par jour.

Si on fait consommer du grain moulu, on le délaye dans les résidus de la même manière que les tourteaux.

On donne les résidus chauds, quelquefois au moment même où on les tire de l'alambic. Tant que les bêtes sont nourries ainsi elles ne boivent pas d'eau, et, lorsqu'au printemps elles changent de nourriture, elles ont pendant plusieurs jours de la peine à se décider à boire de l'eau. On voit que l'eau froide leur fait mal aux dents.

4. — Engraissement des vaches.

On engraisse généralement les vieilles vaches et les vaches stériles avant de les livrer à la boucherie. Pendant la période d'engraissement, leur alimentation est la même que celle des bœufs à l'engrais.

On doit faire tarir le plus tôt possible une vache à l'engrais, car les aliments ne peuvent servir à la fois à la production du lait et de la graisse. On parvient à faire tarir une vache en aspergeant son pis avec de l'eau froide immédiatement après qu'on a trait. On la trait ensuite une fois seulement en 24 heures, puis on éloigne de plus en plus les trayages à mesure que le lait diminue,.et bientôt on ne trait plus. Si on cessait tout à coup de traire une vache sans avoir pris préalablement ces précautions, il lui surviendrait au pis des engorgements et des abcès.

La vache dont la chaleur n'est pas satisfaite n'a pas la tranquillité qui lui est nécessaire pour engraisser ; aussi la plupart des engraisseurs font-ils saillir leurs vaches au moment de les engraisser ; dans ce cas, il faut livrer la vache à la boucherie alors que sa gestation est encore peu avancée, car, lorsqu'elle approche du terme, la vache maigrit, quels que soient les aliments qu'on lui donne.

Une loi d'août 1790 défend de tuer les vaches pleines, mais cette loi est tombée en désuétude à cause des difficultés de son exécution.

Les laitiers de Paris ne font jamais saillir leurs vaches. Ils les préservent de la chaleur par un séjour constant à l'étable dans une obscurité presque complète. Ils les nourrissent assez fortement pour qu'elles engraissent à mesure que la production de leur lait diminue, et pour qu'elles soient grasses au moment où elles cessent de produire du lait.

On pratique aujourd'hui la castration des vaches et surtout des vaches taurellières, c'est-à-dire des vaches constamment en chaleur, dans le double but de prolonger leur lactation et de rendre ensuite leur engraissement plus rapide. Je n'ai pas besoin d'ajouter que cette opération préserve d'une manière absolue les vaches de la chaleur qui trouble à la fois leur lactation et leur engraissement.

Il y a encore dans beaucoup de pays un absurde préjugé contre la viande de vache. Il est vrai que la viande de vache maigre ou malade est de qualité inférieure ; mais, dans mon opinion, à égalité d'âge et de nourriture, la viande d'une vache convenablement engraissée est supérieure à la viande de bœuf.

5. — Sel.

Par tout ce que nous avons dit sur la nourriture et l'engraissement des bêtes à cornes, on a dû voir qu'il est d'un avantage évident de hâter autant que possible l'engraissement. Puisqu'une certaine quantité de nourriture (la ration d'entretien) est nécessaire pour le seul entretien de la vie, l'engraissement n'est que le résultat de ce qui excède cette ration d'entretien. Le bœuf engraissé en cent jours aura consommé cent rations d'entretien, tandis que le bœuf engraissé en cinquante jours n'en aura consommé que cinquante. De là le grand avantage du sel dans l'engraissement. Le sel ne nourrit pas, mais il stimule, il facilite la digestion, il excite à boire, et l'animal consomme et s'assimile une plus grande quantité de nourriture.

On pense en Allemagne que le *sel* est de nécessité absolue pour un bon engraissement. Les Suisses disent : *Un kilogramme de sel fait dix kilogrammes de graisse.*

Le sel est également utile pour les vaches laitières. Partout où on donne du sel à dose raisonnable aux bestiaux, on reconnaît qu'ils ont une supériorité marquée. Toutefois il est des contrées où les fourrages contiennent naturellement assez de sel pour qu'il soit inutile d'en ajouter aux fourrages qu'on distribue aux animaux dans les étables. Dans un travail complet sur la question, M. Barral[1] a indiqué les doses convenables aux divers animaux ; la ration pour un bœuf, d'après cet auteur, doit être au minimum de 50 grammes, et au maximum de 160 grammes par jour.

En Angleterre, d'après David Low, la ration d'une bête à l'engrais varie de 120 à 150 grammes ; on donne donc à chaque bête 3,600 à 4,500 grammes par mois, ou par an 43 kilogr. à 54 kilogr.

D'après le règlement belge, la ration quotidienne de sel est fixée, pour l'espèce bovine, à 64 grammes par bête ou 23 kilogr. par an.

Lorsque les fourrages ne sont pas d'excellente qualité, l'addition de sel est surtout nécessaire ; si on a soin de mélanger 200 grammes de

---

[1] *Statique chimique des animaux appliquée spécialement à la question de l'emploi agricole du sel,* par Barral. 1 vol. in-12 de 532 pages. — Prix : 3 fr.

sel par 100 kilogr. de foin au moment où on le décharge, on prévient les altérations qui se produisent si souvent dans les foins.

Il est important, en conséquence, pour l'agriculture, que le sel soit affranchi, autant que possible, du lourd impôt dont presque tous les gouvernements ont frappé cette denrée. En France, l'impôt du sel a été réduit de 30 centimes à 10 centimes par 10 kilogr.; le prix du sel y est ainsi à peu près le même qu'en Prusse et en Bavière, où les cultivateurs donnent presque tous du sel à leurs bestiaux. Cependant, à l'exception des départements du Doubs, du Jura, des Vosges, de l'Aveyron, du Cantal, des Alpes et de Pyrénées, on distribue peu de sel aux bestiaux en France.

En Prusse, le sel pour le bétail (*Viehsalz*) coûte, par sac de 100 kilogr., 7 fr. 50. Ce sel contient un mélange d'oxyde de fer, 1/2 kilogramme, et absinthe, 1 kilogr., ce qui le rend impropre à la consommation ménagère. Le sac de 100 kilogr. de sel pur coûte 22 fr. 50.

En Bavière, le sac de sel pur du poids de 87 kilogr. coûte 21 fr. 50. Le sac de sel pour le bétail coûte 12 fr. 55. Ce dernier sel n'est pas dénaturé, comme en Prusse, par le mélange d'autres substances : c'est le sel impur qui, dans le raffinage du sel, reste au fond des chaudières; sa couleur est rougeâtre, il contient des substances terreuses et de l'oxyde de fer.

6. — Pansage des bœufs à l'engrais. — Saignée. — Lavements.

PANSAGE. — Je considère le pansage au moyen de l'étrille et de la brosse comme important pour les bœufs à l'engrais. Lorsque la moitié du corps de l'animal est garnie d'une cuirasse de fumier durci et que l'autre moitié est couverte d'une couche de crasse, il n'est pas possible que les fonctions vitales s'opèrent comme si la peau était propre et si ses pores étaient libres. Il y a des indications naturelles qui ne trompent pas : en voyant les bœufs se lécher, se gratter partout où peuvent atteindre leurs pieds de derrière, leurs cornes et leur langue, et se frotter jusqu'au sang contre tous les objets qui sont à leur portée; en observant quelle jouissance ils éprouvent sous l'action de l'étrille, on ne peut douter que ce pansage ne leur soit aussi utile qu'il leur est agréable. Mes bœufs à l'engrais sont étrillés chaque jour et même lavés à l'eau chaude au commencement de l'engraissement. Je crois ces lotions chaudes très-utiles; elles rendent la peau propre, elles l'assouplissent et calment les démangeaisons.

La plupart des engraisseurs se dispensent de ces soins, et leurs bœufs engraissent cependant ; mais la question est de savoir si l'engraissement ne serait pas plus prompt si les bœufs avaient été pansés, et je crois qu'il n'y a pas de doute à cet égard.

Ici encore les bouchers exercent une fâcheuse influence. Comme ils vendent les peaux fraîches au poids et que le tanneur qui les achète déduit, règle générale, 4 kilogr. pour les ordures, le sang, etc., dont elles sont souillées, les bouchers demandent que les peaux soient aussi sales que possible et qu'on ne nettoie pas les bœufs qu'ils ont achetés ou qu'ils ont l'intention d'acheter. Bien des paysans pensent aussi que les bœufs qui ont les cuisses et les flancs chargés de fumier durci gagnent par là en diamètre et paraissent à celui qui veut les acheter plus larges qu'ils ne sont réellement. Il est très-rare qu'un boucher soit assez inexpérimenté pour se laisser tromper de cette manière ; mais la négligence et la paresse ont un prétexte pour se dispenser d'étriller les bœufs.

Saignée. — Doit-on saigner les bœufs à l'engrais ? En général, je crois que non, pas plus qu'on ne doit saigner ou purger les hommes à certaines époques régulières. Je ne peux mieux faire que de citer Favre.

« On est dans l'usage de commencer par saigner les bestiaux qu'on veut refaire, auxquels on veut donner de l'embonpoint : rien n'est plus inconséquent. Parce qu'un animal est épuisé par un long travail, parce qu'il est affaibli par une nourriture trop mauvaise ou insuffisante, parce qu'il manque de forces, en un mot, parce qu'il est maigre, il faudra le saigner ? c'est-à-dire diminuer ses forces, et faire couler hors de ses veines le fluide qui y circule avec la vie et porte à tous les organes leurs éléments réparateurs ! Pourquoi, dira-t-on, cet usage serait-il généralement admis s'il était mauvais ? Une erreur, demanderai-je à mon tour, est-elle moins une erreur parce qu'elle est générale ? est-elle moins absurde ? est-elle moins nuisible ? Quelques guérisseurs et quelques maréchaux, non moins bêtes que les bêtes leurs victimes, mais plus rusés et surtout plus méprisables, ont accrédité cette méthode en assimilant à l'animal échauffé ou en état d'inflammation, l'animal fatigué et épuisé. Faites saigner, crédules laboureurs ; ce qui nuira à votre bœuf ou à votre cheval procurera quelques sous au charlatan : n'y a-t-il pas compensation ?

« La saignée, toujours inutile, très-souvent nuisible au début de l'engraissement, devient avantageuse et quelquefois nécessaire lorsque les animaux sont arrivés à l'état désigné par l'expression *en chair*. Elle est utile pour baisser le ton que les fibres ont acquis et au moyen duquel elles résistent à l'infiltration graisseuse ; elle est utile pour diminuer l'énergie organique, qui se débarrasse du superflu de la nutrition ; elle est nécessaire, surtout si la saison est chaude ou sèche, ou froide et sèche, pour diminuer la pléthore sanguine et préserver des coups de sang qui en sont la suite.

« On reconnaît la pléthore sanguine au regard vif, à l'œil brillant, aux veines de l'œil qui sont très-rouges et rondes, à l'intérieur de la bouche qui est plus rosé qu'à l'ordinaire, à la chaleur des cornes, à un peu d'essoufflement sans cause apparente. Si ces symptômes sont très-prononcés, il y a plus que pléthore, c'est un commencement de fièvre inflammatoire qui exige, outre la saignée, quelques jours de diète rafraîchissante.

« Les coups de sang sont mortels, si l'on ne pratique en temps utile une grande saignée. »

LAVEMENTS. — Au lieu de la saignée, des lavements émollients combinés avec une nourriture rafraîchissante sont utiles pour des animaux qui ont souffert par suite de mauvaise nourriture et d'excès de travail.

7. — Point auquel on doit limiter l'engraissement.

C'est une question importante de savoir à quel point on doit limiter l'engraissement. Si l'on met à l'engrais un bon bœuf déjà en chair et *zart*, c'est-à-dire possédant les dispositions à engraisser, en deux à trois mois il sera *gras* et sa viande sera belle et bonne. Si on veut le pousser au *fin gras*, l'engraissement durera trois mois de plus et le bœuf augmentera de poids dans une proportion relativement moindre. C'est dans cette dernière période de l'engraissement que se forme la graisse intérieure, le suif, dont la quantité peut varier dans une proportion très-considérable. L'engraisseur doit calculer si cette augmentation de suif et le prix plus élevé d'une viande *fine-grasse* lui seront payés de manière à l'indemniser de la plus longue durée de l'engraissement et de la valeur plus grande des aliments distribués aux bœufs pendant la dernière période de l'engraissement.

Je crois qu'en général le *fin gras* n'est pas assez payé, et que l'engraisseur trouvera qu'il a plus de profit à engraisser deux bœufs l'un après l'autre, chacun pendant trois mois, qu'un seul bœuf pendant six mois.

Un bœuf à l'engrais doit augmenter en poids au moins d'un kilogramme par jour.

Ce principe que je mets en pratique, de vendre quand je trouve l'occasion de bien vendre, je l'applique à toutes les bêtes, aux chevaux et bêtes bovines d'élevage, comme aux bêtes bovines et ovines de boucherie. Il arrive si souvent que les bêtes n'augmentent pas de valeur en proportion de ce que coûte leur nourriture journalière, que je crois que quand on trouve un bon prix on doit vendre. Pour les bêtes grasses, un calcul rigoureux vient à l'appui de ce principe. Je suppose qu'on achète pour 150 fr. un bœuf qui, si on le tuait, donnerait 250 kilogr. de viande nette, à 60 centimes le kilogr. ; si ce bœuf est engraissé, amené au poids de 300 kilogr. de viande grasse, à 80 centimes le kilogr., on vendra ce bœuf 240 fr., et la différence du prix d'achat au prix de vente sera ainsi de 90 fr. Supposons que le bœuf ait été engraissé pendant 90 jours et que sa nourriture ait coûté 1 fr. par jour, le fourrage consommé est payé à l'engraisseur et il lui reste seulement le fumier pour bénéfice net.

Si, au lieu de 90 jours, le même bœuf est nourri pendant 180 jours, et qu'on l'amène au poids de 350 kilogr., à 80 centimes le kilogr., il vaudra 280 fr. ; l'augmentation de valeur ne sera que de 40 fr., l'entretien et la nourriture de 90 jours auront coûté 90 fr. ; le bénéfice sera donc diminué de 50 fr. Il en résulte que moins il faut de journées d'engraissement pour amener le bœuf au prix de la viande grasse, plus il y a de bénéfice, et que l'engraisseur comme le marchand doit se contenter d'un léger bénéfice sur sa spéculation, mais la renouveler souvent.

8. — Estimation, pesage et mesurage des bêtes grasses.

Estimation. — L'estimation du poids des bœufs gras est très-difficile, les bouchers eux-mêmes se trompent souvent ; et cependant, après avoir estimé une bête vivante, ils la tuent, la pèsent, et contrôlent ainsi leur évaluation, tandis que l'engraisseur, après avoir vendu ses bœufs, n'en entend plus parler et ne peut savoir s'il a bien ou mal estimé leur poids.

Pesage. — La balance (grav. 48), très-utile pour évaluer les progrès comparatifs d'un bœuf pendant les différentes phases de l'engraissement, n'indique cependant pas avec précision le poids d'une bête.

Pour connaître le poids exact d'une bête vivante, il faut qu'elle soit à jeun depuis vingt-quatre heures, car l'état de plénitude ou de vacuité des intestins a sur le poids une influence telle, qu'un bœuf, après un repas, peut peser 50 kilogr. de plus qu'avant le repas.

Pendant la durée de l'engraissement, comme on pèse les bœufs chaque semaine pour constater leur progrès, et qu'il n'est pas possible de les faire jeûner aussi souvent, on se contente de les peser à la même heure du jour ; mais le résultat d'un pesage fait dans ces conditions ne peut être rigoureusement exact. Aussi, sous ce rapport, une bonne méthode de mesurage serait précieuse, car elle permettrait de vérifier le poids des bêtes sans les faire sortir de leur étable, sans les faire jeûner, et en

évitant à l'engraisseur la dépense d'une balance coûteuse et embarras-
sante.

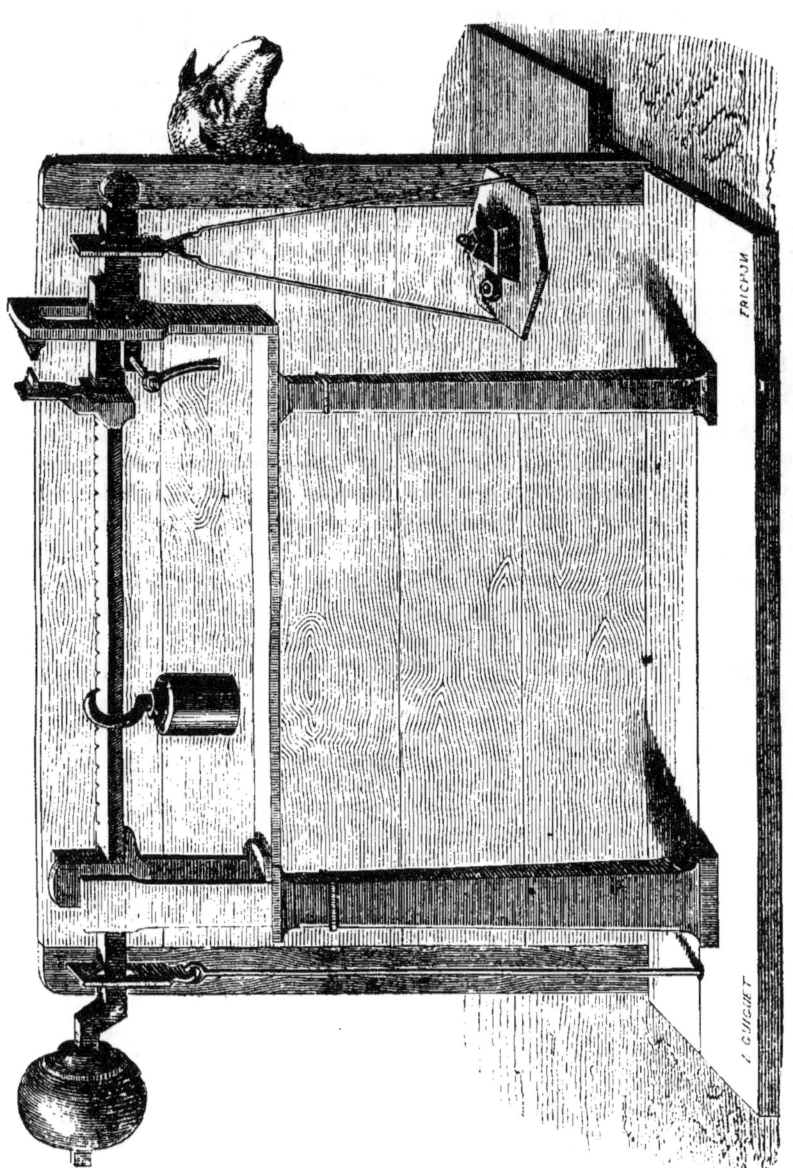

Grav. 48. — Bascule Béranger pour le pesage du bétail.

MESURAGE. — On mesure l'animal avec un cordon divisé en centimètres, et, en consultant des tables dressées dans ce but, on trouve le poids qui correspond au chiffre du mesurage.

Les meilleures tables sont celles de Mathieu de Dombasle, de M. Quételet et de M. Parant. Il existe aussi en Angleterre des tables très-estimées. On trouvera toutes ces tables réunies dans le *Bon Fermier*, où elles ont été traduites en mesures métriques par M. Barral.

Les auteurs de ces tables ont voulu ou indiquer le poids brut des animaux vivants ou n'indiquer que le poids des quatre quartiers.

On sait que le rapport du poids des quatre quartiers au poids total de l'animal vivant varie suivant les races, il en résulte que les chiffres des tables indiquant le poids des quatre quartiers ne sont exactes que pour les races spéciales que les auteurs avaient en vue, et pour un certain état d'engraissement habituel dans un pays ; on ne doit donc se servir du mesurage et des tables qu'avec une grande circonspection. Il ne faut jamais compter que sur une approximation utile et non pas sur des déterminations d'une exactitude absolue. Ces restrictions sont surtout vraies pour les tables qui indiquent le poids des quatre quartiers. Quant aux autres tables, elles donnent des mesures d'une assez grande exactitude, et les éleveurs ou les engraisseurs qui n'ont pas de bascules tireront toujours de ces tables un parti avantageux. Il est en effet très-utile, quand on vend des animaux, d'en savoir le poids approximatif afin de faire soi-même rapidement le calcul de la valeur du bétail d'après son poids et d'après le prix du kilogramme de viande sur le marché.

POIDS PROPORTIONNEL DES DIVERSES PARTIES DU CORPS D'UN BŒUF VIVANT. — Le poids proportionnel des diverses parties du corps d'un bœuf vivant a été ainsi calculé :

La viande, la graisse, le suif, la langue, les rognons.	60 p. 100
La peau.	6 1/2
La tête, les pieds, la rate, le foie, les poumons. . .	15 1/2
Les intestins, avec les matières qu'ils contiennent, le cœur, le sang.	18
	100

Ces indications ne peuvent être que très-approximatives, elles varient selon la race, l'individu, le degré d'engraissement, etc.

9. — Viande nette. — Graisse. — Suif. — Peau.

VIANDE NETTE, VIANDE DE BOUCHERIE OU DES QUATRE QUARTIERS. — On désigne par ces expressions tout ce qui reste d'un bœuf dépouillé auquel on a enlevé la tête à la première vertèbre, les pieds aux genoux et aux jarrets, les intestins, les rognons et la graisse qui y est adhérente. A Paris, les rognons et le suif qui les enveloppe sont pesés avec les quartiers.

Le bœuf est ainsi réellement divisé en quatre parties. La viande des deux quartiers de derrière est la meilleure. Les quartiers de devant pèsent plus que les quartiers de derrière ; cependant, plus la conformation d'une bête est parfaite, moins il existe de différence de poids entre les quartiers de derrière et ceux de devant.

PROPORTION DE LA VIANDE NETTE AU POIDS DE L'ANIMAL VIVANT. — On admet généralement qu'un bœuf en chair, c'est-à-dire un bœuf qui n'est ni gras ni maigre, produit en viande nette 50 p. 100 de son poids vivant. D'après mon expérience, les bœufs les plus gras produisent en viande nette 60 p. 100 de leur poids vivant. Les Anglais estiment à 66 p. 100 la production en viande nette des bœufs les plus gras.

PROPORTION DU POIDS DE LA GRAISSE ET DU SUIF AU POIDS DE LA VIANDE NETTE. — On estime que par chaque 100 kilogr. de viande la proportion du suif est de 8 kilogr. dans un bœuf *en chair*, de 10 à 14 kilogr. dans un bœuf demi-gras, et de 14 à 18 kilog. dans un bœuf gras.

POIDS PROPORTIONNEL DE LA PEAU. — On calcule que le poids de la peau est de 10 à 15 p. 100 du poids de la viande nette et d'environ 7 p. 100 de l'animal vivant.

CHAPITRE VIII

RACES.

On comprend, sous le nom de race, des animaux d'une même espèce, possédant, outre les caractères généraux de cette espèce, des caractères distincts qui leur sont propres ; ils doivent ces caractères à l'influence du sol, du climat, des aliments et du régime, et ils les transmettent à leurs descendants.

Je ne parlerai pas ici des races françaises et anglaises, je ne pourrais que répéter ce qu'a dit M. de Dampierre [1]; mais il ne s'est point occupé des races de l'Allemagne, il n'a presque rien dit des races suisses, et je suis trop convaincu des services que peuvent rendre certaines races de ces deux pays pour ne pas suppléer à son silence.

1. — Type primitif des bêtes bovines de l'Europe.

Les bêtes bovines du continent européen forment deux grandes divisions :

1° La *race de plaine*, ou *hollandaise*, qui a peuplé les riches pâturages des bords de la mer, depuis la Hollande jusqu'au Danemark, et qui est aussi la souche des races allemande, normande et anglaise.

2° La *race de montagnes*, ou *race suisse*, qui des Alpes comme point central s'étend tout autour dans un vaste rayon. C'est à cette race qu'appartiennent les bêtes bovines du Jura et des Vosges françaises, du bassin du Rhin jusqu'à Manheim, du duché de Bade, du Wurtemberg, de la Bavière, de l'Autriche, de l'Italie et de toutes les provinces allemandes qui avoisinent la Suisse. On remarque aussi partout, à mesure qu'on s'éloigne de la Suisse, que le sang des animaux de cette race est plus mélangé et que leurs caractères sont moins prononcés.

2. — Inconvénients d'aller chercher des types à leurs sources primitives.

Ce principe étant admis, que la Hollande et la Suisse possèdent les types primitifs, le cultivateur qui veut introduire chez lui une race nouvelle ou améliorer par le croisement une race déjà existante choisira des bêtes de plaine ou des bêtes de montagne, selon les circonstances particulières dans lesquelles il se trouve. Mais, cette première question une fois décidée, il reste encore bien d'autres considérations. Ainsi les vaches hollandaises produisent beaucoup, mais elles consomment aussi beaucoup, et ce ne sont pas celles qui *payent* le mieux leur nourriture; les vaches de Berne et de Fribourg sont d'une taille et d'une beauté de formes remarquables, mais il s'en faut qu'elles soient les plus productives, et c'est parmi les bêtes de taille moyenne qu'on trouve les meilleures bêtes bovines des Alpes. Nous savons aussi que des bêtes transpor-

---

[1] *Races bovines de France, d'Angleterre, de Suisse et de Hollande*, par le marquis de Dampierre, 2ᵉ édition, 1 vol. in-12, de 192 pages et de 28 gravures. — Prix : 3 fr. 25 c.

tées au loin ont d'autant plus de peine à s'acclimater qu'elles trouvent
une nourriture et un régime plus différents de ceux auxquels elles
étaient habituées. Par toutes ces raisons, je crois qu'il y a peu de cas où
il convienne d'aller chercher des types à la source primitive, soit en
Hollande, soit en Suisse. Je crois préférable en général de chercher des
bêtes réunissant les qualités qu'on désire, mais déjà habituées à un
autre genre de vie, et ayant subi dans leur manière d'être des modifications avantageuses. C'est ainsi qu'on ne va plus aujourd'hui chercher
en Espagne la souche d'un troupeau de mérinos, et que les chevaux élevés en Angleterre sont généralement préférés aux chevaux arabes, bien
que la race anglaise tire son origine de la race arabe, et qu'à l'Arabie
on attache toujours avec raison l'idée de la patrie du *noble coursier,
une des plus belles créatures qui soient sorties des mains de Dieu.*

Le sang le plus pur, le tempérament le plus robuste, les plus belles
formes, les qualités morales réunies aux qualités physiques que nous
recherchons dans deux animaux devenus les compagnons indispensables
du cultivateur, tout cela se trouve incontestablement réuni au plus haut
point dans la vache des Alpes, comme dans le cheval arabe. Toute la
question est de savoir si, en transportant chez nous ces précieux animaux, nous pourrons, sans trop de peine, sans des frais qui excèdent le
bénifice que nous comptons en retirer, leur procurer la nourriture et
le régime qui leur sont indispensables pour conserver leurs bonnes qualités.

Ces considérations expliquent les mécomptes de tant de gens qui ont
fait venir à grands frais de grandes et belles vaches dont ils ont été bien
loin d'obtenir le produit qu'ils en attendaient.

3. — Races suisses.

A. AVANTAGES ET INCONVÉNIENTS DES RACES SUISSES. — On est trop
disposé à croire dans l'est de la France que c'est en Suisse seulement
qu'on trouve de belles et bonnes vaches. Il est vrai que l'excellence des
fourrages, des soins bien entendus et l'amour-propre des propriétaires
de troupeaux ont fait atteindre aux vaches suisses un certain point de
perfection; mais ces bêtes sont loin d'être parfaites, et, si elles sont en
général remarquables par leur taille et la beauté de leurs formes, il en
est un grand nombre qui laissent beaucoup à désirer.

Le dernier duc de Deux-Ponts avait fait venir un troupeau de très-
belles vaches suisses de couleur pie; la séduction fut générale, chacun
voulut avoir quelques-unes de ces vaches, et l'espèce se propagea bientôt
dans tout le pays.

Ce n'est qu'au bout de quarante ans qu'on s'aperçut que, si ces bêtes étaient très-belles, elles n'étaient pas *bonnes*, qu'il était difficile de les nourrir et de les engraisser, et surtout qu'elles se *tuaient mal*, ce que du reste Chabert avait depuis longtemps constaté dans son traité de l'engraissement. Les plaintes des bouchers à cet égard étaient unanimes, et il fut si bien reconnu que cette race ne valait rien, qu'aujourd'hui, lorsque dans une commune on adjuge la fourniture d'un taureau, on stipule qu'il ne sera pas de la race suisse noir-pie, tandis qu'autrefois on ne manquait pas de stipuler qu'il devait être de cette race. Ceci ne veut pas dire que toutes les races suisses doivent être proscrites : il faut reconnaître que c'est en Suisse que l'on trouve les bêtes les plus remarquables par la beauté de leurs formes et la douceur de leur caractère, et que la Suisse est assez grande pour posséder un grand nombre de races ou sous-races qui peuvent beaucoup différer entre elles; mais ce qui est bien certain, c'est que la race *noir-pie*, importée dans le pays de Deux-Ponts, n'était pas bonne.

Tandis que l'on faisait à grands frais venir à Deux-Ponts des vaches suisses, on avait tout près de là une race précieuse, trop peu connue, et je croirais avoir bien mérité des cultivateurs si je pouvais la faire apprécier. Cette race est celle du Glane, dans la Bavière rhénane.

On conçoit quel tort immense les cultivateurs et le pays ont éprouvé de l'introduction de cette race suisse noir-pie, et combien il faudra de temps pour que le mal soit réparé. Cet exemple prouve aux jeunes cultivateurs de quelle importance il est pour eux de commencer avec une bonne souche.

Mes conseils peuvent avoir ici d'autant plus de poids, que j'ai acquis de l'expérience à mes dépens. J'ai aussi commencé avec cette race suisse, et si, depuis j'ai eu le bonheur de la remplacer par une autre race excellente provenant d'un croisement d'une vache du Glane avec un taureau suisse rouge-pie, je suis cependant en arrière de dix ans, sans compter les bénéfices que je n'ai pas faits et que j'aurais dû faire. si, dès le principe, j'avais suivi une bonne route.

B. Qualités comparatives des vaches de Fribourg, de Frise et de Voigtland. — Le passage suivant, extrait de Schmalz, prouve la fausseté des idées trop généralement admises sur les vaches suisses, et comment la grande quantité de lait que produisent quelques-unes d'entres elles peut donner lieu à de faux calculs.

« J'ai appris à connaître plusieurs races de bêtes bovines, dit Schmalz; j'ai eu en même temps la surveillance et j'ai tenu la comptabilité de trois étables de bêtes appartenant à trois races différentes, chacune soignée et nourrie séparément. J'ai été dans les meilleures conditions pour faire d'intéressantes observations comparatives.

« Les grandes vaches suisses du canton de Fribourg rebutent certains aliments que le bétail mange ordinairement ; elles souffrent de la faim plutôt que de manger de la paille ; elles sont très-grandes mangeuses, produisent beaucoup de lait comparativement aux races de Frise et de Voigtland ; mais ce lait, contenant beaucoup de parties caséeuses, est peu riche en beurre.

« Les vaches de Frise sont aussi très-grandes mangeuses, et rebutent certains aliments ; cependant elles mangent de la paille. Leur lait, inférieur de 15 p. 100 en quantité au lait des vaches suisses, est plus riche en beurre ; mais le part de ces vaches est toujours difficile et un grand nombre de vaches y succombent.

« Les vaches de Voigtland ne sont nullement difficiles : elles mangent volontiers beaucoup de paille, et deux grandes vaches de cette race ne coûtent pas plus à nourrir qu'une seule vache suisse ; et cependant ces deux vaches donnent environ moitié plus de beurre qu'une vache suisse, par conséquent un produit net beaucoup plus considérable. »

C. CARACTÈRES GÉNÉRAUX DES RACES DES MONTAGNES DE LA SUISSE. — Les bêtes bovines de la Suisse et du Tyrol forment une race particulière bien caractérisée.

Elles ont la charpente osseuse forte, le corps ramassé, la côte ronde, les jambes courtes, la croupe haute, le cou fort et garni d'un fort fanon, la tête large et courte. Les cornes ne sont pas grosses et sont relevées latéralement. La robe est généralement de nuance foncée, dans quelques cantons elle est pie. Le cuir est épais. On trouve des bêtes qui ont le poil rude, d'autres bêtes ont le poil fin. La taille varie beaucoup, et cette différence dans la taille est due surtout à la manière dont les bêtes sont nourries. Très-forte dans le *Hügelland, le pays des collines,* Berne et Fribourg, elle diminue à mesure qu'on s'élève dans les vallées des Alpes, où le fourrage est toujours riche, mais peu abondant, et où les hommes sont pauvres. Le produit en lait est en général satisfaisant, si l'on considère que le lait, à la vérité moins abondant, est beaucoup plus riche en crème que le lait des bêtes des bas-fonds. La disposition à prendre la graisse est tantôt bonne, tantôt médiocre. Pour le travail, les bœufs sont en général médiocres, ou même au-dessous du médiocre.

D. RACE DE BERNE, OU DE FRIBOURG. — Cette race (*grav.* 49), originaire des montagnes du canton de Berne, est connue sous le nom de race de Berne, du Simenthal, de Fribourg, et de race suisse pie ; elle est généralement connue en Allemagne sous le nom de race suisse. Outre les caractères généraux déjà indiqués, on la distingue par sa belle conformation, sa tête un peu forte avec un front et un mufle larges, un cou fort, une queue longue et attachée haut.

La taille est élevée ; la robe ordinairement rouge-pie, souvent aussi noir-pie, quelquefois rouge ou noire avec peu ou point de marques blanches ; la tête est quelquefois garnie de poils frisés ; dans certaines bêtes, le poil de tout le corps est frisé. Hazzi décrit ainsi cette race : « Les individus, dit-il, sont de taille vraiment colossale. Le cou est garni

Grav. 49. — Vache fribourgeoise.

d'un fanon qui pend jusqu'aux genoux, et la queue est attachée très-haut. La robe est ordinairement noire ou rouge-pie, quelquefois tout à fait rouge. Ces bêtes ont besoin d'un fourrage abondant et riche, et leurs qualités ne répondent pas à la quantité de nourriture qu'elles consomment. Par compensation, leurs veaux sont énormes et très-beaux. »

E. RACE DU SIMENTHAL. — Le Simenthal est une contrée de la Suisse arrosée par l'Aar, qui traverse le lac de Thun. On distingue la race du Simenthal de celle de Berne. La première est moins forte. Les bêtes d'Adelborn, vallée latérale du Simenthal, sont encore moins grandes que les bêtes du Simenthal.

F. RACE DE SCHWYTZ, OU SUISSE BAI-MARRON. — Cette race (*grav.* 50), qu'on appelle aussi race du Righi, ou d'Appenzel, ou de Zug, ou bai-marron, est très-répandue dans une grande partie de la Suisse, notamment au sud-ouest. C'est au célèbre couvent d'Einsiedeln qu'on la trouve dans toute sa pureté. C'est dans les cantons de Schwytz et de Zug qu'on élève les meilleures bêtes de cette race; on trouve les plus petites dans les cantons d'Uri et d'Unterwalden; elles sont de taille moyenne dans le Graubündten, dans une partie des cantons d'Appenzel, Lucerne, Zurich, etc.

La robe de ces bêtes est bai-marron ou brun très-foncé, tirant parfois sur le grisâtre avec une raie claire sur le dos; le tour de la bouche, l'intérieur des oreilles, l'épine dorsale, le ventre, l'intérieur des cuisses, sont blanchâtres ou jaunes. La tête est moins large que dans les autres races de montagne, le cou souvent moins fort, la croupe à sa naissance moins relevée; le corps est large, musculeux, très-volumineux.

Lorsqu'elles sont bien nourries, ces vaches égalent en poids les vaches de Berne, et leur chair est meilleure, leur conformation moins rude, leur poil plus fin; elles rebutent moins d'aliments que les vaches de Berne; elles engraissent facilement et sont très-bonnes laitières; les bêtes sont parfaitement *culottées*, et les plus belles sont remarquables par l'écartement et l'aplomb de leurs jambes de derrière. Leur taille varie à l'infini, de même que leurs os sont plus ou moins gros. Les bêtes de Schwytz, de la plus grande taille, ont en général le défaut d'être *sanglées*.

On croit que chez les vaches de cette race le produit en lait est plus considérable que chez les vaches de Berne, comparativement au fourrage consommé; transportées hors de la Suisse, elles s'acclimatent aussi plus facilement; on les recommande également comme faciles à engraisser. Elles produisent des veaux très-forts.

On exporte en Italie un très-grand nombre de ces vaches.

G. RACE DE L'ALLGAU. — Elle appartient plutôt aux petites races qu'aux grandes races; la tête est petite, le front large, le mufle large, les

cornes petites et fines, le fanon passablement grand ; le corps est peu
long, la croupe peu élevée, quoique la queue soit généralement attachée
haut. La charpente osseuse est légère, mais la peau et le poil ne sont

Grav. 50. — Vache schwytz.

pas fins. Leur robe est noire, noir-brun, gris-brun, couleur de blaireau de diverses nuances, rarement tachée de blanc ; parfois le ventre est blanc, mais toujours un cercle de poils blanchâtres entoure le mufle, et presque toujours l'intérieur des oreilles est garni d'un bouquet de poils de couleur claire, tandis que les flancs et la queue sont plus foncés. Les vaches sont bonnes laitières, et, comme elles sont en outre très-faciles à nourrir, elles sont estimées et recherchées dans la Souabe, la Bavière et le Wurtemberg. L'Allgau est à l'est du lac de Constance dans l'ancienne Souabe. Les principales foires sont à Sonthofen en septembre et octobre. On trouve souvent réunies à une seule foire jusqu'à dix mille bêtes bovines. La plus grande partie est achetée par des Italiens. Les vaches de l'Allgau sont bonnes laitières, mais elles ne prennent pas facilement la graisse, et leur viande est dure et grossière. Les bouchers ne les aiment pas, mais les préfèrent cependant aux bêtes de la race de *Musbach*.

H. RACE DE MUSBACH. — Cette race est originaire des montagnes de la Bavière ; elle est plus grande et plus forte que la race de l'Allgau. Elle ressemble à la race suisse de Berne, dont il est possible qu'elle descende. La couleur de sa robe est en général rouge ou rouge-pie.

I. RACE DU HASLI. — Celle-ci est la plus petite de la Suisse, et paît les pâturages les plus élevés des Alpes. Sa robe est ordinairement noire ou d'un brun très-foncé. Les bêtes sont bien faites, leur charpente osseuse est légère ; elles sont très-estimées comme laitières, et cette qualité les fait rechercher en Italie, où on en exporte un grand nombre.

J. RACE DU TYROL. — Elle est de taille moyenne ; elle possède à un haut degré la constance. On retrouve dans la tête, le cou et l'arrière-main, les formes générales des bêtes de montagne. Le corps est long et bien arrondi, la croupe est large, la queue attachée haut. Les jambes sont fines, courtes, droites et ouvertes. La robe est d'un beau bai-châtain vif. On estime cette race pour sa disposition à prendre la graisse. Son lait n'est pas abondant, mais il est riche en crème.

4. — Races communes de l'Allemagne.

On trouve la race dite allemande dans l'intérieur de l'Allemagne, dans la Bohème, la Moravie, dans une partie de la Prusse, et aussi dans une partie de la France orientale. Cette race présente dans le développement du corps des variétés infinies selon les localités et selon l'état plus ou moins avancé de la culture. Il est rare que les bêtes de cette race soient distinguées, le plus souvent elles sont misérables et abâtardies, parce qu'elles proviennent de croisements opérés au hasard.

Parmi ces races, les plus remarquables sont :

A. Race de Franconie. — Cette race, qu'on nomme aussi race de

Grav. 51. — Vache voigtland.

montagnes, est de taille moyenne, elle est rouge-brun ou rouge jaunâtre ; elle fournit de bons bœufs pour le travail et l'engraissement.

B. RACE DE VOGELSBERG. — Elle a beaucoup d'analogie avec celle de Franconie, mais elle est plus petite et moins bien construite. Elle est rustique et robuste, la couleur de sa robe est rouge ou rouge-brun, ses cornes sont longues.

C. RACE DU VOIGTLAND. — Cette race (*grav.* 51) se distingue par un cou fort, une tête étroite, un mufle pointu et de longues cornes ; la construction de l'arrière-main est meilleure, les jambes sont plus écartées que chez les bêtes de la race du Vogelsberg, la couleur de sa robe est aussi rouge-brun. Cette race est très-renommée pour le trait, l'engraissement et la laiterie.

Schmalz dit que ces vaches donnent par an 200 kilogr. de beurre, ce qui suppose environ quatre mille litres de lait, quantité très-considérable pour des vaches d'une race qui n'est pas lourde, et qui est très-bonne pour le travail et pour l'engraissement.

D. RACE DU WESTERVALD. — Les animaux de cette race sont petits, leurs os sont minces, leur robe rouge-brun, leur tête blanche et légère, leur croupe un peu pointue. Ils ont peu de fanon. Leur viande est succulente. Ils engraissent facilement et les vaches sont bonnes laitières. Cette race est agile, robuste, et donne des produits satisfaisants alors même que sa nourriture est très-médiocre.

J'ai eu occasion d'observer cette race ; elle est excellente surtout pour le pays pauvre et montagneux qu'elle habite. Les vaches sont bonnes laitières ; les bœufs, quoique petits, ont une force et une énergie remarquables, ils prennent bien la graisse, leur viande est d'excellente qualité, et ils ont beaucoup de suif. Les principales foires sont à Montabaur, grand-duché de Nassau. Je noterai en passant que j'ai rapporté de là un joug que j'ai adopté et qui est le meilleur que je connaisse.

E. RACE DE ODEN-WALD. — Robe de couleur jaune, taille moyenne, petites cornes, fort fanon ; cette race est estimée pour le trait et la laiterie. On y remarque fréquemment des traces de sang suisse.

F. RACE DE SOUABE-HALL. — Elle est d'origine suisse, on la divise en deux familles, dont l'une, nommée aussi race du Limbourg, a la robe de couleur jaune, est plus basse sur jambes, plus large et plus ronde que la race de l'Oden-Wald, qui lui ressemble beaucoup et a probablement la même origine. L'autre famille est rouge foncé souvent avec la tête blanche. Cette race convient bien à l'engraissement, mais les vaches donnent peu de lait.

G. RACE DU GLANE. — Cette race (*grav.* 52), que j'ai fait connaître et qui tient aujourd'hui un rang distingué entre les bêtes bovines de l'Allemagne, tire son nom du Glane, petite rivière qui prend sa source près de Hombourg, coule vers l'est et se jette dans la Nahe, qui elle-même aboutit au Rhin, à Bingen, entre Mayence et Coblentz. C'est sur les bords de cette petite rivière, particulièrement au-dessous de Kousel, Bavière rhénane, qu'existe une race précieuse de bêtes bovines, que

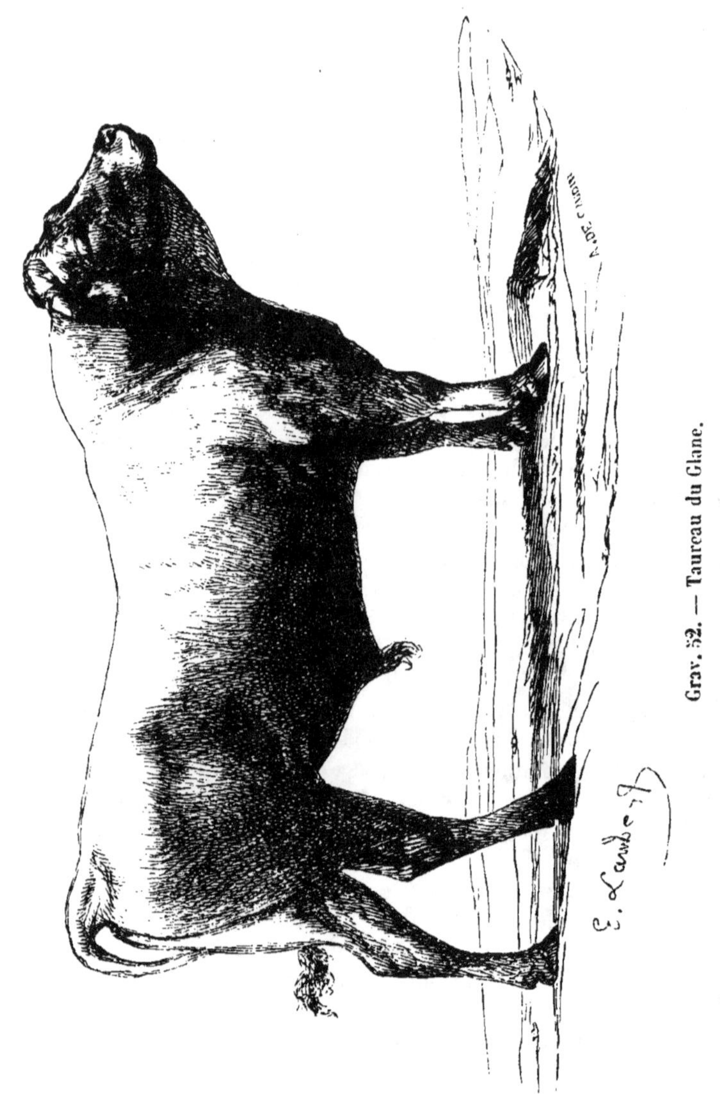

Grav. 52. — Taureau du Glane.

l'on pourrait amener au plus haut point de perfection par des soins et un choix judicieux des animaux reproducteurs.

Les bêtes ont la robe baie de diverses nuances, ou isabelle, ou d'un bai clair lavé, mélangé de bai et d'isabelle. On ne rencontre pas de bêtes noires ou pies. Celles qui ne sont pas zain ont seulement la face blanche.

Bœufs. — Ils sont en général bien conformés, à l'exception de la croupe, qui est courte et parfois avalée. Depuis quelques années la conformation de leur croupe est beaucoup améliorée. Le poids moyen des bœufs est d'environ 300 à 400 kilogr. de chair nette. Ils ont la peau douce, moelleuse, le poil fin; ils sont dociles, travaillent bien, engraissent facilement, et leur viande est d'excellente qualité.

Vaches. — Les vaches sont bonnes laitières. J'en ai eu une du poids d'environ 250 kilogr., qui, fraîche et nourrie de trèfle vert, a donné par jour jusqu'à 24 litres de lait de bonne qualité, et il n'est pas rare de trouver des vaches de cette race qui donnent 18 litres de lait par jour.

Ces vaches, lorsqu'elles sont fraîches, deviennent maigres, quoique très-bien nourries, et, lorsqu'elles avancent dans la gestation, elles reprennent de l'embonpoint à mesure que le lait diminue, de sorte qu'elles sont ordinairement grasses quand elles mettent bas.

Le petit pays où existe cette race est très-montueux et coupé d'une multitude d'étroites vallées; il y a quelques années, il était pauvre et presque entièrement privé de communications, l'élevage des bestiaux lui a fait acquérir un haut degré de prospérité.

Les terres y sont arrivées à un point de fertilité remarquable, et la vente du bétail y amène une quantité considérable de numéraire.

La principale foire se tient à la Saint-Barthélemy, vers la fin du mois d'août, à Quirnbach, petit village situé dans une gorge étroite. On y amène plusieurs milliers de bœufs et quelques centaines de taureaux et de bouvillons, des génisses, des porcs, des moutons et des chevaux.

Les vaches y sont en petit nombre, et la plupart sont vieilles ou de très-peu de valeur. Celui qui veut acheter des vaches choisies est obligé de les chercher chez les cultivateurs.

Quant aux taureaux, on en trouve de tous les âges et de toutes les tailles. On amène là de tous les environs les vieux taureaux, qui sont vendus à des bouchers ou à des juifs, et que l'on remplace immédiatement par de jeunes taureaux.

II. RACE DU MONT-TONNERRE. — En avançant vers le Rhin, on trouve une autre race isabelle, la race de Mont-Tonnerre, qui a beaucoup de rapports avec celle du Glane, mais qui est plus forte, et qui par cette raison est aujourd'hui en faveur; elle fournit des bœufs de 500 kilogr. et au-dessus.

Les plus belles et les plus fortes bêtes se trouvent autour du Mont-Tonnerre; elles proviennent de bêtes suisses importées vers l'année 1780.

Les vaches de 400 kilogr. ne sont pas rares, et l'on voit fréquemment la charrue tirée par une seule vache.

Supériorité de la race du Glane sur la race du Mont-Tonnerre. — Je préfère de beaucoup la race du Glane à celle du Mont-Tonnerre, et je remarque que mon opinion devient celle du plus-grand nombre des éleveurs: les taureaux du Mont-Tonnerre sont beaucoup moins recherchés aujourd'hui. On a reconnu que les vaches sont généralement de médiocres laitières, que les bœufs travaillent assez mal, sont difficiles à engraisser, qu'ils ont peu de suif et que leur viande est grossière.

La conformation des bœufs du Mont-Tonnerre laisse beaucoup à désirer. Chez beaucoup d'entre eux on remarque une dépression derrière le garrot et les épaules. On dit alors que la bête est *sanglée*, et ce seul mot définit énergiquement un défaut qui n'est pas sans importance; car le bœuf ainsi conformé manque, lors même qu'il est gras, d'une quantité assez considérable de viande de première qualité. Dans la bête parfaitement construite, il y a, au contraire, derrière le garrot, comme deux coussins de chair et de graisse.

Leur charpente osseuse est généralement grossière, leur peau épaisse, leur poil rude, ils sont hauts sur jambes. S'ils atteignent une haute taille et un poids considérable, ils le doivent à la richesse du sol et à la bonté des fourrages; par contre leur développement est tardif, ils ne sont pas formés avant l'âge de cinq ans. C'est par tous ces motifs que je recommande la race du Glane comme beaucoup préférable.

La race du Glane tire probablement son origine de la Suisse, mais à une époque très-reculée; elle est acclimatée, elle n'est pas difficile sur la nourriture, et possède d'excellentes qualités. Il est à regretter qu'elle ne possède pas aussi la constance qu'on trouve dans les races suisses. Un grand nombre de bêtes du Glane sont inférieures, mais il est possible de trouver des individus précieux. Malheureusement ces individus sont difficiles à reconnaître, et celui qui se croit le plus habile se trompe souvent; espérons qu'avec les connaissances que nous possédons déjà, nous finirons par en venir au point de reconnaître avec certitude une bonne vache.

C'est ici le lieu de faire une observation relative à l'achat des vaches; c'est que généralement on ne les paye pas assez cher. Si l'on achète une vache à une foire ou à un marchand de bétail, qui ordinairement ne la connaît pas lui-même, on n'a que des probabilités de ses bonnes qualités; on prend pour base le poids d'où résultera sa valeur finale pour le boucher; on a égard aux formes, aux caractères qui indiquent une bonne laitière, et dans ce cas on fait sagement de ne pas payer un prix extraordinaire.

Mais si, voulant se procurer des bêtes de choix, on parcourt la vallée du Glane, allant de village en village, d'étable en étable, alors il faut que les éleveurs soient séduits par l'offre de prix élevés et se décident à vendre des bêtes qu'on ne rencontre pas sur les foires. En voyant traire ces vaches, on est étonné de la quantité de lait qu'elles produisent et de sa qualité.

Or, si nous admettons qu'une vache qui, étant fraîche, donne 12 litres de lait par jour, vaut 200 fr., que vaudra une vache qui en donnera 15, 20, et jusqu'à 24 litres? Si un litre de lait vaut seulement 10 c., 100 litres qu'une vache produira de plus dans une année représentent, à 10 p. 100, un capital de 100 fr.

On trouvera ainsi des vaches d'une valeur réelle de 1,200 fr. et plus. Il n'y a ici aucune exagération, et pourtant qui ne croirait, avant d'avoir fait ce calcul si simple, que c'est folie de payer une vache plus de 500 fr.?

On paye souvent la valeur idéale d'un cheval; j'espère que la majorité des cultivateurs sera bientôt assez éclairée pour ne pas hésiter à payer à sa valeur une vache ou un taureau distingués, surtout si ces bêtes sont destinées à la reproduction.

Les Anglais sont encore nos maîtres en ceci comme en tant d'autres choses, mais les ventes de taureaux à Alfort et au Pin sont déjà d'heureux précédents pour la France.

CHAPITRE IX.

REPRODUCTION.

1. — Chaleur, saillie.

CHALEUR. — Lorsqu'à une époque quelconque de l'année on s'aperçoit qu'une génisse, âgée de plus de dix-huit mois, ou qu'une vache qui a mis bas depuis au moins six semaines est agitée, qu'elle mugit et saute sur les autres vaches, il faut la faire saillir. Mais, comme en général la vache ne reste que vingt-quatre heures en cet état, il ne faut pas perdre de temps.

Les vaches deviennent en chaleur dans toutes les saisons. Il arrive quelquefois qu'une vache qui n'est pas pleine reste cependant assez longtemps sans redevenir en chaleur; on dit que, dans ce cas, on détermine la chaleur en lui faisant avaler un litre de lait fraîchement trait d'une autre vache en chaleur.

Lorsqu'une vache ne conçoit pas, la chaleur reparaît ordinairement au bout de trois semaines. On peut essayer de calmer une vache qui est fréquemment en chaleur et qui ne conçoit pas, en lui donnant, pendant six jours consécutifs : camphre, 2 grammes ; sel de nitre, 12 grammes.

Saillie. — *Age convenable pour l'accouplement.* — Je crois qu'on ne doit pas craindre de laisser saillir les génisses de dix-huit mois à deux ans, et que, si elles sont d'ailleurs bien nourries, leur taille continuera à se développer.

Ce n'est pas en retardant l'accouplement pour les mâles ni pour les femelles qu'on obtient de belles bêtes d'une forte taille ; c'est en les nourrissant bien. Il faut aussi remarquer qu'une femelle est moins fatiguée par la gestation que par l'allaitement, et, si on voit qu'il convient de ménager une bête qui a fait son premier veau, vers la fin de la seconde gestation, plus ou moins longtemps avant l'époque où son lait tarirait naturellement, on cesse de la traire, en prenant les précautions convenables.

Saillie en liberté et saillie à la main. — Lorsque les vaches pâturent, il y a ordinairement un taureau en liberté avec le troupeau ; il saillit les vaches à mesure qu'elles deviennent en chaleur et autant de fois que ses forces le lui permettent. Le taureau s'use ainsi beaucoup plus tôt, et, si plusieurs vaches sont en chaleur en même temps, il peut arriver qu'une partie d'entre elles ne soient pas satisfaites. Avec la nourriture à l'étable, la saillie a lieu à la main ; c'est-à-dire que la vache est tenue, et on ne la laisse saillir qu'une fois. La conception n'en est pas pour cela moins sûre.

Sympathies et antipathies. — Il y a de la part des vaches et des taureaux des antipathies et des sympathies curieuses. Une vache donne des signes de chaleur ; on la fait sortir de l'étable et on lui amène le taureau par lequel on veut la faire saillir ; mais elle refuse l'approche de ce taureau, qu'à peine elle vient de voir et qui était renfermé dans une autre étable qu'elle. On veut la maintenir de force, quatre hommes n'y parviennent pas. Doutant si elle est bien en chaleur, on fait rentrer le premier taureau et on en amène un autre ; la vache, après l'avoir vu et flairé, reste immobile et attend son approche avec des signes évidents de désirs.

J'ai eu nombre de fois occasion d'observer des faits semblables et de remarquer qu'en général les vaches craignent l'approche d'un taureau lourd et préfèrent les jeunes taureaux ; cependant un jeune taureau peut être aussi l'objet d'une antipathie très-prononcée; il y a pour cela des causes particulières que je n'ai pu découvrir.

J'ai vu, aussi fréquemment, mes taureaux témoigner pour certaines vaches une ardeur particulière, tandis que pour d'autres vaches ils ne remplissaient leurs fonctions que comme à regret et malgré eux.

J'ai eu un beau taureau qui, quand on lui présentait une vache maigre et crottée, faisait demi-tour et regagnait rapidement son étable.

Accidents consécutifs et moyens de les éviter. — Cette manière d'être des animaux amène quelquefois des difficultés pour faire saillir les vaches, et aussi parfois des accidents, lorsqu'on est obligé d'employer la contrainte. La vache peut renverser les hommes qui la tiennent ou être renversée. Je n'ai pas encore trouvé de moyen satisfaisant d'obvier à ces inconvénients. Le moyen le plus dangereux pour les vaches, et auquel on a pourtant recours pour ménager les hommes, est d'attacher la vache entre deux poteaux, avec des cordes. Il vaut mieux la maintenir à l'aide de l'anneau, de la mouchette ou de l'appareil Vigan (*grav.* 35 à 38).

Époque de la saillie. — On ne doit laisser saillir une vache que six semaines après qu'elle a mis bas. L'accouchement a occasionné une grande fatigue des ligaments des os du bassin et de tous les organes de la génération; il faut leur laisser le temps de se remettre. Plus l'accouchement a été difficile, plus on doit attendre avant de faire saillir la vache. Dans l'état de nature, la vache fait chaque année un veau et elle porte neuf mois, il me semble que ce fait doit être pour nous une indication d'un repos nécessaire entre la mise bas et une nouvelle conception.

Dans les pays de pâturages, où la fabrication du fromage ou du beurre est un objet de commerce important, il y a avantage à ce que les vaches soient fraîches au printemps, à l'époque où commence la pâture, et l'on règle en conséquence la saillie. L'hiver, ces vaches ne donnent point de lait et sont économiquement nourries. Mais si l'on entretient des vaches pour les besoins quotidiens d'un ménage, ou si on veut en obtenir du lait ou du beurre qu'on vendra au marché, il convient au contraire qu'il naisse des veaux dans toutes les saisons de l'année. Nourries abondamment, tenues chaudement en hiver dans de bonnes étables, ces vaches s'aperçoivent à peine de la différence des saisons.

REGISTRE MATRICULE DES VACHES SAILLIES OU HERD-BOOK DE LA FERME. — Tout éleveur doit tenir note de la saillie et de la mise bas de ses vaches. Un registre qui, outre ces notes, contient des détails sur l'origine des bêtes, leurs qualités, etc., est un monument précieux que le fermier transmet à son successeur. Voici la forme de ce registre. Les cultivateurs qui ont un photographe à leur disposition peuvent ajouter à ce registre les portraits de leurs animaux les plus distingués.

MODÈLE D'UN REGISTRE MATRICULE DES VACHES SAILLIES OU HERD-BOOK DE LA FERME.

Numéro.	NOM et SIGNALEMENT.	ORIGINE et SORTIE.	SAILLIE.		PORT.			LAIT. Quantité produite.	OBSERVATIONS.
			Date.	Taureau.	Date.	Sexe et destination du veau.	Durée de la gestation.		
37	FLAYE, bai sanguin, face blanche, 4 balzanes, queue blanche.	*Née* le 26 mai 1835 de Blume, n° 25 et de Salomon, n° 8. *Vendue* le 8 juin 1845 à Schwarz, boucher à S. Ingbert. Fl. 132.	1834 janvier 31.	Hans, n° 12.	1834 novemb. 8.	Mâle, élevé, n° 16, Sultan.	281 jours.	Du 26 janvier au 26 octob. 1841 a donné 5,870 litres de lait.	Basse sur jambes, très-large, remarquable par la beauté de ses formes et de sa robe. Laitière distinguée et possédant à un haut degré la faculté de prendre la graisse. A été vendue parce qu'elle ne portait plus. N'était pas complétement grasse. Pesait vivante. . . . . . . 635 k. Les quatre quartiers avec les rognons. . . . . 562 Suif. . . . . 41 Peau.. . . . . 41 (Dans cette colonne d'observations, on note les maladies, les accidents, toutes les particularités intéressantes. — Si la laiterie est l'objet principal de l'exploitation, il faut conserver un dessin de l'écusson de chaque vache.)

2. — Conception, gestation.

CONCEPTION. — La vache qui a conçu donne encore quelquefois des signes de chaleur ; mais elle ne reçoit ordinairement plus le taureau.

GESTATION. — On estime la durée de la gestation à neuf mois, 273 jours ; mais elle se prolonge presque toujours au delà, et elle est ordinairement de 285 à 290 jours ; on cite à Hohenheim des gestations d'une durée exceptionnelle de 295, 302, 304, 313 jours.

MOYENS DE S'ASSURER QU'UNE VACHE EST PLEINE. — Il peut arriver parfois qu'une vache saillie sans avoir conçu ne redevienne en chaleur qu'à l'époque où elle aurait dû mettre bas si elle avait conçu ; aussi est-il toujours bon d'acquérir la certitude qu'une vache porte. Il est indispensable à un éleveur, de savoir s'assurer si une vache est pleine, mais c'est une chose que, comme le maniement des bêtes grasses, on ne peut apprendre que par la pratique.

Un auteur anglais dit qu'en appliquant l'oreille sur le côté droit d'une vache pleine, on distingue les pulsations du fœtus lorsqu'il est âgé seulement de quatre mois. Cette exploration est difficile, mais déjà, à cinq mois, en appuyant la main sur le flanc droit de la vache, on peut sentir le veau s'il est incliné vers le côté droit de la vache ; mais il est souvent nécessaire de renouveler plusieurs fois cette investigation avant d'acquérir la certitude qu'une vache porte.

S'il y a deux jumeaux, ils sont placés l'un au-dessus de l'autre ; si l'on constate qu'un veau est placé très-haut, il est probable qu'il y a deux veaux. Mais ce cas est rare.

Un journal allemand (*Feuille agricole d'Erlingen*) indique un moyen de reconnaître si une vache ou une génisse porte.

Pour les vaches, dit-il, on prend du lait qui vient d'être trait, et on le laisse tomber goutte à goutte dans un vase plein d'eau limpide. Si les gouttes se précipitent promptement et entièrement au fond du vase, c'est un signe que la vache porte, si elles se divisent et forment des nuages dans l'eau, c'est que la bête ne porte pas.

Pour les génisses, on trait dans le creux de la main quelques gouttes du liquide que contient le pis, et avec un doigt de l'autre main, on s'assure de la consistance de ce liquide. Si on le trouve épais et gluant, on peut conclure avec certitude que la bête porte, et qu'elle est d'autant plus avancée dans la gestation, que ce liquide est plus consistant. Au contraire, si au lieu d'être gluant ce liquide est aqueux, c'est que la bête ne porte pas.

Ce dernier moyen est infaillible selon le journal allemand[1] ; quant au premier moyen, il est à désirer qu'on fasse encore des essais pour en constater la valeur.

DANGERS DES ATTOUCHEMENTS BRUTAUX. — On ne doit pas souffrir les attouchements brutaux par lesquels les bouchers ou les acheteurs cherchent à s'assurer si une vache est pleine. Il peut en résulter un grand trouble dans la santé de la vache.

SOINS A DONNER A UNE VACHE PLEINE. — Une vache pleine n'a pas besoin de soins particuliers, il faut seulement la bien soigner, la bien nourrir et éloigner les causes qui peuvent déterminer l'avortement.

ALIMENTATION D'UNE VACHE PLEINE. — Il faut éviter que la vache se refroidisse, ne lui donner que des aliments de facile digestion et des boissons mucilagineuses préparées avec des farines et des tourteaux de lin.

NÉCESSITÉ DE FAIRE TARIR UNE VACHE PLEINE. — Six semaines environ avant le part, si les vaches donnent encore du lait, on doit chercher à les faire tarir. Il y a cependant quelques vaches qui donnent du lait jusqu'à ce qu'elles mettent bas, et qu'on ne pourrait sans danger cesser complétement de traire. Parfois le pis se remplit de lait plusieurs jours avant que la vache mette bas : on doit alors la traire, car le séjour prolongé du lait dans le pis peut déterminer une inflammation.

On ne doit pourtant traire que s'il y a nécessité absolue. Quand le pis est dur, rouge, douloureux, on y pratique des onctions avec du saindoux, des fomentations émollientes ou même des bains de vapeurs.

3. — Part, vêlage ou accouchement.

MOYEN DE CONNAÎTRE L'ÉPOQUE DU PART. — Tout éleveur soigneux tient le registre dont je viens de donner un spécimen. Toutes ses vaches y sont inscrites par leur nom ou leur numéro d'ordre, avec le signalement, l'indication de l'origine, la date de la saillie, et on sait ainsi à peu près à quelle époque chaque vache doit mettre bas.

SIGNES D'UN PART PROCHAIN. — Ordinairement, les douleurs qu'éprouve la vache et l'anxiété qu'elle témoigne annoncent suffisamment qu'elle va mettre bas. Cependant certaines vaches mettent bas au moment où on s'y attend le moins; il faut donc les surveiller lorsque le terme approche, mais il y a des signes plus précis d'un part prochain : c'est, d'abord, le gonflement du pis, qui se remplit de lait ; puis le gon-

---

[1] Je ne garantis pas l'infaillibilité de ce moyen; je ne fais que citer, mais il est annoncé d'une manière si positive par une revue agricole estimée, que je crois qu'il mérite d'être essayé.

flement de la vulve ; enfin, la distension des ligaments qui unissent les os du bassin, distension qui détermine de chaque côté de la queue une dépression très-prononcée.

Dans les bêtes de races perfectionnées, qui ont les os minces, la tête petite, le bassin large, le part est généralement facile. Un des inconvénients que l'on a éprouvés quand on a voulu améliorer des races communes par de grands taureaux suisses, c'est que les veaux avaient d'énormes têtes qui rendaient les accouchements pénibles et dangereux.

Part facile. — Lorsque le part est facile, on voit d'abord paraître à l'orifice de la vulve une vessie qui ne tarde pas à crever en laissant échapper l'eau qu'elle contient. On aperçoit alors les deux pieds de devant du veau, puis le museau. Les contractions de la mère deviennent à ce moment plus violentes, la tête du veau franchit l'orifice de la vulve, et bientôt le nouveau-né est sorti tout entier. On peut faciliter sa sortie en tirant le veau par les pieds ; mais on ne doit le tirer qu'en même temps que la vache l'expulse ; on ne doit pas se presser, il vaut beaucoup mieux laisser agir la nature.

Part difficile et ses causes. — Le part est difficile par suite de l'état maladif ou de la mauvaise conformation de la bête, ou bien par la maladresse et l'ignorance de ceux qui veulent hâter le part, ou enfin par la mauvaise position ou par l'excès de volume du veau.

Épuisement de la vache. — Une vache épuisée par la maladie ou par le jeûne de tout un hiver n'est quelquefois pas en état de faire les efforts nécessaires pour sa délivrance ; dans ce cas, un demi-litre de vin peut lui être utile en ranimant ses forces abattues ; si, au contraire, la bête est jeune, grasse et dans un état d'excitation qui met obstacle à sa délivrance, une saignée la hâtera.

Étroitesse de la charpente osseuse du bassin de la vache. — Il y a des femelles chez lesquelles le bassin n'a pas un développement suffisant, d'où il résulte que le part est plus ou moins laborieux, quelquefois même impossible.

Manœuvres imprudentes de l'opérateur. — Beaucoup d'accidents proviennent de l'ignorance des fermiers et des marcaires qui ne savent pas attendre, qui veulent faciliter le part à l'aide de tractions, et qui meurtrissent, enflamment ou déchirent les organes génitaux avec lesquels leurs mains grossières ne devraient jamais être en contact. Ils ignorent que l'étroitesse de la charpente osseuse du bassin forme seule la difficulté du passage ; ils prétendent élargir la vulve ; ils introduisent la main lorsque souvent le col de la matrice n'est pas encore ouvert ; enfin ils tirent sans précaution, comme sans pitié, dès qu'ils peuvent atteindre les pieds du veau. L'introduction réitérée de la main occasionne la tuméfaction et l'inflammation des organes génitaux ; la délivrance est retardée, et il peut en résulter la gangrène. En tirant inconsidérément, on fait avancer les épaules et la poitrine du veau, mais souvent la tête ne bouge pas, et la difficulté du passage est ainsi augmentée. Il faut donc savoir attendre et laisser agir la nature.

Moyen de faciliter un part laborieux. — Si le travail se prolonge trop longtemps et donne lieu de craindre que le veau soit mal placé, alors l'opérateur, dont les ongles ont été préalablement coupés avec soin, introduit avec précaution dans les organes génitaux sa main ointe d'huile, et cherche à s'assurer si l'accouchement est possible par les seuls efforts de la nature, ou si l'art doit venir en aide.

Si des tentatives inutiles ont été faites pour hâter l'accouchement, si la vulve est tuméfiée, si le vagin est enflammé et sec, parce que l'écoulement des eaux a eu lieu trop tôt, alors avant d'introduire la main, on fait une injection de lait chaud, qui adoucit, lubrifie les organes et facilite la sortie du veau. On peut sans inconvénient renouveler plusieurs fois ces injections si cela est nécessaire.

Le veau peut être mal placé de diverses manières. Quelquefois un pied, ou les deux pieds, restent en arrière sous le corps, et la tête apparaît seule. Dans ce cas, il faut chercher à repousser la tête et à saisir les pieds pour les tirer en avant. D'autres fois, au lieu de présenter le museau en avant, la tête est repliée vers la poitrine et c'est le crâne qui apparaît tout d'abord ; ou bien c'est le cou qui est plié et la tête tout entière est rejetée en arrière ou sur le côté du veau, ou bien encore un pied ou les deux pieds sont placés sur la tête, au lieu d'être placés sous la tête.

L'opérateur, dans ces différents cas, doit chercher à placer la tête et les jambes dans leur position normale, et s'il y parvient, le part peut finir naturellement. Mais il ne faut pas croire ces opérations faciles ; elles présentent souvent de grandes difficultés, surtout si la tête est déjà trop avancée dans le bassin pour qu'on puisse la repousser.

Il arrive aussi que la croupe apparaît la première, dans ce cas on cherche à atteindre les pieds de derrière du veau et on le fait sortir ainsi.

Enfin un très-gros veau, lors même qu'il se présente bien, franchit difficilement l'orifice et par conséquent rend le part très-laborieux.

Dans tous les cas de part difficile il est indispensable de recourir immédiatement à un vétérinaire.

Sortie du délivre. — Peu d'heures après qu'elle a mis bas, la vache se débarrasse ordinairement, sans secours, du délivre. Si cela n'a pas lieu, on peut le lui ôter ; mais pour cela aussi une main exercée est nécessaire, et le plus sûr est de laisser agir la nature. On doit toujours s'abstenir de tirer le délivre par l'extrémité qui apparaît à l'extérieur ; on pourrait par là déterminer une chute de matrice. On facilite la sortie du délivre par des injections émollientes et en appliquant sur les reins de la vache une toile ou un sac bien trempé dans l'eau froide et qu'on humecte fréquemment ; le délivre tombe alors ordinairement au bout de quelques heures ; cependant il arrive quelquefois qu'il ne se détache pas, et qu'il ne sort que plus tard par fragments décomposés.

Soins a donner a la vache qui vient de mettre bas. — Ces soins consistent à la préserver des refroidissements et surtout des indigestions, cause la plus ordinaire d'accidents. On doit au moins pendant les huit premiers jours ne la nourrir que de bon foin, en petite quantité, et ne lui donner pour boisson que de l'eau tiède, dans laquelle on délaye un peu de farine. Si la vache est en bon état et habituellement bien nourrie, il est prudent de la mettre déjà à ce régime d'une nourriture légère et rafraîchissante huit jours avant qu'elle mette bas.

On lui donne à boire de l'eau farineuse une demi-heure après qu'elle a mis bas, ensuite trois fois par jour, et autant qu'elle veut boire.

Pendant un mois, on doit la nourrir modérément et lui donner à discrétion une boisson légère et rafraîchissante.

Quatre jours après le part, si le temps est beau, on conduit une fois par jour la vache à l'abreuvoir, et on la laisse boire à discrétion.

Les bonnes laitières, au moment où elles mettent bas, sont exposées à avoir le pis enflé, rouge et douloureux. Ce mal n'est pas dangereux. Après que le veau a teté, on doit traire la vache à fond, aussitôt que possible. On lui procure ainsi un grand soulagement.

Quelques auteurs prescrivent de donner des rôties au vin aux vaches qui viennent de mettre bas ; on voit parfois de pauvres vaches qui, affaiblies par le jeûne de tout un hiver, ont à peine au printemps la force de se tenir sur leurs jambes ; à ces vaches des toniques sont nécessaires, mais ils seraient nuisibles à une bête en bon état.

Quant aux breuvages de toute espèce que quelques personnes donnent aux vaches, ils sont au moins inutiles, quelques-uns même sont nuisibles.

On doit préserver la bête du froid et des courants d'air, lui frotter légèrement le pis avec son propre lait ou avec un peu de saindoux ; dans un cas de forte enflure, qui s'étendait sous le ventre, j'ai employé avec succès des fumigations de fleur de sureau. Pour pratiquer ces fumigations on étend sur la vache un drap qui concentre la fumée et on brûle les fleurs de sureau sur un petit réchaud qu'on promène sous la bête.

Avec ce régime on prévient les inflammations.

Des soins intelligents et de tous les jours, un bon régime, une bonne nourriture, voilà tout le secret pour maintenir en santé les vaches comme tous les autres animaux.

CHAPITRE X

ÉLEVAGE DES VEAUX.

---

1. — Allaitement.

Il y a plusieurs manières d'élever un veau. On peut le laisser teter ou le faire boire au baquet.

Les veaux qu'on laisse teter sont exposés à divers accidents ; quelquefois en les léchant la mère leur arrache le cordon ombilical; d'autres fois la mère, ou la vache voisine marche sur ce cordon. Mais si le veau est élevé au baquet on évite tout accident en séparant tout de suite le veau de la mère, ce qui n'entraîne pas pour lui le moindre inconvénient.

Si on laisse le veau près de sa mère, on lui barbouille le nombril de bouse, afin d'empêcher la mère de le lécher.

PRÉCAUTIONS POUR SÉPARER LE VEAU DE SA MÈRE. — De quelque manière qu'on élève le veau, il ne faut le séparer de sa mère qu'avec précaution. Un homme emporte le veau tandis qu'un autre homme se place devant la vache pour lui cacher cet enlèvement; ou, si le temps est beau, on fait sortir la vache de l'étable et on emporte le veau. Ne pas agir ainsi, ne pas épargner à la mère la vue des bouchers et de leurs chiens, c'est commettre une cruauté, et c'est aussi compromettre la santé de la vache. J'ai vu une chute de matrice résulter de l'extrême émotion qu'avait éprouvée une vache en voyant enlever son veau.

ÉVACUATION DU MÉCONIUM. — Quelque méthode qu'on adopte, on doit se garder de jeter le premier lait de la mère; c'est pour le nouveau-né l'aliment le plus convenable, et il a la propriété de faire évacuer le méconium, matière excrémentielle que contiennent les intestins du veau avant sa naissance.

ALLAITEMENT AU BAQUET. — Dans les pays où l'élevage du bétail est le mieux pratiqué, en Suisse et en Hollande, on fait boire les veaux au baquet. Cette méthode nécessite plus de soins, mais elle est préférable. Les veaux ainsi nourris coûtent beaucoup moins cher à élever ; on modifie peu à peu leur nourriture, et on les sèvre sans accidents et sans qu'il en résulte du retard dans leur croissance.

Si on veut faire boire un veau au baquet, on peut ou permettre à sa mère de le lécher et le laisser près d'elle, ou l'éloigner immédiatement sans même qu'elle le voie. On l'essuie alors, on le sèche; on le couvre même, si la température est froide.

Il est parfois difficile de faire boire au baquet les veaux qui ont teté une seule fois; aussi certains éleveurs préfèrent ne pas les laisser teter du tout.

On fait boire le veau dans un petit baquet d'une contenance de cinq à six litres dans lequel on ne verse d'abord que peu de lait jusqu'à ce que le veau sache bien boire. Quelques veaux boivent bien dès le premier jour, avec d'autres veaux il faut plusieurs jours de patience. On met le doigt du milieu de la main droite dans la bouche du veau et on lui appuie la main gauche sur la tête de manière à lui plonger la bouche dans le lait : la bouche seulement et pas le nez, car si on plonge dans le lait le nez du veau il ne peut ni respirer ni boire. Il est inutile de dire que le lait doit être tiède. S'il devient froid, il faut le faire chauffer.

Allaitement au biberon. — On a imaginé diverses sortes de biberons ; tous ont l'inconvénient de faire avaler aux veaux beaucoup d'air ; il vaut mieux faire boire d'abord les veaux au baquet en leur mettant le doigt dans la bouche.

Allaitement par la mère. — Il y a des vaches chez lesquelles l'amour maternel est si énergique qu'on ne peut sans danger leur enlever leurs veaux.

En outre, il peut convenir de laisser teter les veaux, parce que la succion, favorisant l'extension des vaisseaux lactés, attire le lait et en augmente la production, tandis que la vache que l'on trait retient souvent son lait, ce qui peut la rendre malade. C'est pour éviter cet inconvénient qu'il est bon qu'une génisse soit tetée par son premier veau pendant une quinzaine de jours.

Si on veut laisser teter un veau, dès qu'il est né on le met devant sa mère, qui le lèche; au bout de deux heures environ il peut déjà se tenir sur ses jambes et teter.

On peut, aussitôt après que le veau a été léché par sa mère et a teté une première fois, le placer dans une autre partie de l'étable ou dans une étable voisine, d'où on l'amène à sa mère trois fois par jour pour qu'il puisse teter.

Allaitement par une autre vache que la mère. — Quelques éleveurs, pour assurer la belle venue d'un veau, le laissent teter très-longtemps. Le veau grandit rapidement et engraisse; mais lorsque enfin on arrive à le priver de lait, il dépérit sensiblement, et très-souvent ce sont les veaux élevés ainsi qui, en définitive, réussissent le moins bien. Cependant pour des veaux de prix, on se trouve bien d'une méthode pratiquée en Angleterre ; elle consiste à donner au veau une nourrice autre que sa mère, et qui produit une moindre quantité de lait. On choisit pour cela une vache de peu de valeur et il suffit qu'elle donne 6 litres de lait par jour. Après que le veau a teté sa mère pendant deux à trois semaines, on le place dans une box avec sa nourrice. La vache est attachée, le veau est en liberté. Dans un coin de la box, on place une petite auge, dans laquelle on habitue le veau à boire, d'abord du lait doux, puis du lait écrémé, auquel on ajoute successivement de la farine. On augmente la ration à mesure que le veau grandit et que le lait de la vache diminue. Celle-ci doit être bien nourrie de manière à être grasse pour la boucherie, lorsqu'elle cesse de produire du lait. De cette façon, le veau est sevré sans s'en apercevoir et n'éprouve aucun arrêt dans son développement. Cette méthode convient particulièrement pour élever un taureau d'une grande valeur.

2. — Élevage, nourriture et sevrage.

L'élevage des veaux est chose fort simple, et pourtant bien des gens n'y réussissent pas. L'ordre et la régularité, si utiles partout, sont tout le secret de la réussite dans l'élevage des veaux.

RÉGULARITÉ DES REPAS. — On doit distribuer aux veaux, à des heures fixes, une nourriture bien préparée, suffisante et jamais surabondante. On élève ainsi à peu de frais de beaux veaux et dans toutes les saisons.

NOURRITURE DU VEAU PENDANT LES DIX PREMIERS JOURS DE SA VIE. — Pendant les dix premiers jours on laisse au veau tout le lait de sa mère, et on le fait boire ou teter trois fois par jour. Mais une bonne vache laitière a plus de lait qu'il n'en faut pour son veau, et après qu'elle a été tetée, on doit chaque fois la traire à fond.

NOURRITURE DEPUIS LE ONZIÈME JOUR JUSQU'AU SEVRAGE.—*Lait.*—Dès que le veau a dix jours on écrème le lait, c'est-à-dire qu'on donne au veau le lait qui a été trait douze heures auparavant, et dont on a enlevé la crème, mais qui est encore doux. On fait tiédir ce lait, et la ration ordinaire d'un veau est d'environ cinq litres le matin et autant le soir à dater du onzième jour ; selon Pabst, un veau, après les premiers huit jours, doit recevoir en lait chaque jour 27 à 30 p. 100 de son poids. Riedesel estime cette quantité à un tiers du poids du veau.

Œufs. — J'ai constaté qu'il est bon de donner au veau trois repas par jour ; si les œufs sont à bas prix, on lui en fait manger deux chaque jour. On lui fait avaler les œufs avec la coquille ; on fracture légèrement l'œuf, on le met dans la bouche du veau, et on achève de briser le coquille en l'enfonçant dans le gosier. La substance calcaire de la coquille facilite la digestion.

Farine. — Le veau est ainsi nourri de lait écrémé et pur pendant quelques jours. Dès qu'on s'aperçoit que cette nourriture n'est plus assez substantielle, on y ajoute un peu de farine d'orge, d'avoine ou de féveroles ou des tourteaux de lin en poudre. Je crois les tourteaux meilleurs et leur prix est moins élevé.

Tourteaux. — On fait cuire dans de l'eau une cuillerée de tourteaux; cette espèce de bouillie, versée bouillante dans le lait, lui donne la température convenable. A mesure que le veau grandit, on augmente la quantité de tourteaux qu'on lui donne et on le nourrit ainsi pendant un mois.

Lait caillé, regain, avoine. — On mêle alors à sa boisson un peu de lait caillé, et on en augmente progressivement la quantité de manière à le substituer tout à fait au lait écrémé. Le mélange de tourteaux est toujours pratiqué de la même manière, et l'on continue ainsi jusqu'à ce que le veau ait atteint l'âge de six mois. Pendant ce temps il a commencé à manger ; on lui donne un peu de bon regain en hiver, de la nourriture verte en été, et si l'avoine est à bas prix, on ajoute chaque jour à sa pitance deux poignées d'avoine égrugée et humectée.

Résidus de distillerie. — Le veau est alors élevé, mais on continue à lui donner la boisson avec les tourteaux en poudre ou avec l'avoine égrugée, qu'on mélange avec des résidus de distillerie.

Il est très-important que le sevrage ait lieu insensiblement, **afin que** le veau ne dépérisse pas lorsqu'il est privé de lait.

Lait doux et lait de beurre. — En Flandre, on ne donne du lait doux qu'aux veaux destinés à la boucherie; ceux qu'on veut conserver sont dès le premier jour nourris de lait de beurre[1].

Pain. — Le pain cuit mêlé au lait est une fort bonne nourriture, mais d'un prix plus élevé que les tourteaux.

Son. — Le son ne vaut rien pour les veaux, il les nourrit peu, et les rend pansus.

Carottes. — Les carottes cuites sont une très-bonne nourriture pour les veaux.

Infusion de foin. — On a recommandé une infusion de foin, c'est-à-dire l'eau qui a été versée bouillante sur du foin qu'on y a laissé infuser pendant un certain temps. Je crois cet aliment bon si le foin est de première qualité.

Soupe. — Le marcaire, après avoir trait les vaches, apporte le lait dans la maison, et là, sous l'inspection de la fermière, la soupe des

---

[1] En Flandre on ne se borne pas à battre la crème, on jette tout à la fois dans la baratte la crème et la totalité du lait caillé.

veaux est préparée, de sorte qu'il existe toujours un contrôle qui est une garantie de l'exactitude du service.

Lait non écrémé. — Selon Stephens (*the Book of the farm*), c'est une lésinerie de donner aux veaux du lait écrémé; mais ici, comme en tant d'autres choses, il faut compter et calculer la valeur du lait en la comparant à la valeur que le veau aura plus tard. Pour des bêtes que l'on est sûr de vendre à un prix élevé, comme les durhams, on peut faire un sacrifice pour obtenir des élèves d'un développement rapide et qui atteignent dès leur jeunesse un poids considérable. Dans d'autres situations, cette méthode n'est pas la plus avantageuse et le lait n'est pas payé. Il est facile à chaque éleveur de faire ce compte.

Trèfle et foin. — J'ai souvent observé que les jeunes animaux qui n'ont pas été, comme on dit, *poussés à la graisse*, et qui ont été médiocrement nourris pendant les premiers mois de leur vie, se développent ensuite et n'en atteignent pas moins un poids considérable, seulement un peu plus tard que les animaux qui ont toujours été bien nourris, et à la condition qu'ils auront du trèfle à discrétion en été et de très-bon foin en hiver. J'ai même souvent été étonné de voir de beaux bœufs, de grande taille, chez les paysans qui élèvent misérablement leurs veaux, et j'ai reconnu là combien a de valeur le bon foin des prés naturels et les fourrages artificiels produits par de bonnes terres argilo-calcaires.

Conseils de Stephens pour l'élevage des veaux. — Stephens est d'avis d'éloigner le veau de sa mère aussitôt qu'il est né, et sans permettre qu'elle le lèche. On n'essuie pas le veau, mais on lui couvre de paille tout le corps, excepté la tête. Peu de temps après, on le fait boire. Pour cela, la servante chargée de ce soin trait la vache dans un petit baquet, mais à plusieurs reprises afin que le lait qu'on donne au veau ne soit jamais froid. La servante se met à genoux à côté du veau couché, elle lui prend la tête sous son bras gauche et la soulève à l'aide de la main gauche, en même temps qu'avec le pouce de cette même main, elle ouvre la bouche du veau. Prenant alors du lait dans le creux de la main droite, elle le fait couler dans la bouche du veau, elle y tient en même temps un doigt pour le déterminer à sucer, et, continuant à lui verser le lait de cette manière, elle lui en donne jusqu'à ce qu'il soit rassasié.

Si le veau essaye de se lever, on le laisse agir. Dès qu'il a pris des forces, on l'habitue à boire seul, en lui tenant la tête de manière que sa bouche plonge dans le *lait*, mais en ayant soin de ne pas y plonger ses naseaux ce qui l'empêcherait de respirer. Quand le lait ne suffit plus, on y ajoute de la *graine de lin*. On la fait cuire de manière qu'elle forme une bouillie, puis on la verse dans un vase, où en refroidissant elle prend la consistance d'une gelée; à chaque repas une portion de cette gelée est délayée dans du lait chaud. Stephens préfère à la graine de lin les *pois* moulus et qu'on administre crus. On verse sur ces pois de l'eau bouillante, on mêle parfaitement et on obtient une épaisse bouillie qui, en refroidissant, prend aussi la consistance d'une gelée, que l'on délaye comme l'autre gelée par portions dans du lait chaud.

Stephens dit que pendant au moins trois mois le veau doit boire pur le lait de sa mère , et qu'on doit lui en donner autant qu'il en veut boire. Il évalue cette quantité à environ neuf litres par jour en trois repas. A l'âge de trois à quatre mois, on commence à sevrer les veaux en leur retranchant successivement le lait que l'on remplace par d'autres aliments, du foin de première qualité, des carottes ou des turneps découpés, des tourteaux concassés. L'eau fraîche ne doit jamais manquer aux veaux. Plus tard on les envoie au pâturage avec les autres bêtes.

Veaux males. — Les veaux que l'on destine à devenir des taureaux doivent être choisis parmi les veaux qui naissent de bonne heure au printemps. On leur donne du lait à discrétion et on ne les sèvre que quand on peut les mettre dans un riche pâturage.

Les veaux mâles qu'on ne veut pas garder comme taureaux doivent être castrés à l'âge d'un mois.

Compartiment spécial pour les veaux. — Les veaux ne doivent pas être attachés, mais ils doivent être placés séparément dans une petite case carrée de 1ᵐ,50 de côté, faite avec des lattes, de manière que les veaux se voient, mais ne puissent pas, comme cela arrive si souvent, se teter les uns les autres aux oreilles ou au nombril.

Enclos. — L'étable des veaux doit communiquer avec un enclos gazonné dans lequel on peut les mettre en liberté à certaines heures.

3. — Engraissement.

Conditions favorables a l'engraissement. — L'engraissement des veaux avait pour but, autrefois, le placement avantageux du lait produit dans un rayon même assez rapproché des grandes villes. Les choses ont bien changé, par suite de la rapidité et de la facilité des communications. Le lait vendu en nature sur les marchés produit en général plus de bénéfice que l'engraissement des veaux, aussi l'engraissement ne peut plus être pratiqué avec avantage que dans un rayon éloigné des grandes villes. Cependant cette règle n'est pas absolue, et le prix de la viande de veau est quelquefois rémunérateur dans le voisinage des villes, si l'engraissement a été rapide.

Engraissement des veaux en Lorraine. — M. B..., cultivateur aux environs de Metz, engraisse des veaux en les nourrissant uniquement de lait. Il les vend au prix de 60 centimes le kilogr. de l'animal vivant ou de 1 franc le kilogr. de viande nette. Il estime qu'un veau bien nourri acquiert par jour en poids de 1 kilogr. à 1 kilogr. 1/2 jusqu'à l'âge de 6 à 8 semaines; lorsque cet âge est passé, l'engraissement est beaucoup plus lent.

Un autre cultivateur des environs de Metz, M. L..., résume ainsi les résultats de sa pratique :

« J'engraisse les veaux avec du lait que je leur fais boire au baquet dès leur naissance.

« Les veaux consomment en moyenne 10 litres de lait par jour en deux repas, et acquièrent un accroissement de poids de 1 kilogr. par jour.

« Je les vends au prix de 60 centimes le kilogr. de l'animal vivant, vers l'âge de 6 ou 7 semaines, parce qu'après cette époque ils consomment plus et produisent moins.

« Le lait ainsi employé me produit donc 6 centimes par litre.

« La viande nette pèse 57 p. 100 du poids de l'animal vivant.

« Les veaux mâles consomment et produisent plus que les génisses; il y a moins de différence entre les veaux de race différente, considérée dans leur ensemble, qu'entre les veaux d'une même race. »

Mathieu de Dombasle, qui n'engraissait que des veaux de la petite race lorraine, constate (*Annales de Roville*, t. II) que les veaux à l'engrais consomment dans le 1er mois de leur naissance 6 litres de lait par jour et que leur accroissement est de 5 à 6 kilogr. par semaine.

Engraissement des veaux a Grignon. — A Grignon, selon M. Mathis, tous les veaux sont nourris au baquet. Pendant les 7 premiers jours de leur vie, on leur fait boire progressivement chaque jour 3, 4 et 5 litres de lait non écrémé. A dater du 8e jour et jusqu'à la fin du 2e mois, on leur donne une ration de 8 litres de lait non écrémé. Pendant le 3e mois, on ajoute aux 8 litres de lait une petite quantité de foin qu'on augmente de jour en jour. Pendant le 4e mois, on écrème le lait et on en diminue chaque semaine la quantité, de manière à le supprimer entièrement au commencement du 5e mois.

Sous l'influence de cette nourriture, l'accroissement ordinaire d'un veau est de plus de 1 kilogr. par 10 litres de lait absorbé. On cite des résultats beaucoup plus favorables, par exemple, un veau schwiznormand dont l'accroissement de poids vif a été de 1 kilogr. 225 grammes par jour et de 1 kilogr. par 6 litres de lait absorbé; mais un pareil résultat est très-exceptionnel.

Engraissement des veaux en Angleterre.—On élève un grand nombre de veaux dans la province de Norfolk. On les laisse accompagner leur mère jusqu'à ce qu'ils aient un an et quelquefois davantage; la mère est toujours extrêmement soignée; pendant tout le temps qu'elle nourrit, on la traite comme les bêtes qu'on engraisse, et il n'est pas rare qu'elle engraisse assez pour être envoyée au marché avec son veau, qui pèse quelquefois autant qu'elle.

Dans un rayon d'au moins trente kilomètres autour de Londres, dit Stephens, il y a des engraisseurs de veaux qui nourrissent 6 à 12 vaches. Ils laissent teter les veaux, d'abord trois fois, puis seulement deux fois par jour; chaque vache doit nourrir deux veaux. L'engraissement dure dix semaines, un veau pèse alors environ 70 kilogr. de viande nette, et on peut le vendre 125 fr. Si l'on retranche de cette somme 38 fr. que le veau aurait valu à l'âge de 8 jours, et 6 fr. de courtage à payer au courtier qui opère la vente, il reste en tout 81 fr., ou 8 fr. par semaine pour le lait absorbé.

Chaque veau est placé séparément dans une sorte de cage faite avec des lattes. Le plancher est percé de trous pour laisser passer l'urine. On a soin que la litière soit toujours sèche et propre. Chaque veau a un morceau de craie à lécher.

Il y a des fermes où les veaux sont tués à l'âge de 7 à 10 jours, d'autres veaux sont nourris pendant 5 à 6 semaines. Les meilleurs veaux sont ceux de 10 semaines.

Selon David Low, dans les montagnes et dans quelques endroits de la plaine, on laisse les veaux teter leurs mères au pâturage; mais, si l'on a une bonne race de bétail, il vaut mieux éloigner le veau de sa mère dès qu'il est né et le faire boire au baquet. On lui donne le lait pur, immédiatement après qu'il vient d'être trait.

La quantité de lait doit être celle que le jeune animal peut digérer, c'est-à-dire 5 litres dans les premiers jours de la vie, et plus tard 10 et jusqu'à 15 litres par jour.

On lui donne ainsi du lait doux pendant trois mois, puis on commence à substituer au lait doux du lait écrémé, jusqu'à ce que le veau ait quatre mois, âge auquel il est sevré. On peut diminuer la ration de lait en y ajoutant de la farine ou des tourteaux de lin. On donne aussi aux veaux un peu de bon foin et du sel à lécher. A l'âge d'un mois, les mâles sont castrés.

Les veaux sevrés sont placés dans une bonne pâture avec les vaches ou avec les bœufs à l'engrais.

Si l'éleveur ne possède pas en fourrage de bonne qualité et en racines les moyens de bien nourrir les bœufs pendant l'hiver, il vend les jeunes élèves à un engraisseur.

Ce sont surtout les jeunes bêtes de races robustes de montagnes qui, amenées dans les plaines, y sont l'objet d'un commerce actif. Une grande partie du produit net d'une ferme dépend de l'habileté avec laquelle le fermier sait acheter et vendre.

Il y a ainsi entre les éleveurs et les engraisseurs une sorte de division du travail. Chaque fermier s'occupe ainsi de l'élevage du bétail, de la manière la plus convenable et par conséquent la plus lucrative.

Les éleveurs laissent ordinairement les veaux teter leur mère, puis ils les nourrissent au pâturage ou à l'étable, jusqu'à ce qu'ils les vendent à l'engraisseur, c'est-à-dire jusqu'à l'âge de deux à trois ans. Plus le développement des jeunes animaux est rapide, plus est grand le profit de l'éleveur.

On procède tout différemment là où les ressources de la ferme procurent en abondance du fourrage de première qualité, et où, par conséquent, on peut nourrir des animaux de races plus précieuses. On a pour principe que les animaux, depuis leur naissance jusqu'au moment où ils sont livrés à la boucherie, doivent recevoir une ration complète d'aliments appropriés à leurs organes digestifs. On applique cette règle à tous les animaux qui doivent être engraissés.

Les veaux sevrés sont placés dans de bons pâturages : en octobre ou novembre, on les fait rentrer dans les cours de fermes, qui sont pourvues de hangars, sous lesquels les animaux peuvent se mettre à l'abri. On peut réunir dans un même enclos jusqu'à vingt veaux; mais il vaut mieux n'y réunir que dix veaux, s'ils sont de grande race.

Le sol des hangars est couvert de paille ou autre litière, et on a soin que les jeunes animaux ne souffrent pas de l'humidité. Chaque enclos doit être toujours pourvu d'eau fraîche. On scelle, dans l'un des murs du hangar, des auges, dans lesquelles on met les turneps et les autres aliments; au milieu du hangar est une sorte de cage en lattes, continuellement garnie de paille. La meilleure paille est celle d'avoine.

Trois fois par jour on distribue aux animaux autant de turneps qu'ils peuvent en manger et de la paille fraîche. On répand en même temps de la litière sur le sol. Les turneps sont quelquefois remplacés par des pommes de terre, du foin, etc.

En avril ou mai, les jeunes animaux qui ont alors un an sont mis dans les pâturages, lorsque l'herbe y a atteint une hauteur suffisante. Il est important de ne pas mettre un trop grand nombre de bêtes sur un pâturage, afin que leur développement ne soit pas arrêté faute d'une nourriture suffisante.

Pendant le second hiver, on traite les bêtes comme pendant le premier hiver. Dans le plus grand nombre de cas, les bêtes ne sont livrées à la boucherie qu'après le troisième hiver. Mais si l'on possède une très-bonne race, les animaux qui ont été très-bien nourris sont déjà gras à la fin du second hiver, ou n'ont plus besoin que de quelques semaines de pâturage pour être complétement gras. On conçoit toute l'excellence d'une race qui fournit des animaux déjà bons pour la boucherie à un âge aussi peu avancé.

Si on laisse les bêtes atteindre leur troisième année, on leur donne une nourriture moins abondante, sans cependant les jamais laisser dépérir.

Après le premier hiver, on sépare les bêtes destinées à l'engraissement des génisses que l'on destine à la reproduction. On les nourrit dans un enclos où elles ne sont pas attachées, et on assure ainsi leur développement sans qu'elles deviennent grasses. A deux ans, on les met dans les mêmes pâturages que les vaches, et on les laisse saillir.

Pour les jeunes bœufs que l'on conserve jusqu'à l'âge de trois ans, il y a deux manières de terminer l'engraissement. Ou bien ils sont attachés de manière que chaque bête soit isolée, ou bien ils sont placés, deux par deux, en liberté sous des hangars garnis de râteliers et d'auges. Cette dernière méthode est préférable.

Nourriture. — La nourriture est toujours la même : trois fois par jour des turneps à discrétion avec du foin et de bonne paille d'avoine. Lorsqu'au printemps les turneps ne sont plus bons, on les remplace par d'autres racines.

Turneps. — Un bœuf de 400 kilogr. consomme, dans une semaine, environ 1,000 kilogr. de turneps, ou, en quatre semaines, à peu près le produit de sept ares. Le bœuf qui engraisse bien gagne chaque semaine, en poids, environ 7 kilogr.

L'engraissement par les turneps est pour le cultivateur anglais le plus simple et le moins coûteux de tous les engraissements. Cependant on n'a pas toujours les turneps en suffisante quantité ; on les remplace alors par les betteraves, les carottes, les pommes de terre, les choux.

Pommes de terre. — Les pommes de terre seules sont trop laxatives ; on doit les mélanger à des turneps. Un repas de turneps et deux repas de pommes de terre constituent une bonne alimentation.

Les pommes de terre cuites conviennent mieux aux chevaux et aux porcs ; les pommes de terre données aux ruminants doivent être crues.

Farine et grains égrugés.— Le grain égrugé et la farine peuvent aussi être employés ; mais cette nourriture est trop chère pour être considérée autrement que comme une ressource lorsque les autres aliments manquent.

Résidus. — Les résidus des distilleries et brasseries sont excellents pour l'engraissement.

Tourteaux. — Les tourteaux de graines oléagineuses sont aussi fréquemment employés ; ils sont très-nourrissants, les bêtes les aiment, et, mêlés à d'autres aliments, ils favorisent beaucoup l'engraissement. La ration d'une bête peut n'être que de 1 kilogr., mais la ration est de

6 kilogr. et même de 7 kilogr. si la nourriture ne consiste qu'en tour-teaux et foin. Ce dernier engraissement est très-coûteux et ne peut être recommandé.

Sel. — Le sel est nécessaire aux bêtes à l'engrais. On donne à un veau 15 grammes de sel par jour, à une jeune bête 60 à 90 grammes et à une bête adulte 120 à 150 grammes.

CAS DANS LESQUELS ON ENGRAISSE LES BÊTES A L'ÉTABLE. — Quoique en été les bœufs soient généralement engraissés au pâturage, on peut pourtant aussi les engraisser à l'étable, mais seulement dans des cir-constances favorables, et quand on possède un sol très-fertile. Pour les jeunes animaux, le pâturage est toujours préférable à la nourriture à l'étable.

ENGRAISSEMENT DES VEAUX EN ALLEMAGNE. — Dans les environs de Ham-bourg on engraisse beaucoup de veaux. On les éloigne de leur mère dès leur naissance et on les fait boire au baquet. Les veaux sont mis dans une étable éloignée du bruit, suffisamment chaude, peu éclairée, et chacun d'eux est placé dans une petite stalle, large seulement d'environ $0^m,65$, où le veau ne peut n'y se retourner, ni se lécher ; pour empêcher le veau de teter et de manger sa litière, on lui met une muserolle.

Dans le voisinage de ma ferme, le prix du veau est d'environ 50 cen-times le kilogr., et on vend les veaux le plus tôt possible, ordinairement à l'âge de 8 jours. Aussi je ne connais, par ma pratique, d'autre mé-thode d'engraisser les veaux que celle qui consiste à leur donner du lait à discrétion, et cette méthode, qui est la plus simple, paraît être aussi la meilleure. On les laisse teter, ou on leur fait boire au baquet le lait qui vient d'être trait.

J'ai constaté dans ma ferme que le poids de la viande nette de plu-sieurs veaux abattus à l'âge de 8 à 10 jours était d'environ 25 kilogr.

RÉSUMÉ. — Il est bien reconnu qu'on n'obtient de la chair de veau de première qualité que par l'engraissement avec du lait.

Les substances qui peuvent le mieux suppléer au lait sont : 1° les œufs ; 2° le pain ; 3° le foin.

Dans les grandes villes, en général, les bouchers recherchent les veaux du plus grand poids ; mais souvent ces veaux sont déjà âgés, ils ont con-sommé peu de lait, et leur chair n'est ni blanche ni tendre ; elle ne vaut certainement pas celle d'un veau gras de quinze jours qui, depuis sa naissance, a bu du lait à discrétion.

Malgré l'inconvénient que je viens de signaler, on ne trouve générale-ment de bonne viande de veau que dans les grandes villes. Dans toutes les petites villes on se plaint de la mauvaise qualité du veau, et on vou-drait y avoir pour 60 cent. 1 kilogr. de viande qui vaudrait à Paris 2 fr. Pour procurer de bonne viande aux citadins, le pauvre paysan ne peut pourtant pas faire boire à un veau le lait dont il a tant besoin pour ses enfants, lorsqu'il sait que la vente du veau ne payera pas ce lait. On a voulu, dans la Bavière rhénane, forcer les paysans à ne vendre que des veaux âgés au moins de quinze jours. Les paysans les ont gardés, mais ils leur ont fait boire beaucoup d'eau et très-peu de lait, et la viande de ces veaux était maigre, rouge et dure. La police n'a pas persisté.

PROPORTION DE LA VIANDE NETTE AU POIDS DU VEAU VIVANT. — Voici les proportions de la viande nette au poids de l'animal vivant dans quatre formes :

```
Chez M. B., aux environs de Metz. . . . . .   60 p. 100
  —    L.,         —          . . . . .   57
  —    Favre, en Suisse. . . . . . . . . .   66
Dans ma ferme (Bavière rhénane). . . . . .   62
                                            ————
              Moyenne. . . . . .   61 1/4
```

CHAPITRE XI

FUMIER.

1. — Production et valeur du fumier.

La valeur du fumier en argent est très-difficile à déterminer, mais je crois que généralement on n'accorde pas au fumier assez de valeur.

La quantité de fumier obtenue n'est pas exactement en rapport avec le nombre de bêtes qui le produisent, elle est le résultat de la nourriture consommée et aussi de la manière dont le fumier est traité.

Il peut exister une grande différence dans la quantité comme dans la qualité du fumier produit par une bête. — Une nourriture plus abondante produit plus de fumier ; une nourriture plus substantielle produit de meilleur fumier. — On connaît la supériorité du fumier des bœufs à l'engrais, surtout s'ils consomment du grain et des tourteaux. — Le fumier des bêtes grasses vaut plus que celui des bêtes maigres. —

A nourriture égale, le fumier des bœufs à l'engrais a plus de valeur que le fumier produit par des vaches laitières.— Un bœuf à l'engrais qui boit à discrétion des résidus de distillerie et qui peut en absorber plus de 200 litres par jour, produit une quantité d'urine proportionnelle. Ces urines contiennent sans doute moins de principes fertilisants, mais elles ont toujours cet avantage que le fumier en est complétement imbibé et qu'il est plus gras et meilleur.

De toutes les substances employées pour faire la litière au bétail, il n'y en a pas d'aussi convenable que la paille, parce que ses tubes creux retiennent les urines que les autres substances laissent échapper.

Schwerz assure qu'une vache belge produit dans une année assez de fumier pour en charger 60 voitures à un cheval.

2. — Conservation et transport du fumier.

Conservation en tas.— Tous les cultivateurs connaissent la valeur du fumier; tous se plaignent de ne jamais en avoir assez, et cependant presque tous le traitent avec une inconcevable négligence. On ne traverse pas un village sans voir couler dans les rues le jus de ces tas de fumier, que Schwerz nomme une *source de bénédiction*. Ce jus, au lieu de porter la fertilité dans les champs, souille la voie publique, et va couler en pure perte dans le ruisseau voisin. Je devrais être depuis long-temps habitué à cette négligence, et pourtant je ne peux jamais la voir sans éprouver un sentiment de chagrin et presque un mouvement d'indignation contre ceux qui s'en rendent coupables.

Conservation en fosse. — Le fumier doit être conservé dans une fosse pavée ou bitumée, c'est-à-dire dans un endroit creux qui retienne les urines, qui ne les laisse pas infiltrer, et ne reçoive que l'eau de pluie qui y tombe directement. Ainsi on doit en écarter les eaux que peuvent amener les rigoles de la cour et les gouttières des toits. Le fumier doit être peu éloigné des étables et le terrain qui y aboutit doit être descendant.

Si le fumier est placé devant les étables, les bêtes le tassent en passant et repassant dessus, et il faut moins de temps et de travail pour le transporter. Dans ce cas, la fosse doit être peu profonde et il faut que ses parois ne soient pas verticales, ce qui pourrait occasionner des chutes et des accidents aux animaux; elle formera un creux peu profond, ses bords seront entourés d'une rigole afin de garantir le fumier de l'envahissement des eaux extérieures et de faciliter l'écoulement de ces eaux au dehors. Un des côtés doit aussi être en pente douce pour que les voitures puissent être conduites dans la fosse, y être chargées et en sortir facilement.

Si la fosse à fumier n'est pas placée devant les étables, une forme très-convenable à lui donner est celle d'un quadrilatère d'une longueur double de sa largeur. Elle doit offrir un espace suffisant pour deux tas de fumier, de manière qu'on puisse toujours enlever le fumier le plus ancien, et qu'on ne soit pas forcé de prendre le fumier immédiatement après qu'il y a été apporté à sa sortie des étables. Le fond et les parois de cette fosse seront pavés. Sa disposition est ordinairement déterminée par le local dont on dispose et par la situation des bâtiments environnants ; il faut avoir soin d'assurer la facile circulation des voitures.

Construction d'une fosse. — En Belgique, la fosse à fumier (*grav.* 53) est disposée en face des étables G, les urines de ces étables sont dirigées par des conduits dans une citerne D. Une pompe aspirante et foulante E est placée à l'un des orifices de la citerne. A cette pompe est adapté un tuyau semblable à ceux des pompes à incendie, et terminé par une lance C. Le fumier est placé dans la fosse A, entourée de murs de deux côtés, tandis qu'on a ménagé une pente douce des deux autres côtés afin de faciliter l'arrivage et la sortie des voitures à fumier. Le fond de la fosse est rendu imperméable par une couche, soit de bitume, soit de terre glaise. Un conduit en planches ou en terre cuite percé de trous, établi le long du mur, du côté de l'étable, facilite l'écoulement des liquides dans la fosse D, après l'arrosement du fumier.

Temps pendant lequel le fumier doit séjourner dans la fosse. — J'ai parfois employé du fumier qu'on venait d'enlever de l'étable et je m'en suis repenti. Avant d'être employé, il doit avoir séjourné en tas[1] assez longtemps pour que le mélange de la paille et des excréments soit complet. Les brins de paille n'ont pas encore perdu leur forme, mais ils se rompent, et l'on divise facilement toute la masse à l'aide de la fourche. Le fumier arrive à cet état après un séjour de 20 jours dans la fosse. Pour que la décomposition du fumier ne soit pas trop prompte, pour qu'il ne prenne pas *le blanc*, il faut qu'il soit déposé dans une fosse en couche horizontale, qu'il soit suffisamment humecté et fortement tassé. Le réservoir et la pompe donnent les moyens de l'arroser, et on le tasse, quand c'est nécessaire, en le faisant fouler par les bêtes. Si les dispositions du local ne permettent pas d'y laisser les bêtes en liberté, on y fait manéger pendant une demi-heure une paire de bœufs ou de chevaux.

Une très-bonne méthode est d'amasser le fumier dans une cour où on peut lâcher des bêtes constamment nourries à l'étable.

Il est bon aussi d'entourer le fumier d'arbres dont l'ombre le garantisse

---

[1] Le fumier peut sans inconvénient être conduit dans les champs lorsqu'on vient de l'enlever de l'étable, s'il a séjourné sous les bêtes, huit à quinze jours ou davantage, comme cela se pratique dans certains pays.

des rayons desséchants du soleil. Un toit vaudrait encore mieux que des arbres, si ce n'était pas une trop grande dépense.

Inconvénients d'entasser le fumier en plein air. — J'ai mis en octobre, dans un réservoir d'urine qui était alors vide, 1,000 kilogr. de

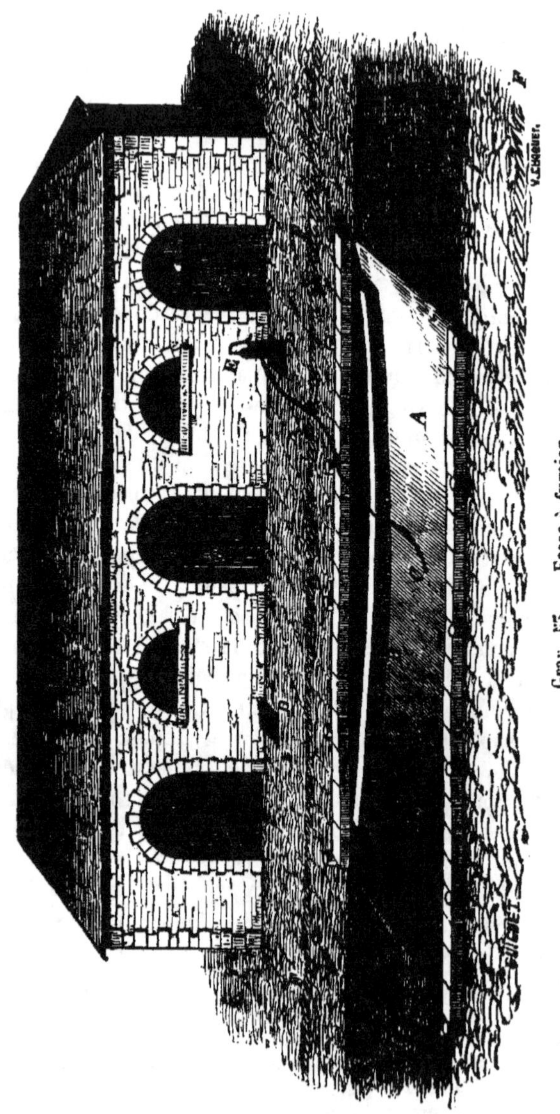

Grav. 55. — Fosse à fumier.

fumier frais ; après que ce fumier a été bien tassé, le réservoir a été couvert. Le même jour j'ai fait établir en plein air un tas régulier et fortement tassé de fumier de même qualité et de même poids. Trois mois après, les deux fumiers ont été de nouveau pesés, celui du réservoir n'avait rien perdu, celui qui était resté en plein air avait diminué de moitié. Dans ce dernier cas, plus le tas est petit, plus l'évaporation et la perte de poids sont considérables.

Transport du fumier. — Autrefois on enlevait le fumier des étables une fois par semaine au plus. Si le tas était près de la porte de l'étable, on y traînait le fumier avec un crochet ; si la distance était plus grande et si le bétail était nombreux, on se servait de civières, qui ne pouvaient être manœuvrées que par deux personnes. La civière a été remplacée par la brouette, qu'une seule personne manœuvre avec grande économie de temps et de travail.

Si la fosse à fumier est éloignée de l'étable et si la quantité de fumier à transporter est considérable, on peut avec avantage se servir d'un traîneau tiré par un cheval ou un bœuf. Ce traîneau, a 1^m,75 de longueur sur 0^m,90 de largeur ; il est formé par deux pièces de bois de 0^m,15 à 0^m,20 de hauteur sur 0^m,08 d'épaisseur. Ces deux pièces de bois sont réunies par quatre traverses, et on cloue dessus des planches ; à chaque extrémité on fixe extérieurement deux crochets auxquels on accroche les traits du cheval. Il est bon de mettre à ce traîneau quatre roulettes ou galets en fonte que l'on place dans l'épaisseur du bois.

3. — Emploi du fumier.

Avantages comparatifs du fumier frais, du fumier sec, etc. — Les engrais liquides ont une action énergique, mais leur effet ne dure guère qu'un an.

Le fumier, quand il est pourri, décomposé, agit plus promptement, et son assimilation par les plantes est plus rapide.

Le fumier frais produit un effet moins énergique la première année, mais qui dure plus longtemps.

Le fumier long, pailleux, convient mieux aux terres fortes.

Le fumier court, gras, onctueux, convient mieux aux terres légères.

Le fumier en se décomposant éprouve une énorme réduction, et le cultivateur qui tous les mois conduit dans les champs son fumier en a une masse double de celle dont dispose le cultivateur qui n'enlève son fumier de l'étable qu'une fois par an. Le fumier est un capital qu'on ne doit pas laisser inactif. Tandis que ce capital dort encore dans la fosse d'un fermier, un fermier plus habile l'a déjà employé et tient déjà dans sa bourse l'argent qu'il en a obtenu.

Dans le pays que j'habite, avec un sol léger, un assolement alterne et presque pas de jachère, on a toute l'année des terres prêtes à recevoir du fumier. On fume successivement pour pommes de terre, orge, chanvre, betteraves, navette, navets, colza, seigle. On sème du seigle jusqu'en décembre, et la semaille du seigle terminée, on enterre encore, quand la température le permet, le fumier d'hiver pour les semailles du printemps. Ainsi le fumier ne peut être amoncelé dans la cour de la ferme que pendant 3 à 4 mois d'hiver, lorsque la terre est gelée ou couverte de neige.

Une autre question importante, c'est de savoir s'il convient d'enterrer immédiatement le fumier, ou s'il peut être avantageux de le laisser répandu sur la surface du sol.

NÉCESSITÉ DE RÉPANDRE IMMÉDIATEMENT LE FUMIER. — Les tas de fumier déposés dans les champs doivent être répandus tout de suite; autrement leur jus pénètre dans la terre, et la place que le tas a occupé est marquée pendant plusieurs années par une végétation anormale. De même si le sol est en pente, il faut avoir soin de bien enterrer le fumier, pour que ses principes fertilisants ne soient pas entraînés par les pluies.

EMPLOI DU FUMIER EN COUVERTURE. — Les réserves que je viens d'énoncer étant faites, l'expérience a constaté que le fumier employé en couverture, c'est-à-dire répandu sur les récoltes et non enterré, est très-efficace, surtout dans les terres légères, et qu'il ne paraît pas que l'action de l'air et du soleil, c'est-à-dire l'évaporation lui fasse rien perdre.

D'habiles praticiens sont d'avis qu'on doit, quand on le peut, laisser le fumier à la surface du champ et ne l'enfouir que lorsque le développement des mauvaises herbes permet d'enterrer à la fois ces herbes et le fumier. On obtient ainsi un engrais vert qui augmente la masse du fumier et le jus pénètre dans la terre qui se trouve ameublie sous le fumier dont elle a été couverte. Le fumier employé ainsi a une action d'une moindre durée, mais cette action est très-énergique pendant la première année.

D'autres praticiens ont trouvé plus avantageux de répandre au commencement de l'hiver le fumier dans un état de décomposition peu avancé sans l'arroser de purin, puis de râteler au printemps la paille desséchée et de l'employer de nouveau pour litière. On conçoit difficilement qu'en procédant ainsi le fumier ne subisse pas une perte considérable par l'évaporation. A l'appui de l'opinion de ceux qui pensent qu'il est inutile d'arroser immédiatement le fumier avec du purin, je dois dire que le parc des bêtes à laine ne perd pas à n'être pas enterré immédiatement, pourvu toujours que l'engrais ne puisse pas être entraîné par les eaux.

Ici encore il y a un vaste champ ouvert à l'observation et de bien intéressantes études à faire.

4. — Emploi des urines.

RÉSERVOIR A URINE. — L'espace creux qui dans une étable flamande se trouve derrière les bêtes retient les urines; on y joint, outre le fumier produit par une abondante nourriture et une abondante litière, des herbes, des bruyères, des gazons, en un mot toutes les matières dont on peut disposer pour absorber les urines. Il faut encore observer que, dans une étable flamande, le fumier suffisamment humide, fortement tassé et soustrait aux influences atmosphériques, ne diminue ni de poids ni de volume, tandis que les tas de fumier tels qu'ils sont établis chez la plupart des cultivateurs subissent une perte énorme en quantité et en qualité.

EMPLOI DE L'URINE. — La plupart des auteurs disent que l'urine avant d'être employée doit avoir fermenté : pour cela il est nécessaire d'avoir deux réservoirs. Je n'en ai jamais eu qu'un, et je ne connais pas de ferme où il y en ait plus d'un.

On emploie l'urine à arroser des tas de compost, on la conduit sur les champs, particulièrement pour les betteraves, les navets, les carottes, le colza, on la répand sur les prés pendant l'hiver, et partout ses effets sont remarquables.

Tous les cultivateurs savent que l'urine brûle les plantes; si donc on veut la répandre sur un pré par un temps sec, il faut y ajouter au moins deux ou trois fois son volume d'eau.

5. — Rapport de la consommation en aliments et en litière avec le fumier produit.

On s'est beaucoup occupé de rechercher les quantités du fumier produit par chaque tête de bétail, et on n'est jamais parvenu à obtenir des résultats concordants. On éprouve moins de difficultés en prenant pour base de l'appréciation non plus une tête de bétail, mais la quantité en poids des substances alimentaires consommées par les animaux et la quantité en poids de leur litière. Mais, pour que ces résultats deviennent comparables, il faut tenir compte de l'état et de la nature des aliments, et prendre, pour unité de mesure, un fumier *bien fait*, ayant un certain poids sous un volume déterminé.

Les diverses espèces d'animaux d'un établissement rural ne présentent pas le même rapport entre le poids de leurs aliments et de leur litière et le poids de leur fumier; mais on est convenu de prendre pour type les bêtes bovines qui sont les animaux par excellence de l'agriculture, ceux qui fournissent en plus grande abondance le fumier qui convient le mieux à toutes les cultures, et comme il faut être bien fixé sur l'état plus ou moins avancé de décomposition ou d'humidité dans lequel peut se trouver le fumier, les agronomes ont généralement pris pour terme de comparaison un fumier contenant terme moyen 75 p. 100 d'humidité, et qu'on appelle *fumier normal*. Voici, sur cette importante question, l'opinion des meilleurs agronomes allemands :

	MOYENNES	
	fourrage et litière.	fumier produit.
Meyer. . . . {Dit que 1 partie de foin produit 1,8 (1 partie 8 dixièmes) de fumier, — 1 de paille produit 2,7 de fumier. — Comme avec 1 de foin on donne, par tête, 3 de paille, litière comprise, il en résulte en tout pour 4 de nourriture et de litière 9,9 de fumier ou 2,5 de fumier pour 1 de nourriture et de litière. Par conséquent, pour connaître la quantité de fumier produit, il faut multiplier la quantité de nourriture et de litière qui a été donnée aux bêtes par le multiplicateur 2,5. . .	1	2,5
Thaer. . . . {Réduit tout en foin et calcule que le fourrage et la litière réunis produisent 2,3 de fumier pour 1.	1	2,3
Koppe. . . . {Adopte le système de Thaer, mais à cause des pertes réduit le multiplicateur 2,3 à 2.	1	2,0
Thunen.. . . Opère de même et trouve pour multiplicateur 2,25.	1	2,25
Wulfen. . . {Calcule que les déjections produites sont de 4,4 pour 1 de grain; 2,2 pour 1 de paille; 1 pour 1 de pommes de terre; 3 pour 1 de foin; il trouve, comme Meyer, que les proportions les plus convenables à employer sont 3 de foin et 5 de paille, et que le rapport du fumier à la nourriture et à la litière est de 2,5 pour 1.	1	2,5
Schwerz. . . {Adopte les rapports de 1,75 de fumier pour 1 de foin, et de 2 de fumier pour 1 de paille. . . .	1	1,75
Block. . . . {Dit que 100 k. de foin ou de paille fourrage produisent 44 k. de fumier *sec*; 100 k. de pommes de terre, 14 k. de fumier sec; 100 k. de paille litière, 95 k. de fumier sec. Il multiplie ces nombres par 4 lorsqu'il veut connaître la quantité de fumier *frais* au lieu de la quantité de fumier sec. Le multiplicateur moyen est donc 2,3.	1	2,3
Dombasle.. . {Dit que les bœufs produisent 3,17 et les moutons 1,64 de fumier pour 1 de nourriture et de litière.	1	1,64
Treissig. . . {Calcule que 135 k. de foin, 68 de paille fourrage et 68 de paille litière produisent 1 mètre cube de fumier frais, du poids de 600 kilogr.; on a donc 2,2 de fumier pour 1 de nourriture et de litière.	1	2,2
Moyenne générale.	1	2,16

On voit par ce tableau qu'en moyenne la somme du fourrage évalué

en foin et de la litière est au fumier produit : : 1 : 2,16 (comme 1 est
à 2, plus 16 centièmes). Ainsi 80 kil. de foin, ou leur équivalent, plus
20 kil. de paille produiraient 216 kil. de fumier. Un bœuf à l'engrais qui
consommerait l'équivalent de 25 kil. de foin et qui recevrait pour litière 6 kil. 25 de paille, produirait par jour 67 kil. de fumier, ou en
un an environ 25,000 kil.

CHAPITRE XII

TRAYAGE DES VACHES.

BUT. — On appelle trayage l'action de traire les vaches, c'est-à-dire
d'extraire le lait que contiennent leurs mamelles, en agissant sur elles
avec la main à peu près de la même manière que le veau qui tette agit
avec ses lèvres.

IMPORTANCE D'UN TRAYAGE BIEN EXÉCUTÉ. — Bien traire les vaches est
une chose beaucoup moins facile qu'on ne le croit généralement. Si une
vache n'est pas traite à fond, on perd le lait qui reste dans le pis, on
peut même détruire la disposition de la vache à sécréter du lait, et le
lait qui reste est résorbé par les vaisseaux qu'il obstrue. Une bonne
vache peut ainsi être gâtée pour toujours.

La manière dont les vaches sont soignées et traitées a une telle influence sur elles, que la meilleure vache peut être promptement gâtée si
elle passe d'une *bonne* étable dans une *mauvaise* étable.

INSUFFISANCE DES SERVANTES. — Dans beaucoup de contrées, en Angleterre, par exemple, le soin des vaches est confié à des servantes, quoique
en général les jeunes filles soient peu aptes à soigner les bêtes.

AVANTAGES DE FAIRE SOIGNER LES VACHES PAR UN MARCAIRE. — N'eût-on
que six vaches, on doit les faire soigner et nourrir par un marcaire, auquel
on peut aussi confier d'autres travaux. Pour qu'elles soient bien soignées, on ne doit pas donner plus de douze vaches à un marcaire.

Dans ma ferme, ce n'est pas une servante, c'est un marcaire qui
soigne et nourrit à la fois les vaches laitières, les bœufs de travail et les
bœufs à l'engrais.

Pendant l'hiver, je lui donne un aide matin et soir, parce qu'il faut en même temps enlever le fumier, faire les litières, fourrager, traire, étriller les bêtes : de neuf heures à trois heures il n'y a plus rien à faire dans les étables. Elles sont alors fermées, les animaux restent tranquilles, et le marcaire coupe le fourrage au hache-paille ou aide à la distillerie.

En été, il est chargé de faucher le trèfle vert et de le rentrer avec deux bœufs qui n'ont pas autre chose à faire et qui engraissent en faisant ce service.

Devoirs du trayeur. — Il faut que les vaches connaissent leur trayeur. Le devoir du trayeur est de s'efforcer par toutes sortes de moyens de gagner l'affection de ses vaches. Il y parviendra presque toujours en les traitant avec douceur, et en les gratifiant de temps en temps, mais à des intervalles irréguliers, de friandises quelconques, comme un peu de sel, un morceau de pain, une racine fraîche. L'offre de ces friandises sera toujours accompagnée d'une caresse. C'est par ces bons soins que les vaches contractent de l'attachement pour celui qui les soigne, et laissent couler avec plaisir leur lait sous ses doigts.

Les vaches doivent être traites à des heures fixes ; le trayeur doit être doux, caressant, patient. Si une vache refuse son lait et se montre insensible à de bons traitements persévérants, il ne faut pas hésiter à l'engraisser et à la vendre.

Seau pour traire. — On trait les vaches dans des seaux de sapin gradués au moyen de têtes de clous, enfoncés sur une ligne verticale. Le trayeur est muni d'une ardoise sur laquelle chaque bête est représentée par un numéro. Quand il a fini de traire, il constate le nombre de litres de lait obtenu ; il l'écrit à la craie vis-à-vis le numéro de la vache, vide ce lait dans un baquet et reprend le vase gradué pour traire une autre vache.

Nécessité de la propreté parfaite de la vache, du vase a lait et du trayeur. — A chaque trayage, il faut laver le pis avec une éponge et de l'eau toujours limpide, et qu'on fait tiédir en hiver. L'eau enlève au pis l'odeur de litière qu'il contracte aisément et qui se communique au lait et au beurre. Mais il ne suffit pas que l'eau soit limpide, il faut que les mains du trayeur soient propres et que le vase qui contenait l'eau de lavage ne soit pas employé ensuite à recevoir le lait ; après le lavage il faut essuyer le pis avec grand soin, afin que les doigts du trayeur ne glissent pas en trayant.

Attitude du trayeur pendant le trayage. — Toutes les fois qu'on veut traire une vache, on doit s'asseoir sur un tabouret à un seul pied, ce qui permet au trayeur de se pencher en avant ou en arrière, selon les mouvements de la vache. En Suisse et en Auvergne, les trayeurs attachent ce banc à leur corps et se transportent ainsi d'une bête à l'autre. Lorsque des vaches ne sont pas assez douces pour qu'on puisse s'asseoir pendant le trayage, il faut se tenir accroupi ou très-penché ; cette attitude, quoique très-pénible, est nécessaire pour garantir le trayeur des mouvements brusques d'une vache indocile.

MANIPULATION PRÉPARATOIRE AU TRAYAGE. — Une fois en position de traire, il y a encore une sorte de préliminaire indispensable ; il consiste à agir sur le pis comme si l'on devait déjà en extraire le lait. Pourtant, on ne fait que le simulacre du trayage, car on se borne à toucher très-doucement le pis, et seulement pour préparer la vache à donner son lait. Cette manipulation gonfle la mamelle et la durcit. Dans beaucoup de grandes vacheries, pour abréger le temps du trayage, le marcaire est précédé d'un petit garçon qui pratique cette manipulation.

MANIÈRE DE TRAIRE. — Le marcaire, assis sur sa sellette, se place au côté droit de la vache ; il maintient entre ses jambes un seau posé à terre, de manière que ses mains soient libres. Ordinairement il appuie le front sur le flanc de la vache. Il prend un trayon dans chaque main, et en diagonale, c'est-à-dire il saisit d'une main un trayon du côté droit, et de l'autre main un trayon du côté gauche, les saisissant assez haut pour comprimer une portion de la glande du pis, et il emploie une force de pression et de traction suffisante pour faire couler le lait. Si le trayeur élève et abaisse chaque main régulièrement et alternativement, le lait coule sans interruption. Il faut continuer jusqu'à ce que le pis soit complétement vide, parce que le lait qu'on obtient à la fin du trayage est le plus gras et le meilleur ; et que, si on ne le trait pas, il se coagule et gêne le trayage suivant.

Lorsque la vache a donné tout son lait, le pis est petit. S'il reste gros, lors même qu'il est vide, c'est que la vache n'est pas bonne laitière. On doit bien se garder d'exercer sur le pis des tractions brusques, inégales ou violentes, qui pourraient le contusionner et irriter la vache.

Si la vache est impatiente ou méchante, il faut d'abord employer la douceur et les caresses, puis la menacer et la corriger si cela devient nécessaire, et si ces moyens sont impuissants, il faut l'entraver, c'est-à-dire lier ses jambes postérieures. Si elle ne peut être domptée par ces moyens, il faut l'engraisser et la vendre.

AVANTAGES DE TRAIRE LES VACHES A L'ÉTABLE. — Ne trayez jamais les vaches en plein air, quand il est possible de les faire rentrer à l'étable. Lorsque le temps est mauvais, lorsque les insectes s'acharnent sur tous les animaux, les vaches laitières tourmentées, agitées, sont mal disposées à se laisser traire. De son côté, le trayeur a hâte d'en finir, et il abrége la besogne au détriment de la vache et des intérêts du fermier. En outre, en trayant à l'étable, on évite la perte de temps qu'entraîne le transport du lait à la ferme, lorsque la vache a été traite aux champs.

NÉCESSITÉ DE TRAIRE A HEURES FIXES. — On trait deux fois par jour, à heure fixe, matin et soir, à l'exception des vaches très-bonnes laitières qu'on trait trois fois en vingt-quatre heures pendant les premières semaines qui suivent le vêlage.

MANIÈRE DE PROLONGER LA LACTATION. — Lorsque les vaches sont vieilles, la quantité de leur lait diminue, et il est difficile de les faire engraisser. Un moyen excellent de rendre leur lait plus abondant qu'auparavant ou de rendre facile leur engraissement, c'est la castration. Cette opération est sans dangers et réussit presque toujours, mais elle ne peut être pratiquée que par un vétérinaire.

CHAPITRE XIII

CASTRATION.

---

1. — Castration des vaches.

AVANTAGES DE LA CASTRATION DES VACHES. — Quelque temps, parfois même quelques jours après le part, les vaches sont de nouveau en chaleur. Si on leur refuse le taureau, cet état peut se prolonger ; la vache maigrit, la sécrétion du lait diminue de plus en plus, et ce trouble peut devenir une maladie.

Si on fait saillir la vache, la lactation diminue à mesure que la gestation avance.

Pour remédier à ce double inconvénient, on avait souvent essayé de castrer les vaches, c'est-à-dire de leur enlever les ovaires ; mais on employait des procédés dangereux, la plupart des vaches périssaient, et on avait fini par renoncer à cette opération.

En 1854, un vétérinaire de Reims, M. Charlier, imagina de castrer les vaches par un procédé ingénieux, facile à pratiquer par tous les vétérinaires exercés, et qui a l'avantage de ne pas compromettre la vie de la vache opérée.

La castration des vaches est aujourd'hui pratiquée habituellement dans plusieurs grandes vacheries ; elle a pour résultat de prolonger bien au delà de sa durée ordinaire la production d'un lait abondant, riche en beurre et en fromage. En outre, les vaches castrées peuvent être engraissées rapidement dès qu'on a fait tarir leur lait.

MANIÈRE D'OPÉRER LA CASTRATION.—Comme elle ne peut être pratiquée que par un vétérinaire, je ne la décrirai pas ici ; mes lecteurs en trouveront une excellente description publiée par M. Borie dans le *Journal d'agriculture pratique* (1858, t. Ier).

La castration de la vache est sans danger sérieux si on opère en été ou si on abrite avec soin l'animal opéré contre l'influence pernicieuse d'un coup d'air ou d'un refroidissement.

SOINS A DONNER APRÈS LA CASTRATION. — Quand on a pratiqué la castration dans toutes les règles prescrites, si les vaches sont peu irritables, on s'aperçoit à peine qu'elles ont été opérées. Elles ne perdent aucune de leurs habitudes, pas même l'appétit. Si dans les premières heures qui suivent l'opération quelques vaches voussent le dos, frétillent la queue, font des efforts expulsifs ou ont de légères coliques, ces phénomènes ne tardent pas à disparaître.

Il peut y avoir aussi un léger météorisme du ventre dans les premiers jours qui suivent la castration, sans que cela indique rien de fâcheux. Dans ce cas, comme dans ceux qui précèdent, il suffit, pour ramener la vache à une santé parfaite, de diminuer sa nourriture des trois quarts ou des deux tiers, et de l'augmenter ensuite graduellement du quatrième au cinquième jour ; de donner à la vache de l'eau blanche ou naturelle légèrement dégourdie, et d'éviter avec le plus grand soin tout refroidissement, tout courant d'air.

Si, quatre ou cinq jours après l'opération, on voit la vache triste, manger nonchalamment, ruminer peu ou pas du tout, perdre une partie de son lait, avoir les déjections dures, les urines peu abondantes, il faut appeler un vétérinaire, car ces symptômes peuvent révéler la formation d'un abcès dans le bassin ou un commencement de péritonite qu'il importe de traiter promptement.

2. — Castration des taureaux.

ÉPOQUE. — Si l'on élève des taureaux dans l'unique but d'en faire de bons bœufs de travail, il peut être avantageux de ne les castrer, comme quelques auteurs le prescrivent, qu'à l'âge de dix-huit mois ou deux ans ; mais, si l'on veut avoir des bœufs qui, après avoir travaillé, soient aptes à engraisser facilement, on doit castrer les veaux dès l'âge d'un mois ou de six semaines, comme cela se pratique en Angleterre, mais, dans tous les cas, avant qu'ils aient six mois. L'opération, à cet âge, est très-simple, il n'est même pas nécessaire d'abattre la bête.

MANIÈRE D'OPÉRER LA CASTRATION. — L'opérateur fait au veau deux incisions longitudinales, c'est-à-dire de haut en bas, à la partie postérieure et inférieure du scrotum, et il en fait sortir l'un après l'autre les deux testicules, qu'il enlève en déchirant le cordon, ce qui empêche l'hémorragie. Les plaies sont pansées avec un peu d'huile, et ordinairement il n'est plus nécessaire d'y toucher.

Pour les taureaux, l'opération est moins facile, l'animal conserve toujours un caractère farouche et ne devient jamais un bon bœuf pour la boucherie. Il vaut mieux ne pas les castrer et les vendre comme taureaux.

Si l'on veut castrer un taureau qui a plus de six mois, je crois qu'il n'y a rien de mieux que la vis (*grav.* 54).

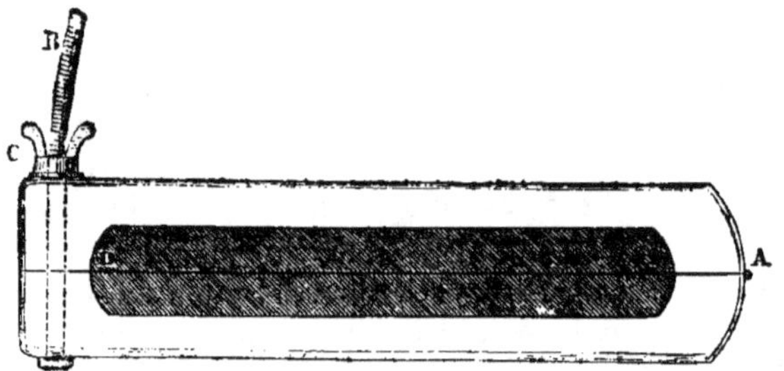

Grav. 54. — Vis pour la castration des taureaux.

La longueur de l'instrument est de 0^m,24, la largeur de 0^m,06 et l'épaisseur de 22 millim. Il est formé de deux pièces de bois dur unies à une de leurs extrémités par une charnière A. A l'autre extrémité, elles sont traversées par une vis B, que l'on serre au moyen de l'écrou C. Elles sont évidées de D en F, comme l'indique la gravure 54, de manière que leur épaisseur entre ces points ne soit que de 2 millim. Entre ces deux mêmes points, on arrondit légèrement les angles, et on enlève du bois de manière que de l'un à l'autre angle il y ait un vide de 2 millim.

Quand on veut opérer un taureau, il suffit qu'il soit bien attaché, et même beaucoup de cultivateurs se contentent de le mettre au joug avec un bœuf. On lui saisit par derrière les testicules, on les fait passer entre les branches ouvertes de l'instrument, puis on serre la vis de manière à opérer une forte pression au-dessus des testicules. On ne peut cependant pas opérer la pression complète dès la première fois, mais tous les jours on serre un peu l'écrou, jusqu'à ce qu'on arrive à ce que l'instrument soit tout à fait fermé. Quand on voit que les testicules sont atrophiés, qu'ils n'ont plus aucune vie, on les coupe en laissant l'instrument en place jusqu'à ce qu'il se détache de lui-même. Si on ne coupe pas les testicules, ils se dessèchent et finissent par tomber. Chaque cultivateur fait lui-même cette opération, qui est très-facile et qui semble être peu douloureuse pour le taureau. Il n'est pas à ma connaissance qu'il soit arrivé un seul accident, tandis que, si l'on castre par incision, il y a toujours enflure, suppuration, souvent des accidents et toujours amaigrissement considérable de l'animal. Si l'on veut faire d'un taureau un bœuf de travail, on met le taureau au joug pour l'opérer, et on lui donne la première leçon de labour dès que l'instrument est vissé. Se sentant ainsi pris, le taureau est bien plus docile et plus facile à dresser.

Cet instrument est d'une grande simplicité. Il n'a d'autre inconvénient que de gêner l'animal quand il se couche ; aussi vaut-il mieux placer l'instrument de telle manière que la vis soit en avant des testicules, du côté du ventre.

CHAPITRE XIV

ÉLEVAGE ET COMMERCE DES BŒUFS EN BAVIÈRE.

Dans tous les pays où l'on fait travailler les bœufs au joug, on les élève par paire ; aussitôt que leurs cornes sont assez longues, c'est-à-dire dès l'âge de 2 ans, on commence à les faire travailler, et leur travail paye leur nourriture.

En Bavière, les bœufs sont élevés par de petits cultivateurs qui les ménagent et les dressent avec une patience qu'on ne peut attendre des valets.

Ces jeunes bœufs sont l'objet d'un commerce intérieur assez actif. Chaque cultivateur ne conserve que des bœufs d'une force proportionnée au travail qu'il veut leur faire exécuter, et les vend, au bout de l'année, avec un profit plus ou moins considérable. Ainsi, ils ont eu déjà ordinairement plusieurs maîtres lorsqu'ils arrivent aux foires, vers l'âge de cinq ans.

C'est à ces foires que les étrangers, les grands cultivateurs, les fermiers et les engraisseurs du pays viennent acheter des bestiaux.

Ainsi, le plus grand nombre de bœufs ne dépasse pas l'âge de 6 à 7 ans, et chaque paire, vendue grasse pour 600 fr., a souvent produit en six années 100 fr. d'argent comptant à chacun des six maîtres auxquels elle a appartenu.

Les avantages de ce mode d'élevage du bétail sont faciles à comprendre. Les fourrages sont convertis en fumier, le travail est fait et le bétail donne chaque année un profit net, qui n'est pas bien considérable, mais qui est certain; la fertilité des terres du Glane et la prospérité des cultivateurs du pays sont l'argument le plus convaincant de l'excellence de ce système.

Grâce à cette méthode de faire travailler les bœufs et de les renouveler fréquemment, on en livre à la boucherie une quantité presque aussi grande que s'ils ne travaillaient pas du tout et n'étaient élevés que pour l'engraissement, système excellent peut-être dans de grandes fermes, mais impraticable dans la petite culture.

On conçoit que la vigueur des bœufs pour le travail n'est pas la qualité la plus recherchée; on s'attache à élever des bœufs qui, bien construits comme bœufs de travail, possèdent les qualités indiquant la disposition à prendre la graisse. Les éleveurs ménagent extrêmement les bœufs pour qu'ils prennent tout le développement possible; les engraisseurs les ménagent aussi beaucoup pour qu'ils soient dans le meilleur état possible au moment où ils doivent être mis à l'engrais.

CHAPITRE XV

ATTELAGE DES BŒUFS ET DES VACHES.

1. — Attelage des bœufs au collier et au joug.

AVANTAGES ET INCONVÉNIENTS DU JOUG. — Doit-on atteler les bœufs au
joug, ou avec des colliers ?

Le joug a l'avantage de son extrême simplicité et de son bas prix ;
avec le joug double on dresse et l'on maîtrise plus facilement les bœufs ;
il convient donc mieux dans un pays où l'on élève, où l'on engraisse,
et où le but principal n'est pas d'obtenir des animaux la plus grande
somme possible de travail.

Avec le joug, les bœufs peuvent être attelés beaucoup plus court à la
charrue ; ils ont par là plus de force, la charrue vacille moins et il est
plus facile de la faire tourner pour commencer un nouveau sillon.

AVANTAGES ET INCONVÉNIENTS DU COLLIER. — Avec le collier, les bœufs
ont les mouvements plus libres, ils peuvent marcher plus vite ; il n'est
pas nécessaire qu'ils soient appareillés et égaux en taille et en force,
comme lorsqu'ils sont attelés au joug.

Le collier convient donc mieux là où le travail est la principale destination des bœufs, et par conséquent là où ordinairement le même fermier les conserve plusieurs années sans les vendre.

Si les bêtes tirent avec des colliers, on a l'avantage de pouvoir faire
servir le même chariot aux bœufs et aux chevaux, tandis qu'avec le joug
double, il faut adapter aux chariots un timon spécial pour les bœufs.
Dans un pays montueux, dans les champs dont la pente est rapide, où
on rencontre des rochers, des ravins, et où par conséquent les bœufs sont
placés très-souvent dans une position pénible, l'un plus élevé que l'autre, ils souffrent beaucoup d'être fixés l'un à l'autre par le joug, et
il en résulte même parfois des accidents. Par contre, si les bœufs tirent
avec des colliers dans des montagnes et dans de mauvais chemins, ils
ont beaucoup plus de peine à diriger le timon, et pour qu'il leur soit
possible de retenir le chariot, il leur faut un harnais complet avec ava-
loires, comme à des chevaux (*grav.* 55). Comme ils marchent la tête

basse, ils reçoivent fréquemment des coups de limon qui peuvent être dangereux. Les colliers ont l'inconvénient de nécessiter un attirail de harnais compliqué et coûteux, et de ne pas offrir les mêmes moyens que le joug pour maîtriser les animaux. La bouche du bœuf par sa confor-

Grav. 55. — Bœuf harnaché.

mation ne se prête pas du tout à recevoir une bride, non plus que son fanon et son poitrail à recevoir un collier. Si l'on observe un bœuf qui marche, on remarque un mouvement de l'épaule, beaucoup plus prononcé que dans le cheval. Aussi je crois que le bœuf a plus de force lorsqu'à l'aide de sa tête il tire un fardeau, car lorsqu'il est attelé au joug, ce n'est pas par les cornes, c'est par le front que le bœuf tire, et ses cornes ne servent qu'à maintenir les courroies du joug.

Les bœufs au joug ne peuvent atteindre avec leur queue les mouches qui les tourmentent et ils sont obligés de les supporter; par contre, les bœufs attelés avec des colliers, frappant à droite et à gauche pour chasser les mouches, donnent souvent des coups de cornes à leur conducteur et au bœuf voisin.

Caveçon pour conduire un taureau. — Pour conduire un taureau que j'attelais seul, j'ai employé avec avantage un caveçon dont la muserolle était formée d'une bande de tôle large d'environ 0ᵐ,04, pliée en gouttière, de manière que les deux bords, limés en dents de scie, portaient sur le nez de l'animal.

Deux anneaux fixés à cette muserolle recevaient les rênes ; avec un
semblable caveçon on maîtrise mieux un bœuf ou un taureau qu'on ne
maîtrise un cheval à l'aide d'une bride.

Moyen d'accoupler au même joug des bœufs inégaux. — Si l'on accouple sous un seul joug des bœufs inégaux en force, on peut, en reculant
le point de tirage, allonger le levier pour le bœuf plus faible et réta-
blir l'équilibre.

Jougs doubles. — La plupart des jougs sont mauvais, parce qu'ils
sont trop droits ; les bœufs portent alors le nez au vent et perdent une
grande partie de leur force. Un bon joug doit être cintré de manière que
le point de tirage corresponde au milieu du front de l'animal. Le joug
que j'emploie (*grav.* 56) est le meilleur que je connaisse. Avec ce joug,

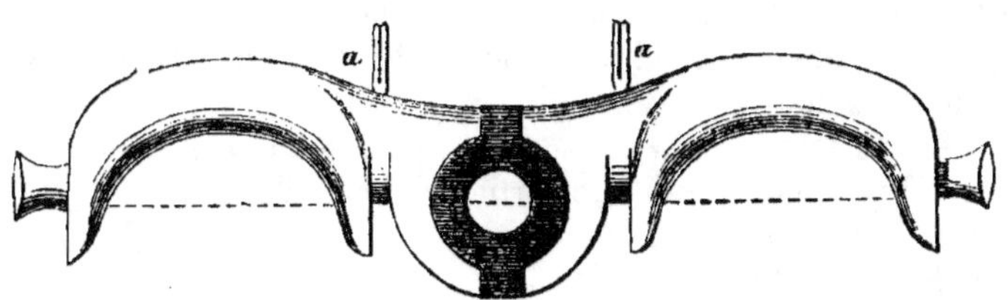

Grav. 56. — Joug double.

chaque bœuf n'a besoin que d'un petit coussin (*grav.* 57) large de 0^m,15,
long de 0^m,36, qui garantit le front. La partie supérieure du joug est
évidée de manière qu'il n'exerce aucune pression sur la nuque.

Les dimensions du joug varient selon la taille et la force des bœufs.
Si un bœuf est plus faible que l'autre, on diminue pour lui le tirage en
reculant de 0^m,01 à 0^m,03 l'ouverture ronde du joug (*grav.* 56) dans
laquelle entre l'extrémité du timon.

La partie antérieure du joug, celle qui s'applique contre les cornes, est
plate. La partie postérieure, celle que représente la *grav.* 56, est évidée
de manière que le joug n'appuie pas sur la nuque, et qu'il laisse libres les
mouvements des oreilles.

a, a (*grav.* 56) sont deux chevilles implantées dans le joug, et fendues sur leur longueur par un trait de scie.

On y fixe l'extrémité d'une courroie, puis lorsque cette courroie, de
1^m,50 de long, est passée autour des cornes et a fixé le joug, on arrête
l'autre extrémité de la courroie en la tournant plusieurs fois autour de
la cheville et en la faisant entrer dans l'entaille.

Un coussin garni d'un chasse-mouches est placé sur le front du bœuf pour le garantir du rude contact du joug.

MANIÈRE D'ATTELER UN SEUL BŒUF AU JOUG. — Si l'on veut atteler un bœuf seul, on peut remplacer le collier par un petit joug aux deux extrémités duquel les traits sont accrochés. Ces traits consistent ordinairement en deux chaînes soutenues par une courroie ou même par une sangle qui passe sur le dos du bœuf. Pour faciliter au bœuf le moyen de reculer ou de retenir à la descente le chariot qu'il traîne, la chaînette du timon aboutit à une autre petite chaîne qui va d'une extrémité à l'autre du joug, en passant sous le cou du bœuf.

JOUG SIMPLE APPLIQUÉ DERRIÈRE LES CORNES DU BŒUF. — Ce joug (*grav.* 57) a la même forme que le joug double (*grav.* 56) et s'applique comme lui derrière les cornes. On voit à chacune de ses extrémités un anneau auquel on accroche les traits et un boulon qui traverse le joug et se termine de l'autre côté par un crochet auquel on fixe la petite chaîne qui va d'une extrémité du joug à l'autre extrémité et reçoit la chaînette du timon.

JOUG SIMPLE APPLIQUÉ SUR LE FRONT DU BŒUF. — La *grav.* 58 représente un autre joug simple qui diffère surtout du précédent en ce qu'il s'applique sur le front du bœuf.

Voici les proportions de ce joug (*grav.* 58) :

Hauteur de *a* en *b*.	. . . .	$0^m,15$
Longueur totale de *c* en *d*.	. . . .	60
Longueur — de *e* en *f*.	. . . .	42

g, g,   Courroies qui entourent les cornes et sont fixées par une boucle.
h, h, h, Coussin fixé au joug et qui porte sur le front du bœuf.
i, i,   Anneaux auxquels on accroche les traits.
k, k,   Anneaux par lesquels on réunit au moyen d'une chaîne deux bêtes attelées ensemble.

Le joug est plat, large de $0^m,08$, et revêtu à sa partie antérieure d'une bande de fer recourbée jusqu'en *e*, *f*.

2. — Attelage des vaches.

Est-il avantageux de cultiver avec des vaches ?

Je répondrai à cette question par un passage du mémoire de Ch. et F. Villeroy cité plus haut :

« Cultivateur par goût, je pourrais dire avec passion, il n'est aucun des travaux agricoles que je voie avec indifférence ; mais la vue d'un paysan cultivant son champ avec deux vaches bien propres et bien luis; ites me cause un plaisir que bien des gens ne concevront pas. On a éc. 't de fort bonnes choses en faveur de la grande culture et contre la petite culture ; mais, à part toute considération d'économie politique, de même que la vie champêtre est, à mon avis, celle qui offre le plus de chances de bonheur, de même aussi je ne vois pas de situation plus heu-

Grav. 57. — Joug simple appliqué derrière les cornes du bœuf.

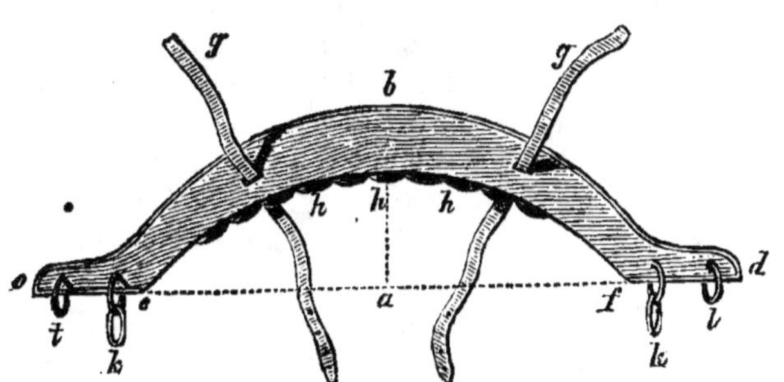

Grav. 58. — Joug simple appliqué sur le front du bœuf.

reuse que celle d'un homme jouissant de la santé du corps, assez éclairé pour savoir apprécier l'indépendance, n'aspirant pas à la richesse, et qui cultive avec ses vaches une propriété suffisante pour fournir à ses besoins et à ceux de sa famille.

« J'envie le sort de cet homme qui attelle ses vaches, qui les conduit lui-même, et qui n'a pas tout le tracas d'une grande culture ; mais je ne crois pas que dans une autre position on doive chercher à l'imiter. Le petit cultivateur est bien rarement *pressé par l'ouvrage ;* il soigne lui-même ses vaches, il les ménage, et leur travail n'est qu'un exercice salutaire qui augmente probablement la qualité du lait, sans nuire à sa quantité. Il en est bien autrement chez le fermier, où souvent toutes les heures de

travail sont calculées ; qui, contrarié par toutes les vicissitudes des sai--
sons, est souvent forcé d'endurcir son cœur et de voir maigrir bœu s,
chevaux et valets, pour mettre à profit quelques journées favorables qui
s'écoulent trop rapidement. Que deviendront alors les malheureuses
vaches, loin de l'œil du maître ? Trop heureux le fermier, s'il en est
quitte pour la perte du lait.

« Veut-il compenser ces chances par l'augmentation du nombre des
vaches, il tombe dans d'autres inconvénients.

« Pour que le travail des vaches ne puisse leur nuire, on ne doit exiger
d'elles que la moitié du travail des bœufs ; mais comme elles sont moins
fortes que les bœufs et qu'on ne peut les atteler six semaines avant et
six semaines après le vêlage, il faut six vaches pour faire le travail de
deux bœufs ; ainsi celui qui emploie dix bœufs devra avoir trente vaches.

« Si, pour fournir aux travaux extraordinaires, on veut encore augmenter le nombre des vaches, on conçoit facilement tout l'attirail, tout
l'embarras et l'augmentation de risques qu'entraîne ce nombreux et in-
discipliné bétail. Car il ne faut pas croire qu'on gouverne les vaches
comme les bœufs ; vieilles, elles sont souvent trop pesantes ; jeunes, elles
sont presque toujours indociles. Les attelle-t-on avec des colliers, on ne
peut les maîtriser ; les met-on au joug, il faut toujours laisser à chaque
vache, à droite ou à gauche, la place à laquelle elle est habituée, et il
faut que les deux vaches soient d'égale force.

« Ainsi, quoique de notables avantages ressortent du calcul, ils sont
de fait annulés par la perte de temps, la nécessité d'un plus grand
nombre de valets, et il reste encore à faire entrer en compte la considération importante des risques.

« Je parle de ceci d'après ma propre expérience. J'attelle bien encore
quelquefois mes vaches, mais seulement pour conduire le fourrage vert,
et encore peut-on engraisser des bœufs tout en leur faisant faire ce
léger travail. J'ai aussi attelé des taureaux, et je n'en ai encore trouvé
qu'un seul, de race suisse, qui soit resté docile en vieillissant. Ordinairement, à peine dressés et avant l'âge de trois ans, ils deviennent dangereux lorsqu'ils commencent à sentir leur force. »

L'opinion d'un illustre agronome allemand servira à éclairer cette
question qui, dans certaines positions peut être d'un grand intérêt. Voici
ce que dit Schmalz de l'attelage des vaches :

« En faveur de l'attelage des vaches, on a cité ce que j'ai dit dans mon
ouvrage sur l'*Art d'améliorer le bétail*, que l'exercice n'est pas seulement favorable à la santé des vaches, mais encore qu'il augmente la production du lait. A cela, je dois faire observer que j'ai seulement voulu parler
de l'exercice que prennent les vaches en liberté, dans une enceinte près
de leur étable, ce qui est tout autre chose que le travail souvent pénible

auquel elles peuvent être soumises lorsqu'on les attelle. La dépense de
forces qu'entraîne le travail a toujours pour suite une diminution dans la
production du lait. Cependant, il y a environ trente ans, dans la province
d'Altenbourg, les vaches qui, en été, rentraient le trèfle vert nécessaire
à la nourriture de tout mon bétail, et les vaches avec lesquelles beaucoup de paysans de mon voisinage exécutaient tous leurs travaux, sans
l'aide de bœufs ni de chevaux, m'ont donné occasion de remarquer que
les vaches attelées mangent une beaucoup plus grande quantité de trèfle
que les vaches non attelées, et qu'elles donnent alors une quantité de
lait aussi grande que si elles ne travaillaient pas. D'autres cultivateurs ont
fait la remarque que si les vaches qui travaillent donnent moins de lait,
ce lait est plus riche en crème, et que la quantité de beurre n'est pas
diminuée.

« Déjà, il y a trente-cinq ans, j'ai émis l'opinion que dans la Saxe, et
particulièrement dans l'Altenbourg, les paysans qui cultivent avec des
vaches ont beaucoup d'avantages sur ceux qui emploient des chevaux, et
dès lors j'ai conseillé, même aux propriétaires de grandes fermes, d'exécuter au moins une partie de leurs travaux avec des vaches. Dans un pays
où il n'est pas d'usage d'atteler les vaches, la résistance des valets sera
le plus grand obstacle contre lequel on aura à lutter. Ils ont honte, ils
considèrent comme un déshonneur de conduire des vaches, et, si on les
y contraint, leur mauvaise volonté peut occasionner de grandes pertes.
Lorsque je cultivais à Kussen, j'aurais volontiers attelé mes vaches, mais
je n'aurais pu le faire à cause des préjugés de mes valets.

« Plus l'été est court, et plus, par conséquent, on a de travaux à exécuter dans un petit nombre de jours, plus on trouve d'avantages à avoir
un certain nombre de vaches prêtes à être attelées à la charrue au moment où les travaux sont urgents. On réalise ainsi l'économie qui résulte
de la diminution du nombre des chevaux, et les travaux peuvent être
exécutés dans le moment le plus convenable et souvent avec plus de perfection. »

Je crois devoir faire remarquer que Schmalz ne parle d'atteler les
vaches que pour rentrer le fourrage vert et pour labourer[1]. Quant aux
autres travaux, transports d'engrais, de récoltes, etc., je crois qu'on ne
doit jamais les faire exécuter par des vaches, et d'autant moins que l'exploitation est plus considérable, et par conséquent que le service des animaux de trait est plus pénible et la surveillance plus difficile.

Ces réflexions peuvent être utiles à de jeunes cultivateurs, faciles à
s'enthousiasmer, et disposés à adopter ce qui peut être excellent dans

---

[1] On dit qu'en Angleterre on fait quelquefois travailler les vaches pour les empêcher de devenir trop grasses.

une position particulière, mais qui ne convient pas dans le plus grand nombre des circonstances. Ils sentiront aussi que ce n'est que dans les terres légères, faciles à labourer, que l'on trouve avantageux ce mode de culture avec des vaches.

Une autre vérité, dont les jeunes cultivateurs ne peuvent trop se pénétrer, c'est que, pour réussir dans l'éducation du bétail, pour en tirer le meilleur parti possible, il faut, comme je l'ai dit plus haut, aimer les bêtes, pourvoir à tous leurs besoins et les mettre à l'abri des mauvais traitements. Si les paysans français se distinguent par d'autres qualités, on peut dire qu'en général ils ne savent pas bien gouverner les animaux compagnons de leurs travaux. La douceur, la patience, les soins qui préviennent les accidents, donnent déjà un immense avantage à l'éleveur allemand. Malheur à celui qui confie ses bœufs ou ses vaches à des valets grossiers et qui regardent comme un déshonneur de conduire d'autres animaux que des chevaux ! Dans un pays où règne cet absurde préjugé, il est sage de renoncer aux bêtes bovines, du moins jusqu'à ce qu'on ait pu former de bons domestiques ou en faire venir de l'étranger.

3. — Méthode pour dresser les jeunes bêtes au trait.

Pour dresser au trait les jeunes bœufs récalcitrants, on n'a pas besoin d'employer la force, on y parvient sans beaucoup de peine, m'assure un cultivateur habile, par le procédé suivant, dont je n'ai pas encore fait l'essai :

On harnache la bête (*grav.* 59), on l'attache à la crèche à l'aide d'une chaîne qui glisse dans un anneau, de manière que la bête a la faculté de s'approcher ou de s'éloigner de la crèche.

Un poids d'une pesanteur d'environ 100 kilog. ou plus (selon la force de l'animal) est attaché à une corde qui passe derrière lui, par-dessus un bois arrondi disposé transversalement entre deux poteaux ; l'autre bout de la corde est attaché au trait ; le poids repose à terre lorsque le bœuf est éloigné de la crèche de toute la longueur de sa chaîne d'attache.

Lorsqu'on remplit le râtelier de fourrage, le bœuf, pour satisfaire sa faim, s'avance pour manger, et par conséquent est obligé de tirer après lui le poids suspendu à la corde ; lorsqu'il a fini son repas et qu'il veut se coucher pour ruminer, il ne le peut qu'en rebroussant chemin, jusqu'à ce que le poids pose sur le sol. Après avoir ruminé, le bœuf se relève ; on lui porte de nouveau sa nourriture au râtelier, ce qui l'oblige à faire la même manœuvre, et ainsi de suite. Au bout de trois jours, il est tellement accoutumé à tirer, qu'on peut l'atteler à la voiture ou à la

Grav. 59. — Harnachement pour le dressage des bœufs.

charrue. Pendant le temps de son apprentissage, on lui laisse nuit et jour le harnachement sur le corps.

Dans les fermes où l'on ne se sert pas habituellement de bœufs, on accoutume aussi les jeunes bœufs au trait en attelant devant eux un vieux cheval docile.

Dans les fermes à bœufs, on dresse un jeune bœuf en l'attelant au joug double avec un bœuf déjà dressé; on dresse aussi les jeunes bœufs en les attelant au chariot entre deux paires de vieux bœufs. Les trois paires sont ainsi à la file l'une de l'autre, et le jeune couple, placé au milieu, est forcé de suivre le mouvement des deux autres couples.

4. — Avantages comparatifs des bœufs et des chevaux pour la culture.

L'agriculture doit-elle préférer les bœufs aux chevaux, sous les rapports du travail, de la nourriture, de la qualité du fumier et de son abondance ?

Cette question a été traitée par Charles et Félix Villeroy, dans un mémoire publié dans le *Journal d'Agriculture pratique* (septembre 1843). On y établit que la question n'est pas susceptible d'une solution générale.

Il n'y a de supériorité absolue ni pour les chevaux ni pour les bœnfs, mais les uns ou les autres ont une supériorité relative, déterminée par la position et les circonstances où se trouve chaque cultivateur.

TRAVAIL COMPARATIF DES BŒUFS ET DES CHEVAUX. — Le travail des bœufs est à celui des chevaux comme 2 est à 3, mais les frais de nourriture et d'entretien sont dans la même proportion.

Mathieu de Dombasle, qu'il faudra toujours citer quand il sera question d'une comptabilité régulièrement tenue, établit que le travail des bœufs est à celui des chevaux comme 4 est à 5; ainsi, sous ce rapport, il semble traiter les bœufs plus favorablement que moi. Cependant je dois faire valoir en faveur des bœufs une considération importante.

AVANTAGES COMPARATIFS DES BŒUFS ET DES CHEVAUX. — Si les bœufs travaillent peu, et par conséquent s'ils restent plus à l'étable que les chevaux, ils y font du fumier, leur poids augmente, et ils ont plus de valeur au moment où on les met à l'engrais. Si l'on achète, pour le travail, des bœufs de quatre ans, ils grandissent souvent beaucoup. Pour que la comparaison entre les bœufs et les chevaux soit exacte, il faut tenir compte de leur prix d'achat, du travail et du fumier qu'ils produisent, et de leur prix de vente au moment où ils sont devenus moins aptes aux travaux de culture.

Je crois qu'il est généralement avantageux de n'exiger des bœufs que peu de travail : les chevaux, au contraire, s'ils restent à l'écurie, font peu de fumier, et souvent se détériorent plutôt qu'ils n'augmentent de valeur.

Par le fait seul du temps, les chevaux diminuent chaque année de valeur, la valeur des bœufs ne diminue pas, souvent même elle augmente.

Les chevaux conviennent mieux aux sols pierreux, aux terres fortes, partout où il y a des transports à exécuter.

Les bœufs conviennent particulièrement pour les terres légères, pour la charrue et pour tous les travaux qui ne leur font pas dépasser les limites de la ferme qu'ils cultivent; les terres fortes produisent l'avoine et les féveroles, dont on nourrit généralement les chevaux, tandis que les terres légères produisent des racines pour les bêtes bovines.

Emploi simultané des bœufs et des chevaux. — L'emploi intelligent des bœufs et des chevaux, réunis pour une même exploitation, nous semble présenter les plus grands avantages. La proportion numérique des uns et des autres est, dans ce cas encore, déterminée par la nature des travaux à exécuter et par les circonstances particulières de l'exploitation.

Dans le Glane, tous les cultivateurs ont deux chevaux ou au moins un cheval pour les transports et les travaux pénibles, afin de pouvoir ménager les jeunes bœufs.

Les fermiers du pays de Deux-Ponts estiment qu'il faut pour cultiver 25 hectares de terre forte deux chevaux et quatre bœufs. Dans la plaine du Palatinat du Rhin, terre légère, un cheval vigoureux suffit seul à la culture de 10 hectares.

Chaque ferme n'a ordinairement qu'un attelage de 4 chevaux pour la herse et les transports; les labours sont exécutés par des bœufs, qui sont en nombre double ou triple des chevaux. On n'en attelle que 2 à une charrue, mais tous les cultivateurs tâchent toujours d'avoir un plus grand nombre de chevaux qu'il ne serait rigoureusement nécessaire, afin de les ménager et de les maintenir en bon état jusqu'au moment où on les engraisse.

Quant au fumier, l'avantage est certainement du côté des bœufs, et personne n'a encore songé à le contester.

Thaër, que tous les jeunes cultivateurs doivent lire et méditer, a traité cette question avec des développements assez étendus.

Tendance a remplacer les bœufs par les chevaux. — Il est à remarquer qu'à mesure que l'agriculture fait des progrès les bœufs sont remplacés par les chevaux. On veut que les travaux soient exécutés avec plus d'énergie, plus de célérité, les chevaux exécutent les travaux et les bœufs deviennent bêtes de rente. Quelques personnes, envisageant superficiellement la question, craignent que le nombre des bœufs ne se trouve par là considérablement diminué, et que, par suite, l'approvisionnement public de substances animales ne soit compromis. C'est précisément le contraire qui doit arriver. Il faut une certaine force pour exécuter les travaux de culture, et cette force est produite par une certaine quantité de fourrage. Or, que cette force soit bœuf ou cheval, le résultat est toujours le même. Le fourrage consommé par les bœufs de travail fournit du travail, mais il ne fournit pas un quintal de viande à la boucherie. Les pays où l'on emploie à la culture des bœufs qu'on laisse devenir vieux fournissent une très-petite quantité de viande pour la boucherie comparativement aux contrées où l'on exécute les travaux à l'aide des chevaux.

Je vais chercher à me rendre tout à fait compréhensible par un exemple que j'ai sous les yeux. Un fermier cultive des terres légères avec 4 chevaux et 6 bœufs. Il n'élève pas les bœufs; chaque année à l'automne, lorsqu'il commence à distiller, il met à l'engrais les 6 bœufs qui ont travaillé pendant un an, et il achète 6 autres bœufs âgés de 4 ans, et qu'il met à l'engrais à 5 ans. Je suppose que tout à coup ce fermier ne veuille plus employer de bœufs; — qu'arrivera-t-il alors? — A l'automne, il mettra à l'engrais, comme de coutume, 6 bœufs qui ont travaillé pendant un an, et, au lieu d'acheter 6 autres bœufs, il achètera 4 chevaux. Ainsi, au lieu d'avoir à nourrir 4 chevaux et 6 bœufs de travail, il nourrira 8 chevaux. Ces 8 chevaux feront le travail que 4 chevaux et 6 bœufs faisaient auparavant, et quoique le fermier n'attelle plus de bœufs, il continuera comme précédemment à engraisser 6 bœufs chaque année. Que le travail soit exécuté par des chevaux ou par des bœufs, la même quantité de fourrages destinée aux bêtes d'engrais reste toujours disponible. Si après cela, n'ayant plus besoin que ses bœufs possèdent les qualités nécessaires pour le travail, ce fermier opère sur une race possédant à un plus haut degré la faculté de prendre la graisse, alors, par le seul fait qu'il n'emploie plus que des chevaux pour ses travaux de culture, il peut livrer à la consommation une beaucoup plus grande quantité de bœufs que lorsqu'il entretenait des bœufs de travail.

Le petit cultivateur ne peut pas occuper constamment un attelage; avec ses vaches il laboure ses champs, il rentre ses récoltes; puis, tandis que ses vaches sont à l'étable, il bine, il pioche, il fauche, etc., etc.; tous ses travaux sont exécutés à temps et à peu de frais.

La précocité d'une race pour la boucherie est un avantage immense. Avec la même quantité de fourrage, le cultivateur fournit à la consommation une bien plus grande quantité de viande, et, produisant plus de bœufs, il obtient un produit en argent beaucoup plus grand. Un exemple servira encore à rendre ce fait sensible.

Un fermier élève des bœufs destinés à l'engraissement, et il peut nourrir 25 bœufs de tout âge. S'ils ne sont gras qu'à 5 ans, il en élève 5 par an, total 25, et il en livre chaque année 5 à la boucherie. S'ils sont gras à 4 ans, il en élève 6 par an, total 24, et il en livre chaque année 6 à la boucherie. S'ils sont gras à 3 ans, il en élève 8 par an, et il en livre 8 à la boucherie.

Ainsi, par le seul fait de la précocité d'une race, on peut, avec la même quantité de fourrage, fournir à la consommation un plus grand nombre de bœufs dans la proportion de 3 à 5, et si les bœufs travaillent jusqu'à l'âge de 10, 12 ans et plus, on comprendra qu'un pays peut nourrir un très-grand nombre de bœufs, qui ne fournissent que très-peu de viande à la consommation.

Inconvénients de la spécialisation absolue des races. — Cette question a trouvé dans ces derniers temps d'habiles défenseurs. Il est incontestable que, si l'on veut arriver à ce qu'il y a de plus parfait, il faut une race spéciale pour le travail, une autre race pour l'engraissement, et une autre race pour la laiterie; mais je crois avoir déjà démontré que l'on a poussé trop loin l'application de ce principe, et que la race du Glane, par exemple, qui réunit les trois conditions, mais à un degré inférieur à la race durham pour l'engraissement, à la race hollandaise pour la laiterie, à la race de Salers pour le travail, est néanmoins plus avantageuse pour la grande majorité des cultivateurs qu'aucune de ces trois races. C'est en observant l'agriculture d'un canton tel que cette partie de la Bavière rhénane qu'arrose le Glane, que l'on comprend tous les bénéfices que peut procurer l'élevage du bétail et les avantages qui peuvent résulter de l'emploi simultané des bœufs et des chevaux.

Une considération importante en faveur de la culture par les bœufs, c'est que le cultivateur qui, comme cela doit être, a un plus grand nombre de bœufs que le nombre strictement nécessaire pour sa culture, peut, dans un moment où les travaux abondent, par exemple à l'époque des semailles, doubler le nombre de ses charrues, et, lorsque les travaux sont terminés, les hommes qui ont été momentanément laboureurs sont employés à d'autres travaux, et les bœufs restent à l'étable, où, comme je l'ai déjà dit, leur valeur s'accroît.

Vitesse comparative des bœufs et des chevaux. — La plainte que l'on entend tous les jours formuler contre les bœufs, c'est leur lenteur. Sans doute, ils ne sont pas faits pour trotter, et je pourrais dire que les gros chevaux boulonnais, les chevaux que l'on attelle aux lourdes charrettes des environs de Paris, ne trottent pas non plus; mais je crois qu'il en est des bœufs comme des chevaux, et s'il y a de lourds bœufs suisses qui marchent avec une lenteur désespérante, il y a aussi d'autres bœufs dont la marche ne le cède pas à celle d'un cheval de travail ordinaire. J'ai déjà cité la race du Westerwald, bonne pour la laiterie et pour l'engraissement, et qui fournit des bœufs de travail remarquables par leur force, leur énergie et leur agilité.

Les journaux ont parlé de paris faits par des cultivateurs des environs de Valenciennes sur la vitesse comparative des chevaux et des bœufs attelés à la charrue. Les épreuves qui ont été faites en cette circonstance ont constaté, chez certains bœufs, une agilité extraordinaire, et prouvé que certaines races, aptes à l'engraissement et à la laiterie, fournissent des bœufs qui peuvent conduire la charrue presque aussi vite que les chevaux.

Si ce fait, peut-être exceptionnel, devenait général, et si on parvenait à obtenir, dans un temps donné, la même somme de travail des bœufs que des chevaux, alors la question de l'emploi des bœufs, dans les circonstances que j'ai indiquées, ne serait plus douteuse pour personne.

CHAPITRE XVI

FERRAGE DES BŒUFS.

On ferre les bœufs pour préserver de l'usure la corne de leur sabot. L'adaptation d'un fer sous chacun des onglons du pied ne met aucun obstacle à leur écartement, et par conséquent à l'élasticité du pied.

En France, on ne ferre les bœufs que s'ils doivent travailler sur des sols durs, pierreux, ou sur la terre gelée, ou bien encore dans les pays d'élevage, avant de faire parcourir aux bestiaux le long trajet qui les sépare souvent des marchés des grandes villes.

Pour ferrer le bœuf on emploie ordinairement quatre fers, deux fers sont appliqués à chaque pied, un fer à chaque onglon. Le fer (*grav.* 60 *et* 61) est une plaque peu épaisse à laquelle on donne la forme de la face plantaire de l'onglon (*grav.* 60) sous laquelle elle doit être adaptée. Cette forme est assez semblable à celle que présenterait le quart d'une surface ovalaire ; les étampures, c'est-à-dire les trous à travers lesquels on enfonce les clous, sont au nombre de 6 et placées près l'une de l'autre, seulement sur le bord externe du pied. Le fer porte à l'extrémité de son bord interne un prolongement ou languette à angle droit qui est assez flexible pour être plié à froid sur la paroi antérieure du pied (*grav.* 60) et qui remplace les clous qui devraient servir de ce côté à maintenir le

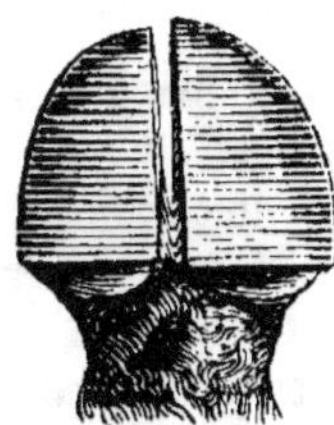

Grav. 60. — Face inférieure de
l'onglon du bœuf.

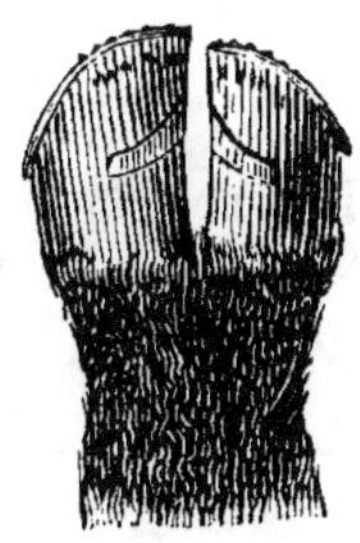

Grav. 61. — Face antérieure d'un
pied de bœuf ferré.

fer. Pour préparer le fer à être fixé sous l'onglon, on lui donne une ajusture qui consiste à relever un peu son bord externe et sa languette, de manière à lui imprimer dans toute son étendue une légère courbure moulée sur la forme un peu convexe de la face plantaire de l'onglon; puis on forme sur la partie interne de l'onglon un rebord peu élevé, mais assez long, qui doit remplir l'espèce de creux que présente l'onglon à sa face interne, et s'opposer à l'interposition, entre la corne et le fer, des graviers qui pourraient y pénétrer. Pour fixer le fer sous le sabot, on se sert de clous petits et délicats qu'on broche et rive à la manière habituelle; puis, lorsqu'ils sont implantés, on rabat, à l'aide du brochoir, sur la paroi, la languette flexible que le fer présente à sa face interne.

Il n'y a point de différence, quant à la forme, entre le fer externe et le fer interne; le premier est seulement un peu plus épais, et le second un peu plus large. Dans quelques pays, on ne ferre que l'onglon externe du bœuf.

CHAPITRE XVII

DES PERTES DE BÉTAIL.

Lorsque les bêtes sont soignées avec amour et intelligence, les pertes par maladies et accidents sont bien peu considérables.

Quand les bêtes sont en bon état, ainsi que cela doit toujours être, on a, en cas d'accidents, la ressource de les tuer, et de vendre ou de consommer leur viande.

Un auteur allemand, Veit, estime ainsi les pertes par suite de maladies ou d'accidents :

```
De la naissance au sevrage. . . . . . . . . .  5 p. 100
Du sevrage à l'âge d'un an. . . . . . . . . .  2
De 1 à 2 ans. . . . . . . . . . . . . . . . .  2
De 2 à 4 ans.. . . . . . . . . . . . . . . .  2
Pendant la durée du service. . . . . . . . . ,  4
```

Cette estimation des pertes me semble exagérée, excepté pour les veaux, qui sont exposés à une foule d'accidents.

La compagnie d'assurances du bétail à Hofheim, près de Würzbourg, donne la moyenne suivante de ses pertes annuelles pendant sept années :

```
Génisses de 1 an. . . . . . . . . . . . . . .  2 p. 100
    —    de 2 ans.. . . . . . . . . . . . . .  1
    —    de 3 ans.. . . . . . . . . . . . . .  1
Vaches.. . . . . . . . . . . . . . . . . . . .  1 1/2
Perte moyenne. . . . . . . . . . . . . . . . .  1 1/2
```

Il est à regretter que les bœufs ne figurent pas dans ce tableau.

Depuis 25 ans, mes pertes en vaches et génisses ont été presque nulles, mais plusieurs de mes bœufs ont succombé à la maladie de la rate.

On estime que, dans une vacherie considérable, on a chaque année une vache à réformer sur huit à dix vaches.

CHAPITRE XVIII

MALADIES DES BÊTES BOVINES.

1. — Rôle du cultivateur et du vétérinaire dans le traitement des maladies.

NÉCESSITÉ POUR UN CULTIVATEUR D'AVOIR DES NOTIONS DE MÉDECINE VÉTÉ-
RINAIRE. — Dans la médecine vétérinaire, où l'on ne peut pas même,
comme dans la médecine humaine, interroger le malade, il est si facile
de confondre des maladies très-différentes, qu'un fermier même expé-
rimenté court grand risque, quand il soigne un animal malade, de
compromettre sa vie au lieu de le soulager. Cependant tout cultivateur
doit posséder au moins quelques notions de médecine vétérinaire et
d'anatomie, pour être en état de donner des soins aux bêtes dans les
maladies et les accidents les plus simples. Mais les cultivateurs instruits,
de même que les ignorants, doivent être bien convaincus qu'il vaut beaucoup mieux prévenir les maladies qu'avoir à les traiter, et que des soins
intelligents et un bon régime sont préférables à toute la science vétérinaire qu'accompagneraient le désordre, l'incurie, la brutalité dont on a
si souvent le triste spectacle.

Les animaux soignés et nourris ainsi que je viens de l'expliquer dans
ce manuel ne seront exposés qu'à un petit nombre de maladies.

NÉCESSITÉ POUR UN CULTIVATEUR DE SAVOIR RECONNAÎTRE SI UN ANIMAL EST
MALADE. — Les cultivateurs craignent, non sans raison, de dépenser de
l'argent; souvent la valeur d'un animal malade est si faible qu'il vaut
mieux risquer de le perdre en le soignant soi-même que de le faire
soigner par un vétérinaire; les vétérinaires sont donc rarement appelés.
Aussi est-il très-important pour tout cultivateur d'observer ses bêtes,
afin d'acquérir ce coup d'œil exercé, cette habitude du maniement à
l'aide desquels il peut juger avec certitude l'état d'une bête, et s'assurer
qu'elle est en parfaite santé; ou, si elle n'est pas en parfaite santé, qui
lui permette de reconnaître quelles causes ont produit le mal et quels
moyens peuvent le faire disparaître. Pour cela il faut d'abord *aimer
les bêtes;* je ne me lasserai pas de le répéter, *aimer les bêtes* est la plus
sûre garantie de succès, dans l'élevage, dans l'éducation et dans l'em-

ploi, quel qu'il soit, des animaux. Celui qui vit beaucoup avec les bêtes, qui les observe bien et qui les aime, parvient à les *comprendre*.

Ce qu'on va lire sur les maladies des bêtes bovines et sur leur traitement, je le dois pour la plus grande partie à M. Kautz, médecin vétérinaire à Sarrebruck (Prusse rhénane), homme aussi instruit que modeste, qui a étudié à Alfort et qui joint à l'instruction puisée à cette école une pratique de trente ans dans un pays agricole où l'on élève et engraisse beaucoup de bétail de toute espèce.

Nécessité d'une médication sobre. — Je recommande d'être très-avare de remèdes. Combien de fois n'arrive-t-il pas qu'un fermier se donne l'honneur d'une guérison qu'il attribue aux remèdes qu'il a prescrits, tandis que c'est la *nature seule* qui a guéri l'animal *malgré les remèdes!* La nature est bien puissante dans un animal dont tous les organes sont sains.

Premiers soins a donner en l'absence d'un vétérinaire. — Je n'ai pas la prétention de donner ici un traité complet des maladies des bêtes bovines, je ne parlerai que des maladies dont les symptômes sont faciles à reconnaître et dont le traitement peut être appliqué par un homme intelligent et soigneux; quant aux maladies graves ou compliquées, je dirai seulement quels sont les premiers secours à donner avant l'arrivée du vétérinaire à un animal gravement atteint. Si l'on ne peut avoir l'aide d'un vétérinaire, il faut se borner à mettre l'animal malade à une diète plus ou moins sévère, selon son état, lui faire boire de l'eau tiède miellée et blanchie de farine, puis attendre du temps la guérison. Ces moyens, si simples, sont de beaucoup préférables à l'emploi de médicaments indiqués par des empiriques ignares.

Nécessité de recourir a un vétérinaire. — Un cultivateur intelligent et instruit muni d'une petite pharmacie et des instruments que je vais énumérer peut traiter les maladies simples les plus fréquentes, et pour les autres maladies il n'a rien de mieux à faire que de recourir à un vétérinaire instruit, et se conformer scrupuleusement à toutes ses prescriptions.

Danger de recourir a des empiriques. — Il existe presque partout dans les campagnes des empiriques qui prétendent guérir tout malade, ils emportent le mal ou le malade : il faut beaucoup s'en défier.

2. — Petite pharmacie vétérinaire.

Tout cultivateur doit posséder des médicaments usuels contenus dans une petite pharmacie où ces médicaments puissent être conservés sans altération. Il faut y joindre quelques instruments nécessaires pour administrer les médicaments et pratiquer les opérations simples ou urgentes.

LISTE DES INSTRUMENTS LES PLUS UTILES.

1 Ciseaux droits.	1	Reinette.
1 — courbes.	1	Feuille de sauge.
2 Bistouris à coulants.	1/2	— —
1 Trocart.	1	Seringue.
1 Pince à dents de rat.	1	Spatule.
1 Aiguille à séton.	2	Mesures graduées pour do-
6 — à suture.		ser sans balance les mé-
1 Flamme à deux lames.		dicaments.

LISTE DES MÉDICAMENTS.

Ammoniaque (alcali volatil).	Essence de térébenthine.
Onguent pour les pieds.	Extrait de saturne.
— à vésicatoire.	Camphre.
— populeum.	Kermès.
— basilicum.	Nitrate de potasse.
Teinture d'aloès.	Huile empyreumatique.
Éther sulfurique.	Sulfate de soude.

Grav. 62. — Pharmacie et trousse vétérinaire de M. Arrault.

Il faut, en outre, avoir toujours une provision de certaines plantes qu'il est toujours facile à un cultivateur de récolter, telles que racines de gentiane, fleurs de camomille, fleurs de sureau, etc.

M. Arrault, pharmacien à Paris, à imaginé de réunir dans une boîte (*grav.* 62) une pharmacie vétérinaire composée de 15 flacons ; chaque flacon contenant 250 grammes d'un des médicaments qui viennent d'être énumérés.

A cette pharmacie, il joint une seringue, des mesures graduées et une trousse contenant tous les instruments dont la liste précède.

Le prix de ces pharmacies complètes, avec trousse et instruments, est de 75 fr.

La trousse seule coûte 35 fr.

3. — Diète. — Boisson. — Saignée. — Pouls. — Fièvre.

Diète. — La première précaution à prendre lorsqu'un animal est malade, c'est de lui faire observer la diète, c'est-à-dire au moins, jusqu'à ce qu'on ait pu connaître la nature de son mal, de lui retrancher la nourriture, j'entends la nourriture solide, car je crois que la boisson n'est jamais nuisible et qu'elle est presque toujours nécessaire.

Boisson. — Il y a des cas où il serait dangereux de donner à un animal malade une boisson tout à fait froide ; dans ce cas, on y ajoute une petite quantité d'eau chaude et un peu de farine. La boisson la plus légère et la plus rafraîchissante est de l'eau de son, qu'on prépare par infusion. On verse sur le son de l'eau bouillante, on agite le mélange et on couvre le vase qui contient ce mélange ; au bout d'un quart d'heure environ, on filtre le liquide, on exprime et on rejette le son, et on donne à boire à l'animal le liquide seul.

Saignée. — Saigner un animal, c'est lui ouvrir une veine pour en tirer une certaine quantité de sang.

Presque toutes les maladies des bêtes bovines sont inflammatoires, dans beaucoup de cas une saignée est d'une nécessité indispensable et doit être pratiquée sur-le-champ, et sans qu'il soit possible de faire venir un vétérinaire ; tout cultivateur doit donc être en état de pratiquer une saignée.

On saigne ordinairement la veine jugulaire au moyen d'une flamme. Mais la peau du bœuf étant très-épaisse, la ligature, dont on peut se passer pour les chevaux, est ici nécessaire, et la flamme doit être de grande dimension. Sa lame doit avoir $0^m,012$ à $0^m,015$ de longueur sur une pareille largeur à sa base.

Manière de la pratiquer. — Un aide se place devant la bête, lui tenant la tête un peu haute et inclinée vers le côté droit, et lui couvrant d'une main l'œil gauche. L'opérateur, placé sur le côté gauche de la bête, lui passe autour de la base du cou une corde de la grosseur du petit doigt, et la serre suffisamment pour que la veine devienne bien apparente. Si le poil est long, on le mouille à l'endroit où on veut faire l'ouverture, afin de mieux distinguer la veine. Tenant alors la flamme de la main gauche, et dans une direction parallèle à la longueur de la veine, on l'applique sur le milieu de la veine, de manière que la pointe de la flamme soit à peu près à un millimètre de la peau; puis on frappe sur le dos de la flamme un coup sec, avec un petit marteau en bois ou un bâton rond, long d'environ $0^m,30$, et d'un diamètre de $0^m,03$ à $0^m,04$. Le coup doit être assez fort pour que la peau et la veine soient percées en même temps. On peut aussi employer une flamme à ressort; dans ce cas, le bâton est inutile. Dès que la veine est percée, le sang jaillit; on le recueille dans un vase, afin de pouvoir apprécier la quantité tirée, et quand on juge que cette quantité est suffisante, on détache la corde. Ordinairement alors le sang ne coule plus et il n'est pas nécessaire pour en arrêter l'écoulement de rapprocher les lèvres de l'ouverture de la saignée, et de les maintenir en contact à l'aide d'une compresse et d'une bande. Si pourtant la bête est très-agitée, et si le sang continue à couler, on l'arrête en perçant transversalement les lèvres de la plaie avec une épingle, autour de laquelle on passe deux ou trois fois quelques crins arrachés à la queue de la bête et qu'on fixe par un nœud simple.

Il y a des bœufs dont le cuir est si épais qu'on a de la peine à les saigner.

De petites saignées de quelques hectogrammes de sang sont sans effet. Quand la saignée est indiquée, elle doit être copieuse, et l'ouverture de la veine doit être assez grande pour que le sang en sorte d'un jet vigoureux.

Quantité de sang à extraire. — A une vache adulte, de moyenne taille, on tire deux et jusqu'à trois kilogr. de sang, suivant l'état d'embonpoint de la bête, la nature et la période de la maladie qui nécessite la saignée. A un bœuf, on peut tirer trois, quatre, cinq et jusqu'à six kilogrammes de sang à la fois.

Un litre de sang pèse à peu près un kilogramme.

Moyen de s'assurer que la saignée était nécessaire.—Le sang ayant été recueilli dans un vase, on est certain que la saignée était nécessaire, si le sang se coagule promptement en une masse uniforme, dense, de laquelle il ne se sépare point de sérum (partie aqueuse), et si l'on aperçoit à la surface de la masse de sang une écume abondante et très-rouge.

Signes de la nécessité d'une saignée nouvelle. —Tant qu'on ne sent pas le battement du cœur, que les pulsations des artères sont dures, accélérées, peu distinctes, et que la respiration est courte, il y a indication d'une nouvelle saignée.

Signes qu'une saignée était inutile.—Quand, sur la surface du sang, il se forme une membrane épaisse, jaunâtre, lardacée, et qu'on ne remarque point d'écume rouge sur sa surface, c'est signe que la saignée n'était pas nécessaire, et que par conséquent elle a été nuisible.

Pronostics fâcheux fournis par la couleur noire du sang et la formation d'une membrane bleuâtre. — Quand, dans une maladie inflammatoire, le sang tiré est tout noir, épais, et qu'il rougit à la surface lorsqu'on l'expose à l'air, il y a encore espoir d'apaiser l'inflammation et de sauver la bête malade; mais dès qu'une membrane d'un blanc bleuâtre apparaît à la surface du sang, tout espoir de guérison est perdue.

Moyens de s'assurer qu'une saignée a été assez abondante. — On reconnaît que la saignée a été assez abondante lorsque les battements du cœur sont devenus plus distincts, que l'artère est moins dure et moins tendue, et que l'animal, qui avait auparavant la tête baissée, commence à la tenir haute, et indique par son attitude le soulagement qu'il éprouve.

MANIÈRE DE TATER LE POULS. — On peut tâter le pouls d'une bête bovine, c'est-à-dire vérifier le nombre des battements de ses artères dans une minute, en posant le doigt sur une artère.

Artères superficielles dont on peut constater les pulsations, l'artère glosso-faciale (artère maxillaire), au contour qu'elle fait au bord inférieur de l'os maxillaire (mâchoire inférieure) pour se ramifier sur le chanfrein; ou bien aux artères coccygiennes dont le battement se fait sentir à la face inférieure de la queue, ou bien encore à l'artère auriculaire antérieure qui rampe de bas en haut, en avant de la base de l'oreille.

Nombre des pulsations par minute. — Des observations faites sur différentes bêtes bovines en parfaite santé ont donné pour résultats les nombres de pulsations suivants à l'artère maxillaire :

Une génisse de 18 mois. . . . . . 54 à 55 pulsations par minute.
Un taureau de 15 mois. . . . . . 45 à 45
Un bœuf de 4 ans. . . . . 43 à 44
Une vache de 4 ans.. . . . . . . 40 à 42
Une vache de 9 ans.. . . . . . . 55 à 36

Variations du pouls. — Le pouls subit des variations infinies, quand l'animal est en bonne santé comme lorsqu'il est malade. En général, le pouls est d'autant plus fréquent que l'animal est plus jeune, plus petit, plus irritable, qu'il est placé dans une température plus élevée, que l'animal a fait plus d'exercice. Le pouls des vaches est aussi plus accéléré pendant le cours de la gestation.

FIÈVRE. — L'état du pouls sert à reconnaître la fièvre qui se manifeste en outre par une chaleur plus ou moins intense, précédée le plus souvent de frissons et accompagnée de désordres dans l'économie animale.

Les fièvres sont continues ou intermittentes, bénignes ou malignes.

La *fièvre* qu'il nous importe le plus de connaître et d'observer est la fièvre symptomatique, fièvre de réaction, qui accompagne beaucoup de maladies et qui est un symptôme constant des maladies inflammatoires aiguës.

Dans beaucoup de cas, la fièvre suit régulièrement le cours des maladies qu'elle accompagne, et, par cette raison, elle est un des symptômes que le médecin vétérinaire ne doit jamais négliger d'observer.

4. — Caractères généraux des maladies.

Les maladies peuvent être épizootiques, enzootiques, sporadiques, contagieuses, aiguës ou chroniques.

ÉPIZOOTIE OU MALADIES ÉPIZOOTIQUES. — On appelle ainsi toute maladie qui, par suite de l'influence de causes générales, extérieures, passagères, attaque à la fois un grand nombre d'animaux chez lesquels elle présente à peu près les mêmes symptômes.

Lorsque ces causes agissent sur un grand nombre d'hommes à la fois, la maladie est appelée *épidémie*.

Les causes ,les plus ordinaires des épizooties sont les influences atmosphériques ou les aliments détériorés, par suite d'accidents de la température; le plus souvent ces deux causes agissent à la fois.

Les maladies épizootiques sont un des plus puissants arguments en faveur de la nourriture du bétail à l'étable; si les circonstances sont telles que les animaux ne puissent trouver leur nourriture qu'à la pâture, alors ils sont nécessairement soumis à tous les accidents de la température, aux longues sécheresses comme aux longues pluies et à tous les maux qui peuvent dériver de ces deux extrêmes et il en résulte souvent des épizooties.

Les bêtes nourries à l'étable ne sont pas exposées à l'influence de ces causes de maladie; dans des cas extraordinaires elles peuvent souffrir; la disette de fourrages peut forcer à réduire le nombre de bêtes qu'on élève, mais il est presque impossible qu'une épizootie soit le résultat de cette disette. Les bêtes nourries à l'étable peuvent aussi être mises à l'abri d'une contagion, à laquelle il est bien difficile de soustraire les bêtes qui pâturent.

Les maladies épizootiques sont ou de nature inflammatoire, charbonneuse, comme le sang, le sang de rate; elles sont alors la suite de chaleurs excessives, disette de fourrages, manque d'eau, etc.; ou bien elles ont les caractères de la cachexie; elles attaquent particulièrement les organes de la poitrine, elles ont alors pour causes l'extrême humidité, les pluies, les fourrages gâtés, etc.

Une *épizootie* suppose une ou plusieurs causes de maladie, qui agissent de la même manière sur les individus atteints sans qu'ils puissent y être soustraits, et déterminent chez eux à peu près les mêmes symptômes.

Maladies enzootiques. — Si les causes d'une épizootie sont permanentes et dépendent du sol ou du climat, ou de certaines influences locales, les maladies qui en résultent sont dites *enzootiques;* chez l'homme cette maladie est dite *endémique.*

Maladies sporadiques. — On appelle sporadiques toute maladie qui n'attaque qu'un seul animal à la fois ou qui attaque isolément plusieurs animaux qui ont été spécialement et accidentellement soumis à l'influence des causes de la maladie.

Maladies contagieuses. Contagion.—Elle est caractérisée par la transmission d'une maladie d'un animal à un autre animal, par suite d'un contact médiat ou immédiat. La manière dont s'opère la contagion nous est inconnue; il est probable qu'elle a lieu au moyen d'un agent matériel appelé virus, dont la science n'a pas pu encore constater l'existence matérielle.

La contagion est dite *immédiate,* lorsque le virus est transmis directement d'un animal malade à un animal sain, soit par le séjour dans une atmosphère imprégnée des émanations du malade, soit par le contact, comme cela a lieu dans la transmission du virus de la rage.

La contagion *médiate* a lieu au moyen des objets qui ont été en contact avec le corps d'un animal malade.

Maladies aigues. — On appelle ainsi les maladies caractérisées par une certaine gravité, une invasion subite, une marche rapide et une durée courte, soit qu'elles se terminent par la guérison, ou qu'elles amènent la mort de l'animal malade.

Maladies chroniques. — Leur commencement est presque toujours inaperçu, leurs symptômes se développent et se succèdent avec lenteur, leurs progrès sont lents, elles minent insensiblement la vie de l'individu qu'elles affectent, et leur durée peut être longue, mais elles peuvent être guéries.

Une maladie aiguë ou mal traitée peut dégénérer en maladie chronique.

La même maladie peut être épizootique, enzootique, contagieuse, sporadique, aiguë ou chronique.

5. — Maladies faciles à reconnaître et à traiter.

Les maladies les plus faciles à reconnaître et à traiter sont :

Indigestion.
Dévoiement.
Constipation.
Coliques.
Météorisation.
Suffocation.
Mal du fourreau.
Foulure des pieds.
Luxations.

Crevasses.
Dartres.
Poireaux.
Fracture des cornes.
Plaies.
Poux.
Maux de pis aux vaches.
Mal du nombril aux veaux.

Indigestion. — Si une bête bovine refuse sa boisson, c'est souvent parce qu'elle a trop bu ou trop mangé, et que sa digestion est difficile; il faut mettre l'animal à la diète.

Symptômes. — L'indigestion se manifeste ordinairement après le repas. Alors la bête bâille, regarde son flanc, refuse tout aliment, se roule, gratte la terre avec son pied; ses yeux sont larmoyants, sa bouche chaude.

Traitement.—On peut administrer des toniques, comme du vin chaud aromatisé avec de la cannelle, du thym ou du girofle, et faire observer une diète absolue. Après ces soins, si l'animal ne revient pas au bout de quelques heures à son état ordinaire, c'est que l'indigestion n'est qu'un symptôme d'un mal plus grave; il faut appeler un vétérinaire.

Les paysans bavarois emploient l'eau-de-vie mélangée d'huile comme remède aux indigestions des animaux. Pour une vache ou un bœuf, on prend : eau-de-vie 1/4 de litre, avec huile 1/8 de litre. On agite bien le mélange, et on le fait avaler à la bête malade. J'ai plusieurs fois employé ce remède avec succès.

Moyen de préserver les bêtes des indigestions. — Le plus sûr moyen de mettre les bêtes à l'abri des indigestions, c'est de les bien nourrir, de telle manière que, n'étant jamais pressées par la faim, elles ne mangent jamais avec voracité.

Suites d'une indigestion. — Les suites ordinaires d'une indigestion sont : le dévoiement, la constipation ou la météorisation, c'est-à-dire le gonflement. Dans tous ces cas, il faut d'abord faire observer la diète ou la demi-diète.

INDIGESTION DE FOURRAGES SECS. — Une autre indigestion est celle qui résulte de fourrages secs qui ne sont pas suffisamment délayés et qui restent accumulés dans l'estomac. Cette indigestion devient d'autant plus dangereuse que les fourrages sont de mauvaise qualité, poudreux, moisis, etc.

Symptômes. — Le gonflement plus ou moins prononcé et la constipation sont les symptômes ordinaires de ce mal.

Traitement. — Le premier moyen à employer est de vider le rectum. Pour cela, le marcaire, dont les ongles ont été préalablement coupés avec soin, introduit sa main graissée d'huile dans le rectum de l'animal malade, et en extrait successivement tous les excréments qu'il peut atteindre, en enfonçant le bras jusqu'au-dessus du coude. On administre ensuite des lavements émollients, et l'on purge avec : sulfate de soude, 120 grammes; salpêtre, 50 grammes.

On fait dissoudre ces sels séparément dans de l'eau, et on les administre dans une décoction de son ou de graine de lin.

Ce breuvage peut être administré plusieurs fois, à trois ou quatre heures d'intervalle, jusqu'à ce que la bête ait eu plusieurs évacuations. Tant que le gonflement et la constipation persistent, les aliments doivent être retranchés; mais on doit toujours laisser l'animal boire à discrétion. Quelquefois les animaux malades refusent l'eau blanchie de farine et boivent l'eau pure.

Dans le cas d'inflammation, état qui est révélé par l'agitation de l'animal, par la fréquence et la dureté de son pouls et par une respiration courte et accélérée, la saignée peut être utile.

INDIGESTION AVEC DIARRHÉE. CAUSES. — Les racines, surtout les pommes de terre crues, peuvent occasionner une indigestion accompagnée de diarrhée. Les pommes de terre cuites à la vapeur sont un aliment excellent pour tous les animaux; mais, crues, elles ont beaucoup moins de valeur, et l'eau de végétation qu'elles contiennent rend leur usage dangereux, si elles doivent faire la base de la nourriture des bêtes. Les feuilles de betteraves, très-peu nourrissantes, donnent promptement la diarrhée aux vaches.

Traitement. — Le moyen le plus sûr d'arrêter la diarrhée, c'est le changement de régime; mais le mieux est de prévenir le mal en faisant cuire les racines et en y joignant une quantité suffisante de fourrage sec. Il n'est pourtant pas toujours économique de cuire les racines. Le mélange de betteraves et de pommes de terre crues est très-bon.

Il en est de même de la diarrhée qui peut résulter de la première nourriture verte que l'on donnerait sans précaution ou en trop grande quantité; si la diarrhée se prolonge, malgré le changement de régime, la racine de gentiane est un moyen efficace pour rendre du ton à un estomac affaibli.

On emploie la racine de gentiane pour donner du ton à l'estomac et pour stimuler l'appétit. On la donne aux bêtes à la dose de 50 à 60 gr. par jour, en deux fois, matin et soir, avant le repas, et pendant plusieurs jours de suite. On essaye d'abord de la leur faire manger en la mélangeant avec du grain égrugé et humecté. Si elles la refusent, on la délaye dans de l'eau et on leur verse le breuvage dans la bouche à l'aide d'une bouteille.

Tous les breuvages sont donnés ainsi au moyen d'une bouteille. Un aide, appuyé sur l'épaule gauche de la bête, lui saisit le mufle de la main droite, introduit son pouce dans le naseau gauche de la bête et les autres doigts dans le naseau droit. De la main gauche, il tient la mâchoire inférieure et soulève ainsi la tête de l'animal, de manière que le nez soit un peu plus haut que la base des cornes. Une autre personne introduit le goulot de la bouteille dans la bouche jusque près de la base de la langue, et fait alors couler doucement le liquide, de manière à laisser à la bête le temps de respirer et d'avaler. On s'interrompt dès que la bête tousse, et on ne lui fait lever la tête que le moins possible.

Dévoiement. — Le dévoiement se manifeste par la fréquence et la liquidité des déjections.

Lorsqu'une vache est atteinte de dévoiement ou de constipation, il faut en chercher la cause, changer ce qu'on croit avoir causé cette indisposition, donner une litière abondante et souvent renouvelée, assainir l'étable, diminuer la quantité et au besoin varier la nature des aliments, et, si le mal persiste, appeler un vétérinaire. On peut, en attendant son arrivée, faire donner à la vache quelques lavements émollients.

Le remède au dévoiement léger est un verre de vin mélangé de moitié d'eau; on le fait avaler froid à l'animal malade une demi-heure avant le repas.

Thaër indique pour remède un mélange de 50 grammes de rhubarbe et de 15 grammes de crème de tartre (bitartrate de potasse).

On fait macérer ces substances dans de l'eau pendant quelques heures; on filtre, et on donne cette boisson par cuillerée au veau malade, trois fois par jour, une heure avant le repas.

J'ai fait boire avec succès à un veau atteint de dévoiement, 60 gr. d'amandes amères pilées, puis bouillies dans un demi-litre de lait. Les œufs avalés crus sont un remède très-simple pour un dévoiement sans complication.

Dévoiement persistant. — Les veaux sont sujets à un dévoiement d'un caractère particulier. Ils perdent d'abord la gaieté et l'appétit; ils deviennent maigres et faibles, l'œil est terne, le poil hérissé, les membranes muqueuses blafardes; la bouche est remplie d'un mucus gluant, la langue est chargée d'un enduit noirâtre. Les déjections ont la consistance d'une pâte liquide et de couleur jaune clair. Il n'est pas rare que les veaux succombent à cette maladie.

Le premier remède à employer pour guérir un veau atteint de ce dévoiement persistant est, si le veau tette encore, de lui faire teter une autre vache, ou de changer la nourriture de sa mère, à laquelle on ne doit plus donner que des aliments légers et rafraîchissants. Si le veau boit au baquet, on mêle au lait un peu de farine de blé torréfié, ou de farine de graine de lin. On peut ensuite employer la magnésie, ou la rhubarbe, à la dose de 20 grammes dans un demi-litre d'infusion de camomille ou de menthe poivrée.

Constipation. — La constipation est caractérisée par la rareté ou la suppression des déjections. La constipation des veaux avec gonflement provient quelquefois de ce qu'ils ont été pendant longtemps alimentés avec une trop grande proportion de farine, mais le plus souvent elle a pour cause des aliments secs, foin ou regain, qui séjournent dans l'estomac ou dans l'intestin sans pouvoir être expulsés naturellement au dehors. On la guérit avec des lavements émollients, la diète ou le lait pur pour toute nourriture. Si la constipation persiste, on peut administrer le sulfate de soude.

Coliques. — On appelle colique, une affection de l'estomac et de l'intestin caractérisée par une douleur vive et non continue. Les coliques sont en général des symptômes d'un mal grave. On peut couvrir la bête avec une couverture de laine, lui frictionner le ventre et les reins avec des briques chaudes, lui faire donner des lavements émollients composés d'une décoction de graine de lin ou de guimauve, lui faire avaler de l'eau chaude légèrement blanchie de farine. Si la colique ne cesse pas, c'est qu'elle est le symptôme d'une maladie inflammatoire; il faut avoir recours au vétérinaire.

Météorisation. — On appelle météorisation le gonflement de l'abdomen et surtout des deux flancs, particulièrement du flanc gauche.

Causes. — La météorisation est souvent un symptôme d'indigestion; mais alors même que l'estomac ne contient que peu d'aliments, ce gonflement peut être produit par le développement et l'accumulation de gaz qui, ne pouvant s'échapper au dehors, s'accumulent dans l'abdomen et le distendent.

Le trèfle et la luzerne, pâturés par un temps sec et venteux, ou mangés gloutonnement, même en quantité médiocre, ne sont pas les seuls aliments qui occasionnent la météorisation; les pommes de terre crues, les choux, les navets et d'autres végétaux, mangés trop avidement, peuvent aussi la déterminer.

Symptômes. — Lorsqu'une vache est météorisée, son ventre gonfle, surtout du côté gauche; il résonne comme un tambour. L'animal tend le cou, ouvre les narines et la bouche, respire difficilement, éprouve de la stupeur, de l'immobilité; le mal empire rapidement.

Soins a donner dans la météorisation causée par accumulation de gaz. — *Baillon de paille.* — Aussitôt qu'on reconnaît ces symptômes, et avant que le mal soit arrivé à son entier développement, il faut placer dans la bouche de l'animal météorisé une corde de paille, dont on fixe les extrémités derrière les cornes. L'animal ne peut pas continuer à manger, il est forcé de tenir la bouche ouverte, il remue les mâchoires et ces deux causes facilitent l'expulsion des gaz. Dès qu'on a placé un bâillon de paille à un animal météorisé, il faut le faire marcher doucement et lui tenir la tête très-élevée; quelquefois cela suffit. L'animal rend par la bouche une grande quantité de gaz, bientôt après il commence à uriner et à fienter, et le mal cesse.

Si le mal persiste, on administre à l'animal un breuvage très-salé, ou mieux encore 30 à 40 grammes d'alcali volatil ou ammoniaque liquide étendu dans un demi-litre d'eau, et qu'on fait avaler en 2 ou 3 doses, à dix minutes d'intervalle. A défaut d'ammoniaque, on peut administrer l'éther sulfurique, à la dose de 60 à 100 grammes dans un demi-litre d'eau, une cuillerée d'eau de Javelle dans un litre d'eau, ou enfin, un verre d'huile de noix, d'olive ou de colza. On peut aussi jeter des seaux d'eau froide sur le dos de l'animal et ensuite le faire marcher doucement.

On prescrit encore de saisir avec la main la langue de l'animal météorisé et de la tirer de côté, hors de la bouche. Il doit en résulter l'ouverture de l'œsophage et la sortie des gaz. On renouvelle l'opération au bout de quelques minutes.

Trager conseille une cuillerée à café d'acétate de plomb cristallisé délayé dans un peu d'eau.

Position à donner à une bête météorisée. — On recommande de placer la bête météorisée de telle manière que les pieds de devant soient plus élevés que les pieds de derrière. Dans cette position, les estomacs exercent une moindre pression sur les organes contenus dans la cavité de la poitrine.

Moyen de soutenir une bête météorisée. — Une bonne précaution, quand une bête est fortement gonflée, c'est de lui passer sous le corps un drap à l'aide duquel quatre hommes la soutiennent. Si la bête se laisse tomber, il en résulte ordinairement un déchirement intérieur qui amène la mort.

Sonde anglaise. — On a conseillé la sonde anglaise, formée d'un tuyau élastique garni à son extrémité ou d'une boule creuse en étain, percée de trous, ou d'une demi-boule présentant la forme d'une embouchure de cor de chasse. Si cette sonde s'obstrue, on peut la déboucher à l'aide d'une baguette élastique.

L'introduction de la sonde, en ouvrant l'œsophage, facilite la sortie d'une grande quantité de gaz.

Ponction. — Lorsque ces moyens ne réussissent pas, il faut avoir recours à la ponction, qu'on fait avec un *trocart*, instrument *qu'on doit avoir toujours dans une ferme.* Pour le plonger plus facilement dans la panse de l'animal, on commence par faire une petite incision à la peau avec une lame bien affilée, comme un bistouri ou un canif; puis on applique sur l'incision la pointe du trocart et on frappe avec force sur le manche avec un petit maillet de bois; car la peau et la panse qu'il faut percer d'un seul coup sont souvent très-durs, et on maintient ce tube au moyen de ficelles attachées au tube et autour de l'animal. On retire la lame de l'instrument et on laisse dans la panse le tube de cuivre qui servait de gaîne.

A défaut de trocart, on fend également la peau; on enfonce un couteau un peu long; puis on introduit dans cette ouverture un tube de roseau ou de sureau, ou une canule de seringue dont on laisse saillir en dehors une certaine longueur, et qu'on maintient au moyen de ficelles attachées au tube et autour de l'animal. Il ne faut pas hésiter à employer le trocart quand la bête s'est laissée tomber une fois; ordinairement elle se relève; mais si elle ne se relevait pas, on l'y forcerait par tous les moyens possibles; car le moindre retard serait fatal.

Si quand l'incision est faite on ne plaçait pas le tube dans la plaie, l'incision de la peau et de la panse ne serait pas en rapport, et toute issue étant ainsi fermée, la ponction ne produirait aucun effet.

L'endroit où il faut plonger le trocart est assez facile à reconnaître; on aperçoit au milieu du flanc gauche, entre la hanche et la dernière côte un espace uni et triangulaire (grav. 63), qui se gonfle fortement chez les vaches météorisées : c'est au milieu de ce triangle qu'il faut enfoncer l'instrument de haut en bas.

Les gaz qui sont développés dans l'estomac s'échappent par le tube, quoique assez lentement, ce qui force quelquefois à laisser le tube en place pendant trois ou quatre heures. Lorsque le dégonflement est complet, on retire le tube et on lave la plaie avec du vin chaud sucré. Cependant, si la météorisation a lieu en été, pour éviter que l'animal ne soit tourmenté par les mouches qui viendraient se poser sur la plaie et l'enflammer, il est prudent de recouvrir la blessure d'une compresse imbibée de vin chaud sucré, ou enduit de pommade camphrée. On fixe cette compresse au moyen d'une bande qui entoure l'animal. Quelques jours suffisent pour cicatriser cette plaie. Si l'animal ne peut conserver ce bandage par suite de l'agitation à laquelle il est en proie, il faut se borner à couvrir la plaie d'une couche assez épaisse de pommade camphrée.

Météorisation par suite d'accumulation d'aliments. — Lorsque l

Grav. 65. — Ponction d'une vache météorisée.

météorisation n'est causée que par du gaz, la ponction pratiquée à l'aide du trocart produit l'effet désiré, et les gaz s'échappent par la canule. Mais si la panse est remplie d'aliments, alors l'effet du trocart est à peu près nul, et l'ouverture, obstruée par les matières qu'entraînent les gaz qui se dégagent, est beaucoup trop petite pour que l'animal météorisé soit soulagé.

Ce cas s'est présenté une fois chez moi. Une vache était excessivement *météorisée*, l'ammoniaque n'avait produit aucun effet, deux ponctions avec le trocart n'en produisaient pas davantage; la bête était sur le point de suffoquer, quatre hommes avaient peine à l'empêcher de tomber, en la soutenant au moyen d'un drap passé sous le ventre. Je fis alors à la vache, à l'aide d'un couteau, une incision longue d'environ 0^m,15, et avec la main je sortis de la panse assez d'aliments pour en remplir un baquet. Quinze jours après, cette vache a mis bas un veau bien portant, et l'opération n'a eu pour elle d'autre suite fâcheuse qu'une plaie dégoûtante qui a été longtemps en suppuration; car des points de suture, plusieurs fois essayés, ne tinrent jamais : ou bien la peau se déchirait, ou bien le fil était promptement décomposé et rompu. Je me bornai alors à tenir la plaie propre, et à la couvrir d'un morceau de toile fixé avec de la térébenthine. Une telle opération ne doit avoir lieu qu'à la dernière extrémité.

SOINS A DONNER A UN TROUPEAU MÉTÉORISÉ EN PATURANT. — Si une bête gonfle à la pâture, on doit sans tarder faire quitter le champ à tout le troupeau. Dans le cas où plusieurs bêtes seraient gonflées et où leur nombre, ou l'éloignement de l'habitation, ne permettrait pas de les secourir individuellement, je ne saurais indiquer de meilleur remède que celui de chasser et de faire courir les bêtes ; c'est ce que les pâtres pratiquent avec succès.

Un meunier, mon voisin, avait toutes ses bêtes à la pâture sur un champ de trèfle; le gardien, s'apercevant que plusieurs bêtes étaient gonflées, se hâta de les ramener à l'étable ; mais une des vaches se coucha en chemin, et il ne put la faire relever. Le meunier appelé, et considérant la bête comme perdue, voulut au moins en sauver la viande, et résolut de lui couper le cou avec un couteau. Il avait déjà fait dans le fanon une entaille de 0^m,08 à 0^m,10, et le couteau allait atteindre le gosier, lorsque la douleur fit relever la vache, qui gagna son étable et fut guérie. J'ai souvent vu depuis cette vache et examiné la cicatrice qu'elle portait au cou.

Dans les cas de météorisation, les pâtres bavarois plongent leurs moutons ou leurs bêtes bovines dans l'eau, s'ils en ont à leur disposition; ils assurent que ce moyen leur réussit toujours. S'ils n'ont pas assez d'eau pour y plonger la bête, ils lui versent sur la tête la plus grande quantité d'eau possible. Ordinairement, faute de vase pour puiser de l'eau, ils se servent de leur chapeau.

Météorisation périodique. — Il y a des vaches que certaines dispositions maladives des organes prédisposent à la météorisation périodique ; il faut, dans ce cas, avoir recours au vétérinaire, car la ponction ne les guérirait que momentanément. Le mieux est de les vendre ; si elles passent dans une ferme où on ne cultive ni trèfle ni luzerne, elles seront à l'abri de la météorisation.

Suffocation par un corps arrêté dans le gosier. — Un corps arrêté dans le gosier (l'œsophage), tel qu'une pomme de terre, un navet, une pomme, etc., occasionne un gonflement, gêne ou intercepte la respiration, et si ce corps n'est pas très-promptement expulsé, il produit la suffocation et la mort.

Moyen de retirer ou de faire descendre un corps arrêté dans le gosier. — Si le danger n'est pas pressant, on doit d'abord laisser agir la bête, dont les efforts parviennent souvent à rejeter ou à avaler l'objet qui menace de l'étouffer. Si elle n'y parvient pas, le moyen le plus simple à employer est de retirer ce corps avec les mains, s'il est assez peu avancé dans la gorge, pour qu'on puisse le saisir ; s'il est trop avancé, on le fait descendre dans l'estomac à l'aide d'une baguette flexible ou d'un nerf de bœuf, garni à son extrémité d'une petite boule de linge, qu'on graisse avant de l'introduire dans la gorge. Rien ne fait mieux descendre un corps arrêté dans le gosier que la sonde anglaise dont j'ai parlé à l'article Météorisation.

Il peut arriver qu'une racine longue, une carotte, par exemple, ne soit qu'en partie engagée dans le gosier ; on la retire alors avec la main. Pour cela, à défaut d'un instrument appelé *pas-d'âne*, dont les vétérinaires se servent, on tient à la vache ou au bœuf la bouche ouverte au moyen d'une pincette à feu, qui empêche le rapprochement des mâchoires et permet d'introduire la main jusqu'au fond de la bouche.

Moyen d'écraser une racine engagée dans le gosier. — Dans un cas désespéré, l'animal est sur le point de suffoquer, et si le temps manque pour préparer une baguette, on peut briser entre deux maillets de bois une pomme de terre ou un navet arrêté dans le gosier d'une vache. On appuie un maillet à l'extérieur d'un côté de la gorge et l'on frappe de l'autre côté avec un autre maillet. Cette opération a été pratiquée plusieurs fois, à ma connaissance. sans occasionner aucune suite fâcheuse.

Manière de préparer les racines crues pour éviter les accidents. — Si l'on donne aux bêtes des racines crues, elles doivent être d'abord propres et pour cela lavées, puis coupées, soit avec un coupe-racines, soit avec un fer en S.

Nécessité de traiter avec douceur les vaches maraudeuses. — Il arrive fréquemment, en automne, que les bêtes dans les cours de fermes ou dans les champs échappent à la surveillance des gardiens et arrivent à un tas de racines, où elles mangent d'autant plus goulûment qu'elles savent que c'est pour elles fruit défendu; on doit alors, non pas les surprendre par des cris ou des coups, mais les chasser avec précaution, pour leur laisser le temps de mâcher ce qu'elles ont dans la bouche. C'est presque toujours dans de semblables circonstances qu'arrivent des accidents qu'on peut prévenir avec un peu d'attention.

Engorgement du fourreau. — Les bœufs sont sujets à un mal qui consiste dans une tuméfaction de la partie inférieure du fourreau, tuméfaction entretenue par une ulcération de l'orifice du canal de l'urètre. Ce mal dure quelquefois longtemps, parce que l'urine irrite constamment la partie affectée, et que souvent il s'amasse dans le canal une matière glutineuse qui s'oppose à la sortie de l'urine.

Traitement. — Le traitement consiste à bien nettoyer le fourreau, intérieurement et extérieurement, au moyen de lotions et d'injections émollientes, et en coupant le poil autour de l'orifice du canal, qu'on débarrasse autant que possible de la matière glutineuse. On peut le nettoyer intérieurement en y introduisant le doigt, graissé de saindoux. Le saindoux détache les croûtes et la matière qui engorge le canal. L'essentiel est de maintenir la propreté par un pansement journalier, et surtout d'empêcher que l'issue du canal ne soit fermée au passage de l'urine.

Si les fomentations émollientes ne suffisent pas, s'il y a beaucoup de sensibilité et de chaleur, on fait usage de lotions d'eau de saturne, préparée avec : Extrait de saturne, 20 grammes; eau, 1 litre.

Il peut arriver qu'un bœuf se défende de manière à ne pas permettre un pansement et surtout des injections. Je vais indiquer pour ce cas une manière très-simple d'assujettir un bœuf sans l'abattre.

Manière d'assujettir un bœuf sans l'abattre. — L'étable est pour cela l'emplacement le plus convenable. Le bœuf est attaché court et solidement à la mangeoire, dans un coin de l'étable. Un homme qui le tient par les cornes le pousse et le maintient contre le mur. On passe alors entre les jambes de derrière du bœuf une perche polie de manière à ne pas l'écorcher, une perche à foin, par exemple. Une extrémité de cette perche est fixée à la mangeoire, près et à hauteur de l'épaule du bœuf; l'autre extrémité est tenue par un homme qui soulève une des cuisses du bœuf, en même temps qu'il appuie contre le mur le bœuf, qui, se sentant ainsi pris, reste ordinairement immobile. On peut alors sans danger panser le fourreau ou faire toute autre opération, ou ferrer les pieds de derrière. La perche, longue de 4 à 5 mètres, est un levier qui donne à un seul homme une force bien supérieure à celle qu'auraient plusieurs hommes privés de ce secours. On conçoit que la perche est placée à droite ou à gauche, et le bœuf appuyé contre le mur à droite ou à gauche, selon l'opération qu'on a à faire.

Foulure des pieds. — La foulure des pieds est une meurtrissure avec enflure et inflammation des talons. Elle.est presque toujours accompagnée de la luxation, soit du boulet, soit de l'articulation de l'os et de la couronne avec l'os du pâturon. La foulure est caractérisée par une claudication plus ou moins forte, par le peu de flexion du boulet, par la chaleur, l'enflure et la sensibilité du pied malade. La foulure est ordinairement la suite de marches forcées, sur un terrain dur, pierreux, surtout pendant la sécheresse et les chaleurs de l'été, ou lorsque la terre est gelée.

Traitement. — Le premier moyen de guérison à tenter est de faire reposer l'animal malade sur une bonne litière. Le traitement consiste dans des lotions et fomentations résolutives; eau froide vinaigrée, application sur les pieds de cataplasmes de bouse de vache, ou de terre glaise, ou de suie délayée dans du vinaigre, et continués jusqu'à cessation de l'inflammation. S'il survient des abcès à la couronne ou aux talons, on en favorise l'ouverture au moyen de cataplasmes émollients, préparés avec la mauve ou la graine de lin, et fréquemment renouvelés. Il peut ensuite être nécessaire d'enlever des portions de corne pour favoriser l'écoulement du pus; on dessèche plus tard la plaie au moyen de l'essence de térébenthine ou de la teinture d'aloès.

Il peut arriver aussi que, les bœufs marchant sans être ferrés dans un terrain pierreux, les sabots s'usent et se déchirent, et que des portions de corne plus ou moins grandes se détachent, surtout aux pinces, et que les feuillets de chair de la muraille et de la sole soient quelquefois mis à découvert. Pour guérir ce mal, il faut d'abord couper et enlever exactement les parties déchirées, laver et nettoyer les plaies, puis les couvrir de plumasseaux imbibés d'eau-de-vie. Si la suppuration des plaies est liquide et sanieuse, on panse avec de la teinture d'aloès. Un accident plus grave qui arrive quelquefois aux bêtes en voyage, c'est la chute complète d'un sabot. Si la bête n'est pas destinée à la boucherie, on peut entreprendre la guérison; mais il faut pour cela un repos absolu très-longtemps prolongé.

Luxations. — On appelle *luxation* le déplacement d'un os qui sort de la cavité ou surface articulaire avec laquelle il est en contact. Les luxations peuvent être *simples* ou *composées*.

Symptômes. — La luxation se manifeste par l'impossibilité ou la grande difficulté de mouvoir l'articulation, par la douleur que témoigne l'animal, enfin par le changement de forme et de situation de la partie extérieure des os désunis.

Luxation simple. — Un seul os est déplacé de sa cavité articulaire et le déplacement n'est pas accompagné d'autres accidents, tels que déchirements de muscles, de ligaments, etc.

Luxation composée. — Il y a désunion de plusieurs os qui forment ensemble l'articulation; il y a en même temps déchirement de parties musculaires, de ligaments et de tendons, quelquefois de vaisseaux sanguins.

Luxation complète. — Si la luxation est complète, c'est-à-dire s'il y a déplacement complet de la tête articulaire de l'os, il y a raccourcissement du membre luxé.

Luxation incomplète. — Si la luxation est incomplète, c'est-à-dire s'il y a déplacement incomplet de la tête articulaire de l'os luxé, le membre est allongé.

Entorse. — Si, dans la luxation incomplète, la tête articulaire d'un os reprend immédiatement sa place par la seule force et l'action simultanée des muscles qui entourent l'articulation, cela constitue ce qu'on nomme une *distorsion* ou une *entorse*.

Luxation de l'os de la cuisse avec la hanche. — La luxation la plus fréquente chez les bêtes bovines est celle de l'articulation de l'os de la cuisse avec la hanche (articulation coxo-fémorale). Par suite de la conformation de cette articulation, la luxation a lieu bien plus facilement chez les bœufs que chez les chevaux. Si elle est complète, on réussit rarement à la réduire, c'est-à-dire à remettre dans leurs rapports primitifs les os luxés, et il en résulte ordinairement l'atrophie du membre.

Suites ordinaires d'une luxation. — Les luxations sont difficiles à guérir, et elles laissent toujours dans l'articulation qui en a été affectée une faiblesse par suite de laquelle elles reparaissent fréquemment.

Traitement. — On traite la luxation incomplète ou *effort* de la hanche, immédiatement après qu'elle a eu lieu, par les bains ou les fomentations d'eau froide, de vinaigre ou d'eau-de-vie, et plus tard par des fomentations spiritueuses plus actives, l'esprit de camphre, l'esprit de savon, les bains aromatiques. Il faut toujours, dans les cas de luxations complètes, recourir à un vétérinaire, qui seul peut pratiquer la réduction.

Crevasses. — CREVASSES AUX PATURONS. — Les crevasses aux paturons dont sont affectés les bœufs sont d'une nature particulière, et différentes de celles dont sont affectés les chevaux.

Symptômes. — Elles se manifestent par une inflammation plus ou moins superficielle de la peau du pli des paturons, ordinairement aux extrémités postérieures, avec engorgement, chaleur et douleur; plus tard, il apparaît de petites vésicules ou pustules, d'où suinte une humeur fétide. Ces vésicules se dessèchent peu à peu et tombent sous forme de matière farineuse, ou bien ces pustules s'étendent, se réunissent, continuent à laisser suinter une humeur âcre, et donnent lieu à une ulcération par suite de laquelle des parties de la peau se détachent, tombent par lambeaux et laissent des plaies ou ulcères plus ou moins profonds qui quelquefois s'étendent sur toute la surface du paturon et entre les ongles. Au début du mal les bêtes sont plus ou moins gênées dans leur marche; elles tiennent le boulet presque constamment fléchi et ont de la peine à l'étendre. A un plus haut degré du mal, l'engorgement devient quelquefois considérable et gagne le canon, même le jarret et le genou. Alors les bêtes lèvent souvent une jambe, la tiennent haute, écartée du corps, et y témoignent, au moindre attouchement, une grande sensibilité.

Causes. — Les causes du mal sont ordinairement la malpropreté des étables, la marche prolongée dans des chemins boueux et le défaut de pansage. Une disposition interne, un état maladif général, peuvent aussi y donner lieu ou l'entretenir.

Traitement. — Dès qu'on a constaté la maladie, il faut bien nettoyer les pieds, particulièrement aux plis des paturons et entre les ongles, au moyen de fréquentes lotions d'eau tiède et d'eau de savon; couper le poil très-ras et placer la bête sur une litière sèche, puis faire usage de lotions et bains émollients, décoction de mauve ou de son, à laquelle on ajoute un peu d'extrait de saturne, et qu'on continue jusqu'à ce que l'engorgement, la tension et la douleur soient diminués, et que de petites croûtes commencent à se former sur les pustules. On achève de les dessécher complétement par des lotions d'extrait de Saturne (eau végéto-minérale), préparée avec 20 grammes d'acétate de plomb, étendus dans un litre d'eau, ou au moyen d'une solution de vitriol de fer ou d'alun. Ce dernier moyen est surtout à recommander quand des parties de peau se sont détachées et qu'il en est résulté des ulcères et des gerçures plus ou moins profondes. Après avoir bien nettoyé ces plaies, on les couvre ensuite avec des plumasseaux enduits d'onguent digestif simple, composé de térébenthine commune, 50 grammes, battue et délayée dans un jaune d'œuf. On peut encore panser avec l'onguent égyptien, qui est surtout indiqué quand les ulcères présentent une surface très-inégale et que des excroissances charnues se montrent dans des gerçures profondes.

Crevasses entre les ongles. — Le mal entre les ongles est de la même nature que les crevasses aux paturons. Les bêtes boitent, les sabots deviennent chauds et douloureux; il apparaît ensuite un engorgement plus ou moins grand sur la partie antérieure de la couronne, à la réunion des deux sabots ou bien entre les sabots mêmes, et quelquefois sur les deux parties à la fois. Sur cette tuméfaction s'élèvent des points jaunâtres d'où suinte un pus fétide et qui bientôt deviennent de petits ulcères dont la réunion forme ensuite une plaie plus ou moins grande et profonde. Quelquefois la peau entre les ongles ne présente que quelques gerçures et ne se détache que partiellement, sans que les bêtes boitent beaucoup. Mais il est des cas où le mal devient si intense qu'il est accompagné de fièvre ; les bêtes perdent l'appétit et dépérissent sensiblement. Quelquefois même une partie des sabots se détache entièrement.

Causes. — Les causes de ce mal sont surtout l'humidité continuelle, soit dans les pâturages, soit dans les étables, le défaut de soin et de pansage ; mais il dépend aussi de causes internes générales, et devient alors une véritable épizootie. Dans ce cas, il est ordinairement accompagné d'aphtes dans la bouche.

Traitement. — Le mal entre les ongles nécessite à peu près le même traitement que les crevasses aux paturons : propreté avant tout ; lotions et bains émollients au commencement, puis détersifs lorsque des gerçures et des plaies se sont formées.

Quand le mal est accompagné d'une forte douleur et d'une fièvre générale, il est bon de faire une saignée à la veine jugulaire, et de donner quelques doses de salpêtre et de sulfate de soude, en mettant la bête à un régime rafraîchissant : eau blanche, herbes vertes, ou racines cuites, selon la saison. Quand, par suite d'ulcères profonds, des portions de corne se sont détachées, il faut les extirper, puis panser avec la teinture d'aloès ou les étoupes sèches, suivant la nature et la profondeur des ulcères.

CREVASSES AUX JAMBES. — Les bœufs, et surtout les bœufs à l'engrais qui se trouvent tout à coup condamnés à un repos absolu dans des étables où l'on pourrait dire que leurs pieds baignent dans l'urine et les excréments, sont aussi sujets à des crevasses qui affectent leurs jambes jusqu'au-dessus des jarrets et des genoux [1]. Les moyens curatifs sont ceux que je viens d'indiquer : propreté, lotions émollientes, puis lotions détersives. Si l'animal est atteint de la fièvre, il faut la combattre par la saignée et les rafraîchissants déjà indiqués.

Dartres. — Les dartres sont une affection cutanée qui se manifeste par des éruptions locales d'une nature encore indéterminée ; elles présentent quelque analogie avec la gale, bien que ce soit une maladie toute différente. Elles sont tantôt sèches, tantôt humides ; elles sont sans danger ; mais elles sont quelquefois assez difficiles à guérir, surtout quand elles attaquent des bêtes mal nourries et mal soignées. Dans ce cas, elles peuvent devenir une véritable gale.

L'eau de savon et les lotions émollientes sont les premiers moyens à employer pour guérir les dartres. On peut ensuite laver les parties malades avec un mélange de 15 grammes d'acide hydrochlorique et de 250 grammes d'eau ; on les graisse avec un onguent composé de :

---

[1] On croit que les tourteaux de colza donnent aux urines une âcreté particulière

fleur de soufre, 15 grammes ; sulfate de zinc (vitriol blanc), 15 grammes ; graisse de porc, 60 grammes.

Il y a une autre sorte de *dartres*, qui affectent spécialement les veaux, quelque temps après qu'on les a séparés de leur mère. C'est une éruption toute particulière qui a lieu autour de la bouche et à la ganache, quelquefois sur toute la tête; elle se manifeste sous forme de taches blanchâtres, arrondies, présentant une surface raboteuse d'où se détachent ensuite des écailles fines en forme de poussière. C'est à la privation prématurée du lait que l'on attribue ce mal; la propreté et des lotions émollientes le guérissent ordinairement.

Porreaux. — Ce mal, qui n'est nullement dangereux, mais qui est parfois dégoûtant, n'affecte ordinairement que les jeunes bêtes. On détruit facilement les porreaux en faisant à leur base, à l'aide d'un fil, une ligature qu'on serre de plus en plus, jusqu'à ce que le porreau, atrophié et desséché, se détache entièrement. Si la base du porreau est assez large pour qu'il ne soit pas possible de faire la ligature, on coupe le porreau au moyen d'un bistouri, et on cautérise ensuite la plaie avec un fer rouge. On peut aussi détruire les porreaux à l'aide du nitrate d'argent (pierre infernale) et des autres caustiques.

J'ai fait disparaître des porreaux à large base en les frottant tous les jours pendant un mois avec du lard.

Fracture des cornes. — La fracture des cornes est complète ou incomplète. Dans le premier cas, le prolongement de l'os frontal qui constitue la base de la corne est tout à fait cassé, et il en résulte à la surface fracturée une ouverture par laquelle on peut voir jusque dans les sinus frontaux qui communiquent avec les cavités nasales, de sorte qu'il y a ordinairement écoulement de sang par les naseaux.

Traitement. — Le premier soin à prendre dans le cas d'une fracture des cornes, c'est d'arrêter l'hémorragie en couvrant la plaie de compresses imbibées de vinaigre, que l'on maintient humectées jusqu'à ce que l'écoulement du sang ait cessé. Quelquefois, il est nécessaire de cautériser la plaie avec un fer rouge. On ne doit pas négliger de nettoyer les naseaux, afin d'empêcher que le sang coagulé ne les bouche. Dès que l'hémorragie est arrêtée, on panse la plaie avec des compresses imbibées d'eau, et l'on continue ce traitement jusqu'à la guérison, qui a lieu au bout de quinze à vingt jours. Il est essentiel de laver chaque jour avec de l'eau tiède la plaie, afin de la tenir propre; on la couvre de manière à la préserver du contact de l'air, de la poussière et des ordures qui peuvent tomber du râtelier. Si des parcelles d'os se détachent, si la plaie dégage une odeur fétide et qu'il en découle un pus jaune ou verdâtre, on panse la plaie avec la teinture d'aloès, et on la couvre de poudre de charbon.

13

Lorsque la fracture est incomplète, la base de la corne ou prolongement de l'os frontal est intact, la corne est seulement détachée à sa base. Si la corne n'est détachée que d'un côté, on peut, au moment même où l'accident vient d'arriver, la replacer dans sa position naturelle et la fixer soit avec du chanvre, soit avec une bande imbibée de blanc d'œuf, soit même avec de la colle forte, dont on couvre la fente ou la gerçure, en l'enveloppant ensuite avec une bande solidement fixée et appliquée de manière à maintenir la corne à sa place. Il est essentiel que la bête soit placée de manière à ne pouvoir être heurtée. Si la corne proprement dite est détachée dans tout le pourtour de sa base, on ne doit pas essayer de la replacer, mais on fait d'un morceau de toile une gaine dont on couvre la base de la corne, après l'avoir enduite d'un mélange d'huile de lin et de goudron. On fixe cet appareil au moyen d'un bandage approprié qu'on laisse ainsi jusqu'à guérison. J'ai vu, par ce moyen simple et sans autre traitement, la corne se régénérer entièrement.

Plaies et contusions. — Les plaies sont des solutions de continuité récentes et ordinairement saignantes, produites dans les parties molles du corps par un instrument piquant, tranchant ou contondant, ou par toute autre cause capable de déterminer une lésion des chairs.

Classification des plaies. — On divise les plaies selon leur cause : en piqûres, incisions, plaies contuses, morsures, etc. On les divise encore, suivant leur gravité, en plaies simples et plaies compliquées. Les plaies simples sont celles qui ne sont pas accompagnées d'autres lésions et qui, en général, présentent peu de danger. Les plaies compliquées sont celles où la cause vulnérante a produit, outre les plaies, une lésion dans d'autres organes.

Une disposition maladive interne influe d'une manière fâcheuse sur les plaies, et peut rendre dangereuses les plaies les plus simples.

Plaies par instrument tranchant ou incisions. — Les plaies causées par un instrument tranchant dans les chairs, par exemple au poitrail, à la cuisse, sont généralement peu dangereuses. Elles le sont d'autant moins qu'elles sont longitudinales, c'est-à-dire que la solution de continuité a lieu dans le sens de la longueur des fibres et non en travers.

Piqûres. — Les piqûres sont ordinairement les plaies les plus dangereuses, et d'autant plus dangereuses que l'instrument a pénétré plus profondément. En retirant de la blessure l'instrument qui l'a causée, tel que clou, dent de fourche, dent de herse, etc., l'extérieur de la plaie se resserre, et il se forme au fond de la plaie des épanchements qui ont parfois les suites les plus fâcheuses.

Hémorragie. — Toutes les plaies sont accompagnées d'une hémorragie, c'est-à-dire d'écoulement de sang qui peut provenir soit des veines, soit des artères. L'hémorragie qui provient des petits vaisseaux veineux est peu grave, et ordinairement on l'arrête par l'application d'eau froide ou d'eau vinaigrée, et par la compression des chairs au moyen d'un bandage. L'hémorragie qui provient des artères est très-dangereuse et ne peut être arrêtée que par la ligature. Pour opérer cette ligature, on saisit successivement à l'aide d'une pince les deux extrémités de l'artère coupée et on les lie avec un fil; ou bien on pratique la ligature au moyen d'une aiguille courbe, à l'aide de laquelle on passe un fil sous l'artère, on la soulève un peu du fond de la plaie, et on la lie par un nœud simple. On se sert aussi, pour arrêter l'hémorragie, de charpie et d'étoupe. On opère la compression au moyen d'un bandage, ou bien on cautérise l'extrémité de l'artère.

Traitement des plaies. — Quand on a une plaie à soigner, il faut d'abord la visiter et la nettoyer complétement de tous les corps étrangers qui pourraient y avoir été introduits. Quelquefois il est pour cela nécessaire de l'agrandir au moyen d'un bistouri : on travaille ensuite à la guérir, soit par adhésion ou réunion immédiate, soit par suppuration.

On peut guérir une plaie simple, une coupure par exemple, en réunissant et maintenant exactement en contact les deux lèvres de la plaie, au moyen de points de suture pratiqués à l'aide d'une aiguille courbe et de fil ciré; mais ce procédé ne réussit que si la blessure est récente, s'il n'y a pas eu de perte considérable de substance, si la plaie ne renferme ni corps étranger, ni venin, et si aucune disposition maladive interne ne s'oppose à la guérison.

La réunion par suture se pratique particulièrement pour les plaies des commissures des lèvres, des paupières, des ailes du nez, et des muscles de l'abdomen. Les points de suture sont simples ou doubles, selon la grandeur de la plaie.

Cette opération terminée, on couvre d'une large bande la plaie pour la maintenir propre, et l'on a soin qu'elle soit à l'abri de tout frottement et de toute pression. Peu de temps après survient l'inflammation, par suite de laquelle a lieu la sécrétion d'une matière glutineuse qui enduit les bords de la plaie et doit en opérer la réunion. Cette espèce de lymphe sécrétée est ensuite transformée en une masse organique qui a les mêmes propriétés que les parties qui ont été divisées. Ceci a ordinairement lieu dans l'espace de cinq jours. Cette masse n'a pas encore alors la fermeté suffisante pour maintenir seule les lèvres de la plaie réunies; mais si la réunion n'est pas complète au bout de quelques jours, il faut renoncer à l'espoir de l'obtenir.

S'il n'y a pas réunion des lèvres la plaie suppure et la guérison n'est complète qu'après cinq périodes : 1° inflammation; 2° exsudation; 3° suppuration proprement dite; 4° granulation; 5° cicatrisation. Dans les plaies qui ne sont pas compliquées, et dans un animal sain, ces périodes se succèdent régulièrement, et le traitement est facile. On panse la plaie une ou deux fois par jour, en la nettoyant avec de l'eau tiède, et on la couvre avec des plumasseaux enduits de digestif simple composé de 30 grammes de térébenthine délayée dans un jaune d'œuf.

Si l'inflammation est trop forte, s'il y a des excroissances charnues, si la suppuration est très-abondante ou si des parties osseuses s'exfolient, il faut recourir à un vétérinaire.

Contusions. — On appelle contusion une lésion produite par le choc d'un corps dur, sans qu'il y ait perte de substance ou solution de continuité à la peau. Les contusions sont toujours accompagnées d'une inflammation plus ou moins forte, et qu'il faut d'abord combattre par des lotions et des fomentations froides. Quelquefois aussi il est nécessaire de débrider les parties contuses. On traite ensuite la plaie comme une plaie simple qui ne peut être guérie que par suppuration.

Mal du pis aux vaches. — *Causes.* — Les trayons du pis peuvent être affectés de crevasses très-douloureuses, mais peu dangereuses. Elles sont difficiles à guérir, parce qu'elles sont chaque jour rouvertes par le tiraillement inévitable qui a lieu quand on trait. L'emploi d'un corps gras, comme du saindoux ou du cérat composé d'huile et de cire jaune, *adoucit* la plaie et favorise la guérison.

Beaucoup de vaches, et particulièrement les génisses, ont le pis plus ou moins enflé après avoir mis bas; cet accident, dont nous avons déjà parlé, est peu dangereux; mais par suite d'un état maladif, ou de la négligence qu'on met à extraire le dernier lait, après que le veau a teté, il se forme quelquefois dans le pis des indurations et des abcès. Ordinairement un seul trayon est affecté.

Traitement. — Lorsque l'engorgement est récent, on le combat par des fomentations émollientes, plus tard par des fomentations aromatiques, et si l'on s'aperçoit qu'il tende à l'induration on emploie un mélange d'onguent d'althæa et d'huile de laurier, ou des frictions de liniment volatil camphré et mêlé d'onguent mercuriel. Dans tous les cas, il est important de traire à fond et de faire sortir le lait plus ou moins épais, plus ou moins altéré. Si un abcès s'ouvre à l'extérieur, il faut le traiter comme une plaie simple, qu'on nettoie au moyen de lotions et d'injections d'eau tiède, et qu'on panse, s'il est nécessaire, avec le digestif simple ou aiguisé par quelques gouttes d'eau-de-vie ou de teinture d'aloès.

Un engorgement ancien, qui a déterminé une induration peut être dissipé au moyen de l'iode; mais ce remède peut aussi amener une diminution considérable dans la sécrétion du lait.

Mal au nombril des veaux. — Lorsqu'un veau naît, le cordon ombilical qui l'unissait à sa mère se rompt naturellement; mais une portion de ce cordon reste adhérente au corps du veau, elle se dessèche ensuite, puis se détache, sans qu'il soit nécessaire de s'en occuper; mais il arrive quelquefois que la vache, en léchant son veau, arrache cette portion de cordon et occasionne au nombril une inflammation plus ou moins forte. Dès qu'on s'en aperçoit, il faut la combattre par des lotions émollientes, fréquemment réitérées, d'eau de guimauve pure. Si le veau est couché sur le côté, on laisse doucement couler les lotions sur la partie malade; s'il est debout, on peut, en lui tenant sous le ventre un vase de forme convenable, faire tremper le nombril dans la décoction émolliente. Si, malgré ces moyens, un abcès se forme, on le panse avec le digestif, et on le traite comme une plaie simple.

Dans ma ferme, pour prévenir cet accident, dès qu'un veau est né, le marcaire lui barbouille le nombril de bouse de vache, ce qui empêche la mère de le lécher.

Poux. — Il arrive souvent, surtout en hiver, que les vaches, et plutôt les jeunes que les vieilles, sont envahies même dans les étables bien tenues par des poux qui les font beaucoup souffrir. J'ai trouvé un moyen simple d'en débarrasser mes génisses. Je tonds, avec l'instrument qui sert à tondre les moutons, toutes les parties de la peau de mes vaches envahies par les poux : cette opération suffit pour détruire une partie de la vermine; j'enduis ensuite d'huile les parties dénudées et le reste des poux périt, mais les lentes alors éclosent ensuite. On renouvelle les frictions avec l'huile et on détruit ainsi ces hideux insectes.

On recommande comme très-efficace pour détruire les poux un mélange de 30 grammes de noix vomique et d'un demi-litre d'huile de poisson. On en frotte avec une petite brosse les parties envahies par les poux.

6. — Maladies aiguës et dangereuses.

Ces maladies, pour lesquelles il faut toujours avoir recours à un vétérinaire, sont : le *pissement de sang*, le *coup de sang*, l'*inflammation de la rate*, le *part difficile*, le *renversement du vagin*, la *chute de la matrice*, la *fièvre vitulaire*, la *pleuropneumonie*, enfin les maladies contagieuses, les épizooties, je ne parlerai de ces maladies que pour indiquer les moyens de les prévenir.

Aphthes. — Les *aphthes* sont de petites ulcérations de la bouche. Cette maladie, souvent épizootique, apparaît ordinairement dans les années chaudes et sèches; elle est peu dangereuse si elle existe seule. Presque toujours il s'y joint une affection des pieds, analogue au piétin des bêtes à laine. Quelquefois les aphthes prennent un caractère charbonneux, et le mal est désigné sous le nom de *chancre à la langue*. Quelquefois aussi les aphthes accompagnent l'inflammation de la rate, et ne sont plus qu'un mal accessoire.

Cette maladie, parfois bornée à un petit espace, sévit parfois sur de vastes étendues. Ses causes sont inconnues.

Invasion. — Elle se communique par contagion, mais sans que le contact immédiat soit nécessaire. On n'a pu observer, ni quelle marche elle suit, ni comment elle se propage. Les bêtes qui ne sortent jamais de l'étable n'en sont pas plus exemptes que celles qui pâturent; elle les attaque sans distinction d'âge ni de sexe.

Fréquemment elle est revenue en arrière frapper un canton que d'abord elle avait épargné. Quelques localités en ont été exemptées, dans d'autres contrées elle a reparu deux fois, et a attaqué deux fois les mêmes bêtes. Dans certaines étables, toutes les bêtes ont été frappées; dans d'autres étables, quelques bêtes ont été épargnées.

Inefficacité des préservatifs. — Beaucoup de préservatifs ont été indiqués, tels que le chlore, les sels purgatifs, la saignée, les sétons, l'inoculation; l'expérience a malheureusement prouvé qu'on ne peut compter sur l'efficacité d'aucun de ces moyens.

Le mal attaque tous les animaux à pied fourchu, bêtes bovines, chèvres, moutons, porcs, et les animaux sauvages, cerfs et chevreuils. Dans certains endroits les chevaux, surtout les poulains, n'en ont pas été exempts.

Elle n'est pas mortelle, mais c'est un grand fléau pour le cultivateur, qu'elle prive du lait de ses vaches et de l'usage de ses bêtes de travail. Elle occasionne des pertes considérables sur l'engraissement des bœufs. On a aussi remarqué que, dans les années où elle règne, les veaux sont faibles et difficiles à élever, et que les vaches ont généralement moins de lait. A la suite de cette maladie, beaucoup de vaches ont même une partie du pis atrophié.

Dangers de faire usage du lait des vaches aphtheuses. — Dans certaines fermes, on a jeté le lait des vaches malades; dans d'autres fermes, on a fait usage de ce lait pour les animaux, porcs, chiens ou chats. Ce lait a, dans certains cas, déterminé des maladies ou des accidents graves; d'autres fois son usage n'a eu aucunes suites fâcheuses.

M. Kautz a vu mourir, dans de violentes convulsions, des veaux que l'on avait nourris du lait de leurs mères malades, il est donc prudent de ne pas utiliser ce lait. J'ai élevé des veaux auxquels j'attachais du prix, et qui étaient nés de vaches attaquées de la maladie; je les nourrissais du lait d'une vache saine.

Symptômes. — L'invasion de la maladie s'annonce par la tristesse, l'abattement, la perte de l'appétit, l'interruption de la rumination; les bêtes éprouvent des frissons, le poil est hérissé, les yeux deviennent troubles et larmoyants, le pouls est accéléré; les membranes muqueuses de la bouche et du nez sont enflammées, la langue est tuméfiée, l'air expiré est chaud, la bouche est remplie de bave et d'écume. Chez les vaches, la sécrétion du lait diminue et cesse entièrement. Au bout de deux ou trois jours, il paraît à la langue, au palais, au pis, quelquefois aux naseaux et au mufle, des ampoules qui, après vingt-quatre heures, crèvent et laissent écouler une sérosité jaunâtre et puante. Les symptômes sont plus ou moins graves. Quelquefois chez les vaches, tout le pis est rouge et enflammé, les veines contiennent d'abord de la sérosité, puis du pus, souvent il survient des indurations à l'intérieur du pis.

Quelquefois la bouche seule est attaquée; chez les vaches, ordinairement, la bouche et les pieds sont affectés en même temps; chez les brebis, il arrive fréquemment que les pieds seuls sont malades.

Dans l'affection des sabots, tout le pied est chaud, douloureux; les bêtes ne marchent qu'avec la plus grande difficulté. On remarque un gonflement et une forte rougeur à la couronne, aux talons et aux paturons, puis il se forme des ampoules sur tout le pourtour de la couronne et entre les ongles. Il en suinte d'abord une sérosité jaunâtre, qui s'épaissit ensuite et qui exhale une odeur fétide. Le mal affecte parfois deux pieds seulement, parfois les quatre pieds en même temps, et occasionne la chute complète des sabots.

Traitement. — Si la maladie est bénigne, il faut s'abstenir de tout traitement. Tous les remèdes astringents, irritants, les dessiccatifs et les saignées sont nuisibles.

On doit soumettre les bêtes malades à un régime rafraîchissant, relâchant, et pour le reste se borner à des soins de propreté. Les aliments consisteront en fourrage vert et tendre, ou foin ou regain les plus tendres, avec racines cuites, boisson d'eau blanche, orge moulue, décoction de graine de lin, etc.

Le fumier doit être enlevé assez fréquemment pour que les bêtes reposent toujours sur de la litière sèche; la bouche sera lavée intérieurement au moins trois fois par jour, pour la débarrasser de la bave glaireuse et de l'humeur qui suinte des plaies. On emploie pour cela ou de l'eau légèrement acidulée de vinaigre, à laquelle on peut ajouter un peu de miel, ou une infusion de fleurs de sureau. On se sert d'un linge doux, en évitant d'irriter les plaies de la langue et du palais. Si des lambeaux de peau se détachent, on ne les arrache pas, mais on les coupe avec précaution.

On lave les pieds plusieurs fois par jour avec de l'eau fraîche. Si l'on a à sa disposition un ruisseau, on y fait entrer les bêtes jusqu'au-dessus des boulets, et on les y laisse environ un demi-quart d'heure. Si cette ressource manque, on arrose les pieds à l'aide d'un arrosoir de jardin. En faisant baigner les bêtes, il faut avoir égard à la température et éviter les refroidissements.

Ayant remarqué les bons effets de l'eau fraîche pour les pieds, des cultivateurs ont voulu l'employer aussi pour le pis des vaches; pendant que la bête était dans un ruisseau, ils aspergeaient le pis avec l'eau froide du ruisseau; il en est résulté la perte totale du lait. On doit se contenter de frotter le pis avec du beurre frais, ou de laver les plaies avec une décoction émolliente.

Si les symptômes sont graves, il faut recourir à un vétérinaire.

Avortement. — Sans qu'on puisse connaître la cause qui l'a déterminé, cet accident n'est pas très-rare chez les vaches. Il arrive quelquefois et même chez les bêtes les mieux soignées et qui ne sortent jamais de l'étable.

Causes. — L'avortement peut avoir pour cause des coups, des sauts, des efforts, des eaux malsaines, une mauvaise nourriture, le pâturage d'herbe chargée de gelée blanche, des pommes de terre fourragées crues et mangées en trop grande quantité.

L'avortement peut aussi être la suite d'une maladie. Une vache qui a avorté deux fois de suite doit être réformée ; car il est probable que cet accident se renouvellera. Cependant si la bête est assez précieuse pour qu'on veuille la conserver, on peut la faire saillir encore une fois. On doit alors redoubler de précautions pour le régime et la nourriture, entretenir la vache en bon état sans l'engraisser et ne lui donner que des aliments de facile digestion. Au début de la maladie, une saignée peut être très-utile. Selon Stephens, l'avortement est souvent épizootique dans les troupeaux qui pâturent de riches herbages. Stephens pense aussi que l'avortement peut être déterminé par de mauvaises odeurs.

Dans ma ferme, où les étables sont saines, et où la nourriture est bien réglée, l'avortement est extrêmement rare.

Cocote ou épizootie aphtheuse. — (Voir **Aphthes.**)

Fièvre vitulaire. — Les vaches qui viennent de mettre bas sont exposées à une maladie grave appelée *fièvre vitulaire*, et qui a beaucoup d'analogie avec la fièvre puerpérale des femmes. Cette maladie existe sans doute partout ; cependant je ne l'ai jamais entendu nommer en France. Peut-être y enlève-t-elle des bêtes, sans qu'on connaisse ni la nature du mal, ni les moyens de le combattre. Aussi je crois rendre service aux cultivateurs et aux vétérinaires en leur indiquant le traitement pratiqué par M. Kautz, qui a eu de fréquentes occasions d'observer cette maladie.

Causes. — Les vaches en bon état, bien nourries, qui restent constamment à l'étable, en sont particulièrement affectées; cependant elle frappe aussi parfois les vaches maigres et mal nourries. On a encore observé que, généralement, les bêtes gourmandes et goulues y sont plus exposées.

Cette maladie est souvent due à un refroidissement avant ou après le part.

Chez certaines vaches fortement nourries, le lait, qui avait tari pendant la gestation, reparaît quelques jours avant le part. Le pis est plein, dur et tendu. Si ce lait n'est pas trait, si on le laisse séjourner dans le pis, il est résorbé et devient une des causes déterminantes de la *fièvre vitulaire*. Ce qui le prouve, c'est que la maladie se manifeste surtout dans les étables des meuniers, des boulangers, des brasseurs, qui nourrissent très-fortement leurs vaches et sans observer les précautions nécessaires avant et après le part.

Symptômes. — La maladie consiste dans une inflammation particulière des estomacs et des intestins, souvent aussi de l'utérus. Elle est accompagnée de fièvre et compliquée d'inflammation partielle avec induration du pis et de diverses altérations dans la sécrétion du lait.

Elle affecte ordinairement les bêtes sans signes précurseurs bien apparents, peu de jours, parfois aussi quelques heures après qu'elles ont mis bas. Elle se manifeste après le part naturel et facile comme après le part laborieux, et soit que la chute de l'arrière-faix ait eu lieu ou n'ait pas eu lieu dans l'ordre régulier.

Au début de la maladie, les vaches qui, après avoir tout récemment mis bas, ont jusqu'alors présenté tous les signes d'une bonne santé, deviennent tristes sans cause apparente ; elles refusent toute nourriture, ne ruminent plus, restent constamment couchées, appuient la tête sur un de leurs flancs ou l'étendent en avant sous la mangeoire. Elles sont dans une véritable stupeur et ne paraissent s'inquiéter nullement de leur veau. Elles ont des accès de fièvre caractérisés par des alternatives de frisson et de chaleur. Parfois, au contraire, elles sont très-agitées, leur respiration devient très-accélérée, leurs yeux, qui étaient fermés et larmoyants, deviennent hagards, leur conjonctive est enflammée, elles ont des mouvements convulsifs, elles s'effrayent au moindre bruit, font entendre des grincements de dents et se plaignent en poussant de profonds gémissements.

Les cornes, les oreilles et le mufle sont froids ; la bouche est plus ou moins chaude et remplie d'une bave gluante qui en découle constamment. La température du corps est généralement plus élevée que dans l'état de santé, mais elle est inégale ; le poil est terne, hérissé, la peau sèche. Le pouls est ordinairement petit, dur et accéléré, 50 à 60 pulsations par minute. La respiration est, au commencement de la maladie, lente et profonde, le ventre est tendu, quelquefois gonflé, le rectum et le vagin, plus ou moins tuméfiés, font saillie en dehors; leurs membranes internes sont enflammées, et il y a ordinairement constipation. Les urines sont rares et foncées en couleur ou tout à fait supprimées. Le pis est dur et enflammé, la sécrétion du lait est supprimée ou très-diminuée. Le lait éprouve diverses altérations.

Le corps se couvre d'une sueur froide, la bouche devient froide, la langue pendante, et la bête meurt après quelques convulsions, le deuxième ou le troisième jour de la maladie.

Quelquefois aussi la fièvre et l'inflammation sont moins intenses; il n'y a pas de convulsions, et la guérison est prompte.

Il est très-difficile au vétérinaire d'établir un pronostic certain; aussi, dans l'impossibilité où il est de garantir la guérison, les propriétaires font ordinairement tuer les bêtes dès qu'ils les voient attaquées de cette maladie; et, comme elles sont ordinairement grasses, on peut encore tirer parti de leur viande.

Autopsie. — Si on ouvre les bêtes après leur mort, les membranes séreuses et muqueuses du tube intestinal et des parties génitales sont plus ou moins rouges et parsemées de taches noires. On trouve ordinairement la panse et le troisième estomac remplis d'une grande quantité de fourrage, qui est souvent desséché et dur. Tous les grands vaisseaux, particulièrement ceux de la veine cave et de la veine porte, sont gorgés d'un sang noir et épais.

Traitement. — Quelque graves que soient les symptômes, on ne doit cependant pas désespérer de la guérison.

On pratique d'abord une saignée à la jugulaire, et l'on tire 2, 3 et parfois jusqu'à 4 kilogr. de sang, suivant l'intensité de l'inflammation, l'âge et la force de la bête.

On administre ensuite, de 3 heures en 3 heures, des breuvages composés de : sulfate de soude, 60 à 90 grammes; salpêtre, 15 grammes dissous dans de l'eau chaude, puis étendus dans une décoction émolliente, comme graine de lin, mauve, etc. Ces breuvages sont continués jusqu'à ce que la fièvre et les symptômes inflammatoires soient apaisés.

Dans le cas de constipation opiniâtre, on ajoute à chaque breuvage 120 à 200 grammes d'huile de lin, et l'on administre des lavements émollients jusqu'à ce qu'on ait obtenu une évacuation abondante. Dans quelques cas, on a alterné avec succès les lavements émollients avec d'autres lavements composés d'une infusion de camomille, d'une dissolution de savon, et même d'une décoction de tabac.

A ces moyens on joint l'emploi des frictions, longtemps continuées sur tout le corps avec des bouchons de paille. La bête est ensuite **couverte** d'une toile en été, d'une couverture de laine en hiver; on a le plus grand soin de la mettre à l'abri des courants d'air; on entretient sous elle une litière abondante et sèche, et on la soulage, comme on prévient les excoriations, en la couchant alternativement sur chaque flanc.

Ordinairement la saignée amène déjà du soulagement, et après quatre à cinq breuvages et autant de lavements on obtient une évacuation. La fiente est alors sèche et comprimée en crottins aplatis et noirâtres. Souvent il y a en même temps excrétion d'une urine transparente et rougeâtre. Dans ce cas il est bien rarement nécessaire de renouveler la saignée; les symptômes inflammatoires diminuent peu à peu, la fièvre et l'agitation cessent, l'appétit revient et la guérison est presque certaine.

Il arrive souvent alors que les bêtes restent constamment couchées et ne peuvent se lever. Dans ce cas, on a recours pendant plusieurs jours à des frictions sur le dos et les reins, au moyen de liniments volatils camphrés, à des fomentations aromatiques ou à des frictions sur les membres avec de l'eau-de-vie chaude.

Si les symptômes persistent, on renouvelle la saignée et on administre des breuvages composés de 15 à 30 grammes de salpêtre, avec 2 à 4 grammes de camphre pulvérisé et délayé dans un jaune d'œuf, 4 grammes de foie de soufre (sulfure de sodium); le tout étendu dans 1 kilogr. d'une décoction mucilagineuse. On fait avaler ce breuvage toutes les 3 à 4 heures.

Lorsque la maladie passe à l'état putride, on emploie avec succès l'acide hydrochlorique, à la dose de 50 grammes dans un litre d'eau de son.

Mais, outre ces breuvages, les lavements, les frictions et tous les autres soins prescrits doivent toujours être employés avec persévérance.

L'engorgement et l'inflammation du pis, qui surviennent ordinairement, doivent être traités par des lotions émollientes ou des fomentations aromatiques, suivant le degré et la nature de l'engorgement. Si l'on remarque que l'engorgement tende à l'induration, on peut ensuite faire usage avec efficacité des frictions de liniment volatil camphré et mêlé d'onguent mercuriel, ou bien d'un mélange d'onguent d'althæa et d'huile de laurier.

Une précaution qui ne doit pas être négligée, c'est de traire tout le lait que contient le pis; et, lors même que ce lait devenu grumeleux ne sort que difficilement, on doit l'extraire en totalité, par une manipulation persévérante. Cette précaution favorise la résolution de l'engorgement des mamelles, et est en même temps un moyen dérivatif de l'inflammation interne.

Les bêtes convalescentes doivent être traitées et nourries avec toutes les précautions indiquées à l'article *indigestion*.

Si la *fièvre vitulaire* peut être guérie, elle fait périr cependant un grand nombre de vaches. On doit donc mettre tous ses soins à la prévenir, et l'on y parviendra en suivant les règles que j'ai indiquées pour la nourriture, le régime et les soins hygiéniques dont les vaches doivent être l'objet.

Ladrerie. — C'est une maladie lente, chronique, cachée, qui attaque les membranes séreuses particulièrement des cavités de la poitrine et de l'abdomen, sur lesquelles elle détermine la formation d'excroissances variées.

Causes. — Les causes les plus ordinaires de cette maladie sont une nourriture abondante, liquide, riche en principes nutritifs, et en même temps le défaut d'exercice, joint au séjour continuel dans des étables chaudes, humides et privées d'air.

Symptômes. — Le commencement de la maladie est le plus souvent inaperçu : ses progrès sont lents, et elle se termine par la cachexie et la consomption.

Elle attaque rarement les bœufs; les vaches attaquées sont continuellement en chaleur et reçoivent le taureau sans concevoir, ou si par hasard elles conçoivent, elles avortent presque toujours.

Les bêtes attaquées conservent leur appétit, peuvent être grasses et n'avoir d'autres symptômes de maladie qu'une toux opiniâtre accompagnée de difficulté de respirer. Cet état peut durer pendant plusieurs années.

Plus tard, on remarque les symptômes de la cachexie. La toux devient plus fréquente, sèche, sourde; le poil devient terne, les yeux n'ont plus d'éclat, et sont traversés de stries rouges; les bêtes maigrissent, leur respiration est de plus en plus gênée; la pression de la main sur le dos, audessus de la poitrine, leur occasionne une douleur qu'elles témoignent en fléchissant la colonne vertébrale.

Autopsie. — A l'ouverture des cadavres on trouve la membrane séreuse des poumons, celle du diaphragme et les ramifications de la trachéeartère, la membrane perspiratoire du foie, celle des reins, du péritoine, de l'épiploon et du mésentère, couvertes d'une multitude d'excroissances de formes variées, grosses comme des grains de millet, rarement comme des pois, isolés ou rapprochées en grappes; les unes suspendues en formes de polypes, les autres à base large, comme des verrues, charnues, de diverses consistances, de nuances rouge, jaune, brune.

Si la maladie n'a pas atteint sa dernière période, les intestins euxmêmes, la chair musculaire et le suif paraissent être sains; mais si la cachexie est déclarée, on remarque une foule de désordres, particulièrement dans les poumons, dans le foie, et on trouve partout des hydatides.

En France, la ladrerie n'est pas un vice rédhibitoire.

Lait (Fièvre de). — La *fièvre de lait* est une réaction fébrile qui a ordinairement des caractères bénins, mais qui peut devenir dangereuse et mortelle.

Causes. — Elle affecte particulièrement les vaches bien nourries et qui sont tenues constamment à l'étable.

Symptômes. — Elle peut être déterminée par un refroidissement. Au début de la maladie les symptômes sont : accès de fièvre, tristesse, poil hérissé, frissons, tremblement dans les cuisses et ordinairement enflure d'une partie ou de la totalité du pis, et diminution considérable du lait.

Traitement. — Les moyens curatifs qu'on emploie ont pour but non pas de calmer une inflammation, mais de stimuler la circulation. On se garde donc bien de recourir à la saignée, aux émollients, aux purgatifs.

Dès qu'on s'aperçoit de l'invasion du mal, il faut d'abord s'assurer si la bête est à l'abri de tout courant d'air dans un endroit suffisamment chaud (selon la saison), puis la bouchonner fortement sur tout le corps, et ensuite la couvrir d'une couverture et lui administrer, en deux fois, une infusion chaude d'une poignée de fleurs de camomille dans un litre d'eau.

M. Kautz prescrit le breuvage suivant : fleurs de camomille vulgaire, 50 grammes ; fleurs d'arnica, 15 grammes ; racines de valériane, 15 grammes : le tout infusé dans un litre d'eau bouillante, puis passé à travers un linge. On fait avaler ce breuvage chaud, en deux fois, à une heure d'intervalle.

L'efficacité du remède est augmentée, si l'on ajoute à chaque breuvage du camphre délayé dans un jaune d'œuf, ou dissous au moyen de quelques gouttes d'alcool.

Bien que le gonflement du pis n'ait pas d'autre cause que l'accumulation du lait, il est cependant bon de favoriser la résolution de ce gonflement en faisant usage de fumigations, de lotions chaudes avec une infusion de fleurs de sureau, d'onctions avec l'onguent de laurier ou populeum, ou bien avec un faible liniment volatil camphré.

L'emploi de ces moyens exige des précautions pour éviter un refroidissement du pis, qui ne pourrait qu'aggraver le mal. La bête doit rester couverte, et le pis doit être essuyé immédiatement après les lotions.

Danger de confondre la fièvre de lait avec une inflammation. — J'engage les cultivateurs à faire une sérieuse attention à la différence qui existe entre cette fièvre de lait et les maladies inflammatoires, deux sortes d'affections dont les symptômes extérieurs présentent quelquefois une analogie suffisante pour induire en erreur ceux qui manquent de connaissances et d'expérience. Rien n'est plus dangereux qu'un livre de médecine entre les mains d'un ignorant : les remèdes prescrits peuvent être très-bons, s'ils sont convenablement appliqués, mais la grande difficulté est de reconnaître la nature du mal; les médecins eux-mêmes s'y trompent malheureusement souvent. Convaincu que la nature est bien plus puissante que l'art, et que l'art peut tout au plus aider à la nature, dans tous les cas où je ne suis pas bien sûr de mon fait, je m'abstiens de tout remède; je mets la bête malade à la diète, je la soigne avec sollicitude et j'attends. Je n'ai jamais eu à me repentir de mon abstention de tout remède, tandis que j'ai la certitude que bien des cultivateurs, dans leur ignorance et l'excès de leur zèle, ont souvent tué par les remèdes des bêtes qui auraient probablement guéri sous l'influence de la diète, du repos et de bons soins.

Matrice et vagin (Inflammation de la). — L'inflammation de la matrice et du vagin succède assez souvent au part laborieux, et, comme le renversement de la matrice, elle est la suite ordinaire des moyens violents employés pour hâter l'accouchement et la sortie du veau.

Symptômes. — La vache éprouve des douleurs de matrice qui déterminent des contractions et des efforts semblables à ceux qui précèdent et accompagnent le part. Le vagin et la vulve sont enflammés, rouges, tuméfiés, secs au commencement de la maladie. Plus tard, les efforts déterminent l'émission d'une matière sanieuse et de mauvaise odeur. La bête éprouve de la fièvre, la sécrétion du lait est diminuée ou tout à fait interrompue. L'urine est rare, colorée, la fiente sèche, noirâtre, et on remarque tous les symptômes d'un état inflammatoire intense.

Traitement. — Le traitement de l'inflammation de la matrice est généralement le même que celui des autres maladies inflammatoires; cependant on ne doit recourir à la saignée qu'avec circonspection, et ne l'employer qu'au commencement d'une inflammation bien prononcée, afin de ne pas trop affaiblir une bête dont les forces sont déjà épuisées par le travail du part et par les mauvais traitements qu'elle a déjà subis.

Intérieurement, on donne des breuvages mucilagineux deux ou trois fois par jour : on ajoute dans chaque breuvage 120 grammes d'huile douce, telle que l'huile de lin, et 15 grammes de salpêtre préalablement dissous dans de l'eau chaude.

Extérieurement, on applique sur les reins des cataplasmes émollients, qu'on a soin de renouveler assez fréquemment pour qu'ils soient toujours chauds et humides.

La matrice et le vagin doivent être l'objet d'une attention particulière. Si aucun écoulement n'a lieu, on emploie, plusieurs fois par jour, les injections émollientes et adoucissantes, comme le lait chaud, dans lequel on fait cuire quelques têtes de pavot, ou de la fleur de sureau, ou du mélilot, etc.

S'il sort de la vulve une matière sanieuse et de mauvaise odeur, il

faut que les injections soient composées d'une infusion de plantes amères
aromatiques, telles que l'absinthe, le thym, la mélisse, et soient continuées jusqu'à ce que le flux soit de bonne nature.

On doit toujours donner à boire aux bêtes, autant qu'elles en témoignent le désir.

On peut leur faire boire alternativement de l'eau blanchie de farine,
ou de l'eau dans laquelle on fait dissoudre du tourteau de lin. Lorsque
l'appétit revient, on ne doit le satisfaire qu'avec précaution et ne donner
aux bêtes convalescentes qu'une petite quantité de racines cuites et de
bon foin.

Matrice et vagin; chute et renversement. — Ces deux accidents
surviennent assez fréquemment chez les vaches, mais surtout immédiatement après le part difficile, soit par suite de violents efforts, soit,
ce qui est le plus fréquent, par la brutalité du marcaire, qui a voulu
hâter l'accouchement. Ces accidents peuvent aussi être la suite de la météorisation, et si la bête est pleine, ils sont presque toujours suivis de
l'avortement.

Chute du vagin. — La chute du vagin n'est pas rare chez les génisses,
dans les derniers temps de la gestation, surtout si elles sont bien
nourries.

Traitement. — Quand il y a seulement chute du vagin, on le fait rentrer sans beaucoup de peine, en le poussant avec la main enduite d'huile
ou de saindoux, jusqu'à ce que, par une manipulation douce et non interrompue, on l'ait peu à peu ramené à sa situation naturelle. La bête
doit être debout et placée de manière que le train de derrière soit plus
élevé que le train de devant, et on lui conserve pendant quelque temps
cette position, en laissant sous elle une suffisante quantité de fumier et
de litière.

Pour rendre du ton aux parties malades, on emploie des injections
composées d'*écorce de chêne concassée*, 90 grammes, qu'on fait bouillir
dans un demi-litre d'eau; on peut y ajouter 8 grammes d'alun en poudre.
Les injections doivent avoir lieu quatre à cinq fois par jour, et avec
250 grammes au moins de liquide pour chaque injection.

On laisse la bête en repos, et on lui donne des aliments qui ne distendent pas les estomacs et de facile digestion, comme du foin en quantité modérée et des boissons farineuses.

Si, malgré ces précautions, l'accident se renouvelle, on emploie avec
succès un bandage très-simple, que l'on fait, soit avec de la sangle, soit
avec de la toile grossière, cousue en double, de manière à former des
bandes larges de 0^m,03 à 0^m,04.

La *grav.* 64 indique clairement la forme et l'emploi de ce bandage, dont
la longueur est d'environ 0^m,60 et la largeur de 0^m,15. La partie *a* est

placée immédiatement sous la queue, au-dessus de l'anus; les deux bandes *b*, *b*, couvrent la vulve, et les trois bandes doivent être placées de ma-

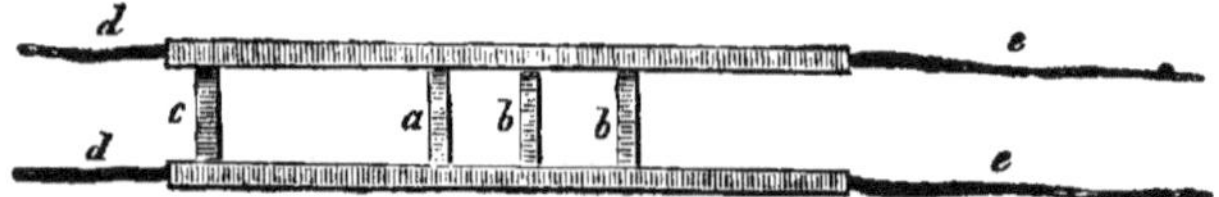

Grav. 64.— Bandage à appliquer en cas de chute du vagin.

nière à laisser un libre passage aux déjections. Ainsi leur disposition peut varier suivant la conformation de la bête. La bande *c* est appliquée sur la croupe, et l'appareil est maintenu par quatre cordons, dont deux *d*, *d*, sont étendus sur le dos, et les deux autres *e*, *e*, sont passés entre les cuisses, de chaque côté du pis; les quatre cordons sont fixés à un surfaix qui fait le tour du corps, en arrière des épaules. Quatre anneaux sont cousus à ce surfaix, et deux coussinets préviennent les meurtrissures qu'il pourrait occasionner sur le dos. Avec un peu d'attention, cet appareil ne gêne pas la bête, et j'ai possédé une vache à laquelle on l'appliquait par précaution chaque année, six à huit semaines avant l'époque où elle devait mettre bas.

Si la bête doit conserver longtemps cet appareil, il convient de lui donner plus de solidité et de remplacer les cordons par des courroies.

CHUTE DE LA MATRICE. — S'il y a chute de la matrice, cet organe apparaît, ou en totalité, ou partiellement, hors du vagin qu'il entraîne avec lui. Si le renversement a lieu, non-seulement la matrice sort de la cavité de l'abdomen, jusqu'en avant des parties génitales extérieures, mais en même temps elle est renversée et retournée de telle manière que sa face interne se présente à l'extérieur comme un gant retourné.

Le modèle reproduit par la *gravure* 65 serait alors plus convenable.

Cet accident arrive ordinairement immédiatement après le part, et alors le placenta ou arrière-faix est encore adhérent.

Traitement. — On commence par détacher le placenta avec précaution, puis nettoyer soigneusement avec du lait tiède toute l'étendue de la matrice. Deux aides, placés l'un à droite, l'autre à gauche de la bête, et aussi près d'elle que possible, soulèvent la matrice au moyen d'une serviette tendue. L'opérateur placé derrière la bête appuie, sur la partie la plus basse de la matrice, sa main huilée, dont les doigts sont rapprochés les uns des autres, et s'aidant au besoin de l'autre main, il pousse vers la vulve la matrice, la faisant ainsi rentrer jusqu'à ce qu'il l'ait ramenée à sa place.

On ne doit retirer la main de la matrice qu'après avoir senti s'opérer dans cet organe un mouvement de contraction; autrement une nouvelle chute pourrait avoir lieu immédiatement. Pour favoriser et augmenter cette contraction, on fait dans la matrice des injections de vinaigre

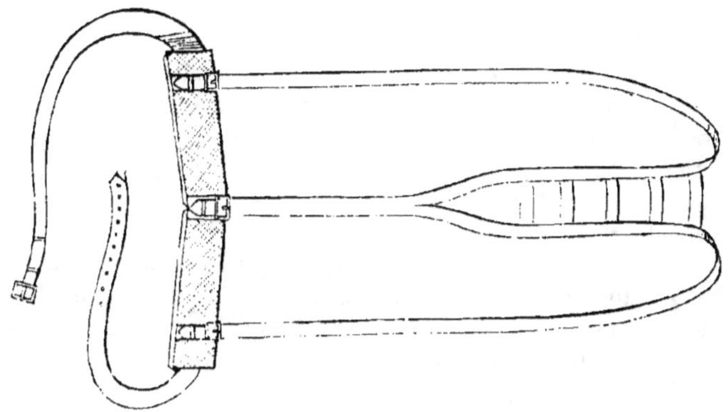

Grav. 65. — Bandage à appliquer en cas de chute de matrice.

étendu d'eau, ou d'une décoction d'écorce de chêne, à laquelle on ajoute un peu de vin.

L'accident est d'autant plus dangereux et le replacement plus difficile que la matrice est restée plus longtemps renversée au dehors et exposée au contact de l'air.

Le régime à suivre est le même que celui que j'ai indiqué à propos du renversement du vagin.

Le bandage est un moyen insuffisant pour prévenir la chute de la matrice ; il l'empêche bien de sortir, mais il ne peut empêcher qu'elle soit poussée jusqu'au bord des lèvres de la vulve et qu'elle soit ainsi comprimée dans le bassin, ce qui peut déterminer les accidents les plus dangereux. Dans ce cas, le seul appareil à employer est un pessaire, c'est-à-dire une sorte de pelote qui maintient les organes en place.

Souvent, lorsqu'une génisse déjà avancée dans la gestation se couche, sa vulve s'entr'ouvre et laisse voir une partie du vagin qui fait saillie, parce qu'il cède à la pression qu'opère sur lui la matrice. Cet état n'a rien de dangereux, et l'on prétend même avoir remarqué que les génisses chez lesquelles on l'observe mettent bas plus facilement.

Traitement préventif. — Si l'on craint pour une vache un accident de la nature de ceux dont je viens de parler, on doit toujours laisser sous elle une litière assez épaisse pour que le train de derrière soit aussi haut, ou un peu plus haut que le train de devant, alors même que l'étable aurait une forte pente.

Os (**Maladie épizootique des**). — Les symptômes extraordinaires qui accompagnent cette maladie, la difficulté de pénétrer ses causes, celle encore plus grande de la guérir, l'ont fait comparer au choléra.

En 1836 et 1837, elle a régné en Autriche, en Bohême, en Hongrie et en Prusse.

M. Kautz rend ainsi compte de ses observations :

Forme et invasion. — Depuis longtemps cette maladie régnait d'une manière enzootique dans plusieurs communes de la Prusse rhénane, mais dans les dernières années elle menaçait de devenir épizootique.

C'est une maladie toute particulière aux bêtes bovines, et qui attaque essentiellement les vaches laitières; les bœufs et les génisses en sont rarement affectés.

Telle que je l'ai observée, elle se développe lentement ; son invasion n'est pas marquée par un changement bien apparent dans l'exercice des fonctions vitales. Peu à peu le poil perd son éclat, devient terne et hérissé; les membranes muqueuses deviennent pâles et se couvrent d'un enduit muqueux épais, la peau devient sèche et adhérente, les bêtes maigrissent jusqu'à ce qu'elles arrivent à un état de marasme complet.

Symptômes. — Au début, souvent même jusqu'à une période très-avancée de la maladie, les déjections alvines ne présentent point de changements; mais à la fin des diarrhées très-affaiblissantes se manifestent presque toujours. L'urine présente également peu d'altérations, de même que le lait, qui, en quantité comme en qualité, reste dans son état normal jusqu'au plus haut degré de la maladie. Même les fonctions des organes de la génération ne sont pas éteintes, malgré la maigreur et la faiblesse, et les vaches en état de supporter le taureau peuvent concevoir. Celles qui sont pleines avortent rarement, et, malgré l'état de marasme dans lequel elles se trouvent, elles mettent bas des veaux bien conformés et ayant tous les signes de la santé; mais il n'est pas rare que, pendant le part, un des os du coxal se fracture, ou que les os composant la cavité pelvienne se désunissent entre eux à leur réunion, soit avec le pubis, soit avec le sacrum. Dans cet état, les bêtes ne peuvent plus se lever, mais elles ne paraissent pas souffrir par suite de fractures. Celles-ci n'occasionnent ni gonflement, ni inflammation, et elles ne sont pas susceptibles de guérison, souvent elles sont restées inaperçues jusqu'à l'autopsie.

A mesure que le mal fait des progrès, on remarque une altération plus ou moins forte dans l'état de la respiration et du pouls. L'un et l'autre sont sensiblement accélérés, le nombre des pulsations s'élève de 50 à 60 jusqu'à 80, 90 et même 100 par minute.

Une particularité remarquable, c'est qu'avec tous ces symptômes, qui indiquent un état maladif assez intense, les bêtes refusent très-rarement la nourriture; beaucoup conservent même l'appétit jusqu'au dernier moment de la vie, et la rumination n'est jamais entièrement interrompue.

Les bêtes malades ont une disposition particulière à lécher les murs imprégnés de salpêtre; elles mâchent et avalent les étoffes de laine et le cuir. J'ai vu des vaches malades dévorer les plantes amères, aromatiques, telles que l'absinthe, qu'elles refusent à l'état de santé; dans les derniers temps de la maladie, elles mangent la litière imbibée de leurs déjections.

Le premier symptôme de maladie est une gêne dans la marche, qui devient lente, roide, et exécutée avec précaution, comme si l'animal craignait de perdre l'équilibre et de tomber. Quelquefois on remarque une claudication dont le siége paraît être dans l'une ou l'autre extrémité, soit dans le sabot, soit dans une articulation. Quelquefois le mouvement de la marche est accompagné d'un craquement particulier des articulations.

Si on visite les sabots, on trouve la substance de la corne cassante et plus poreuse que dans l'état normal. Les cornes offrent la même particularité.

Généralement, dès que la maladie est déclarée, les bêtes ne se lèvent qu'avec difficulté et restent presque toujours couchées. S'il existe fracture ou désunion des os du bassin, elles ne se lèvent plus du tout, mais elles continuent à manger. Les vaches donnent du lait, elles mettent bas des veaux bien portants, et elles ne cessent de dépérir, jusqu'à ce qu'elles meurent dans un état de marasme complet, avec tous les symptômes de fièvre putride.

La mort a souvent aussi lieu sans que des os soient fracturés, mais alors elle suit presque immédiatement le part.

Après la mort on trouve dans les cadavres tous les signes de la cachexie la plus générale. Les organes de la génération se présentent encore dans un état assez normal. Souvent les os du coxal, quelques vertèbres, ou des côtes sont fracturés; les abouts articulaires sont ramollis, spongieux; généralement on remarque la plus grande pauvreté en matière organique, tandis qu'il y a absence complète de tous signes d'inflammation. On n'en distingue même aucune trace aux abouts des os fracturés.

Causes. — M. Kautz croit qu'il faut chercher les causes de ce mal d'abord dans une nutrition insuffisante; aliments de mauvaise qualité, herbes grossières croissant dans des marais, puis dans l'habitation, dans des étables basses, humides, où l'air ne se renouvelle pas, et dans l'absence de soins, pour préserver les bêtes des fâcheuses influences de la pluie, du vent et du froid. Ces vaches, mal soignées, sont nourries d'aliments peu substantiels, insuffisants pour réparer les pertes qu'occasionnent chez elles la sécrétion du lait, la gestation et le travail auquel on les soumet.

Elles sont ordinairement achetées déjà maigres et en mauvais état, et, instruits par l'expérience, les propriétaires les gardent rarement plus de deux ans. Ils s'en défont dès qu'ils remarquent de la gêne dans la marche, et cette disposition à lécher les murs et les substances absorbantes, dont nous avons parlé plus haut. Si ces vaches sont transportées ailleurs et placées, pour les soins et la nourriture, dans des circonstances favorables, ordinairement leur santé se rétablit.

Traitement. — Un changement de nourriture et de régime est la première et indispensable condition de guérison, et encore cette guérison n'est-elle possible que si la cure est entreprise dès l'invasion de la maladie.

Les moyens curatifs qui ont été employés avec le plus de succès sont les substances terreuses, absorbantes, amères, aromatiques, la chaux, l'eau de chaux, le chlorure de chaux, la craie, le charbon végétal, combinés avec la racine de gentiane, le calmus, les baies de genièvre, le phelaudicum aquaticum. J'ai surtout obtenu d'heureux résultats d'une poudre composée de :

Craie.	500 grammes.
Racine de gentiane.	120
— de l'acorus calamus.	120
Baies de genièvre.	180
Sel de cuisine.	560

On donne cette poudre trois fois par jour, et chaque fois à la dose de trois cuillerées qu'on mélange avec de la farine, des pommes de terre cuites ou des tourteaux, de manière à former une sorte de bouillie.

Dans quelques cas de mal plus intense, j'ai employé le remède suivant :

Chlorure de chaux.	90 grammes.
Racine de gentiane.	120
Écorce de chêne.	60
— d'aunée.	60
Racine de fenouil.	90
Baies de genièvre.	180

le tout mêlé à de la farine et étendu d'eau, pour former une pâte peu épaisse dont, au moyen d'une spatule, on fait prendre à la bête malade chaque jour trois fois, et chaque fois trois bonnes cuillerées.

On peut aussi étendre le mélange dans une décoction d'absinthe et le donner en breuvage.

Outre ces moyens internes, je fais faire des frictions sur le dos, les reins et les articulations de l'animal malade avec un mélange de deux parties d'eau-de-vie et une partie d'essence de térébenthine.

Pour que les remèdes puissent produire de bons effets, des aliments substantiels et de bonne qualité sont de nécessité indispensable; de bon foin ou regain, des grains égrugés, des racines cuites, du trèfle vert en été, et avec cela tous les soins hygiéniques convenables.

Peste. — Aux maladies épizootiques déjà décrites il faut encore ajouter une maladie terrible, heureusement presque inconnue chez nous, et désignée en Allemagne sous le nom de *peste des bêtes bovines*.

C'est une fièvre typhoïde et contagieuse qui paraît être originaire de l'Asie, où elle est enzootique, et qui pénètre parfois dans les parties orientales de l'Europe, surtout dans la Pologne et la Hongrie. Elle est quelquefois transportée au loin par les bœufs hongrois. En 1814 elle est venue jusqu'en France, à la suite des armées étrangères.

Phthisie tuberculeuse ou Pommelière. — Une autre maladie des poumons, qui affecte plus particulièrement les vaches laitières, est celle connue à Paris sous le nom de *Pommelière*, *phthisie tuberculeuse*, *phthisie calcaire*. Elle attaque surtout les vaches des nourrisseurs qui font le commerce de lait, et on l'attribue à l'insalubrité des étables et au régime auquel sont soumises les vaches qui habitent ces réduits infects.

Pleuropneumonie. — On appelle ainsi l'inflammation du poumon et de la plèvre, c'est-à-dire de la membrane qui enveloppe le poumon. Cette maladie est très-dangereuse. Sa propagation, par contagion, a été contestée; mais il est prouvé qu'elle règne souvent épizootiquement; c'est par des bêtes infectées qu'elle est ordinairement importée dans des endroits où elle était inconnue, et elle règne ensuite une, deux ou plusieurs années, enlevant quelquefois la moitié du bétail. Depuis sept ans beaucoup de villes et de villages des pays qu'arrosent la Sarre, la Moselle et le Rhin ont plus ou moins souffert de la pleuropneumonie. On cite même la ville de Neuwied sur le Rhin, où cette maladie existe depuis plus de quinze années sans qu'on soit parvenu encore à l'expulser. Aussi les cultivateurs qui savent par expérience que les bœufs à l'engrais sont attaqués de la *pleuropneumonie* après quatre à cinq mois passés dans leurs étables, s'arrangent-ils de manière à vendre les bœufs avant ce temps.

Invasion. — Les symptômes de la maladie, dans son début, sont si peu apparents, qu'ordinairement on ne s'aperçoit de son existence que quand elle a déjà fait de grands progrès.

Elle attaque toutes les bêtes sans distinction d'âge ni de sexe.

Elle règne en toute saison, mais le plus souvent à l'automne.

Son invasion est lente, son cours indéterminé ; tantôt elle attaque un nombre plus ou moins grand de bêtes à la fois, tantôt elle les atteint les unes après les autres, de manière qu'il se passe plusieurs mois, une année, jusqu'à ce qu'elle ait fait le tour d'une commune et enlevé la moitié ou la presque totalité des bêtes qui y existent.

Causes. — Parmi les causes de la maladie, on a indiqué d'abord la température, un mauvais régime, de mauvais aliments, des fourrages poudreux, vasés, gâtés, enfin, et cette cause paraît être la plus influente, l'insalubrité des étables, où la santé des bêtes ne peut manquer d'être altérée par l'humidité, la malpropreté, le défaut d'air, auquel se joint souvent une trop grande chaleur. Quant à la contagion, bien qu'elle soit contestée par quelques vétérinaires, on doit pourtant mettre tous ses soins à s'en garantir, si la maladie existe dans le voisinage.

Symptômes. — Les premiers symptômes auxquels on peut reconnaître l'existence de la *pleuropneumonie* sont très-peu apparents. D'abord de légers frissons, un hérissement du poil, surtout le long du dos ; le mouvement des flancs plus prononcé, de faibles gémissements, une toux sèche, profonde, puis rauque ; diminution du lait chez les vaches. La toux devient ensuite plus fréquente, la respiration plus accélérée et accompagnée de battement des flancs ; le pouls indique 60 à 70 pulsations par minute ; les bêtes sont tristes, perdent l'appétit, restent debout plus que de coutume, écartent les jambes de devant pour soulager la poitrine, etc.

Ces symptômes se développent d'une manière plus ou moins rapide, dans l'espace de 8 jours à 5 semaines ; ils s'aggravent encore ensuite, et quelquefois les bêtes ne succombent qu'au bout de deux mois.

Traitement. — Le traitement est très-difficile ; il ne peut être entrepris que par un vétérinaire, et dès l'instant où la maladie devient apparente ; encore a-t-on fait la remarque que les bêtes qu'on est parvenu à sauver ne recouvrent jamais une santé parfaite ; elles conservent une toux incommode, elles sont disposées à l'avortement ; elles donnent moins de lait, et quand on finit par les livrer à la boucherie, on trouve toujours des lésions plus ou moins graves des poumons. Le plus sûr est donc de sacrifier les bêtes décidément attaquées, et de mettre tous ses soins à préserver les autres bêtes.

Si, par une cause quelconque, la *pleuropneumonie* vient à se déclarer, on sépare sur-le-champ les bêtes saines en les faisant sortir de l'étable infectée ; on éloigne d'elles toutes les causes qui peuvent déterminer la maladie, et l'on prend pour la nourriture et le régime toutes les précautions à l'aide desquelles on peut espérer maintenir les bêtes en bonne santé. Ainsi on choisit les fourrages de la meilleure qualité, on donne des racines crues ou cuites ; pour boisson, l'eau blanchie de farine d'orge ; on assaisonne tous les jours les aliments de sel, et on donne de temps à autre 15 grammes de salpêtre, qu'on administre dans une décoction mucilagineuse. On pratique sur chaque bête une saignée, et l'on passe un séton au poitrail, ou bien, par des frictions irritantes, on établit sur les côtés de la poitrine des vésicatoires qu'on entretient en suppuration pendant quelques semaines.

On a indiqué la potasse comme un remède employé avec succès. En Autriche, en Silésie et en Gallicie, on donne à la bête malade, matin et soir, une heure avant le repas, 15 grammes de potasse délayée dans de l'eau. Il est à remarquer, ajoute le journal d'où je tire cette indication, que la bête à laquelle on a administré le remède reste pendant une ou deux heures tout à fait roide, le cou tendu comme si elle ne pouvait pas se remuer ; mais ensuite elle revient à elle, et, sous l'influence de l'usage prolongé de la potasse, tous les symptômes de la santé reparaissent successivement.

On a, dans ces derniers temps, recommandé l'inoculation comme préservatif de la pleuropneumonie. L'efficacité de ce moyen, vantée par des vétérinaires très-distingués, est mise en doute par d'autres vétérinaires : l'expérience prononcera.

Pommelière. — (Voir **Phthisie**.)

Rate (Maladie de la). — Cette maladie, une des plus meurtrières de celles qui attaquent les bêtes bovines, est un anthrax, une fièvre charbonneuse très-aiguë. Elle est souvent épizootique et enzootique.

Invasion et forme. — Elle est contagieuse, par contact immédiat, par la salive, l'écume, le pus des ulcères, l'urine et les autres déjections. Elle peut mettre en danger la vie des personnes qui soignent les animaux malades, aussi ne doit-on s'approcher d'eux qu'avec beaucoup de précautions

Elle affecte ordinairement les bêtes d'une manière subite, et plusieurs à la fois dans le même village, ou la même ferme. Quand elle règne épizootiquement, sa durée est ordinairement bornée à quelques semaines, jusqu'à ce qu'il arrive un changement marqué dans l'état de l'atmosphère ou dans la nourriture des bêtes. Quand elle est sporadique, elle paraît subitement et disparaît aussi de même.

Elle attaque particulièrement les bêtes les mieux nourries, les plus robustes et qui paraissent jouir de la meilleure santé.

Causes. — Elle se manifeste ordinairement en été et la forme épizootique est déterminée par les fortes chaleurs et la sécheresse, par la mauvaise qualité des fourrages, par ceux surtout qui proviennent de prés inondés en été, par les pâturages dans lesquels l'eau reste stagnante pendant les chaleurs. En hiver elle n'affecte jamais qu'un petit nombre d'animaux.

Symptômes. — Les symptômes qui la décèlent ne sont pas très-caractéristiques. Elle s'annonce par un état général de fièvre inflammatoire, chaleur et froid alternatifs, tremblement partiel du corps, anxiété, diminution et quelquefois perte subite de l'appétit et du lait, respiration courte, pouls dur, accéléré; les yeux enflammés et hagards, la bouche chaude et sèche, le ventre tendu, quelquefois, au début, il y a constipation, puis évacuations liquides et fétides. Ce symptôme est de mauvais augure. Mais dans le cours de la maladie on ne remarque pas de périodes bien distinctes, quelquefois même elle enlève subitement les bêtes, sans qu'on ait remarqué d'altération dans leur santé, et sans qu'elles aient cessé de manger jusqu'à leur mort.

Quelquefois il apparaît des tumeurs plus ou moins grosses et étendues sur diverses parties du corps; elles acquièrent en peu de temps un volume considérable; elles sont tantôt plus ou moins dures, tantôt molles et œdémateuses. Elles paraissent particulièrement à l'encolure et au poitrail; elles contiennent une masse compacte jaunâtre, lardacée, et les muscles sous-jacents sont presque toujours d'un brun noirâtre. Les tumeurs molles ont leur siége aux parties plus déclives, aux jambes, aux cuisses, au pourtour des articulations, et elles contiennent ou un sang très-noir ou un liquide jaunâtre, sanieux ou mêlé de stries de sang qui se trouve répandu sous la peau, dans le tissu cellulaire. Après la mort, le sang sort par la bouche et l'anus. A l'ouverture des cadavres, on trouve tous les gros vaisseaux gorgés d'un sang très-noir, les poumons d'une couleur bleu noirâtre, leur substance molle et flasque; les estomacs et les intestins sont plus ou moins enflammés; la membrane interne du quatrième estomac est quelquefois noire, gangrenée ou parsemée de points noirs. La rate est presque constamment engorgée; elle a quelquefois un volume très-considérable, sa substance est très-molle, de couloir noire et ressemblant à un amas de sang coagulé. La chair est molle, de couleur bleu noirâtre; les cadavres entrent promptement en putréfaction.

Traitement. — Les moyens curatifs qu'on emploie avec le plus de succès sont des saignées copieuses, dès l'invasion du mal, le sulfate de soude, l'eau ferrée, l'eau acidulée légèrement avec les acides minéraux, tels que l'acide sulfurique ou l'acide hydrochlorique. On persiste dans l'emploi de ces moyens, jusqu'à la diminution des symptômes les plus apparents d'inflammation.

Chez les bêtes jeunes et moins vigoureuses, les évacuations sanguines doivent être moins considérables, et si l'on emploie les acides, on les donne mêlés à des infusions aromatiques ou amères. Si les bêtes sont déjà affaiblies par une nourriture mauvaise et insuffisante, on ne doit pas saigner. Dans ce cas, on ajoute au breuvage aromatique le foie de soufre et le camphre.

Des douches d'eau vinaigrée ou simplement d'eau froide sur tout le corps et des bains de rivière ont été employés avec succès comme moyens curatifs et préservatifs. Elles doivent être suivies de frictions sèches très-énergiques.

Les tumeurs, tant molles que dures, doivent être ouvertes si leur siége le permet. On y pratique des incisions profondes, et on les bassine avec des infusions aromatiques, l'eau-de-vie, l'essence de térébenthine, on emploie même la teinture de cantharides.

Les sétons peuvent être utiles comme moyens dérivatifs.

On a obtenu de bons effets de la cautérisation des ulcères avec le fer rouge.

Si la maladie règne dans le voisinage, ou si un animal en a été subitement attaqué, il est toujours prudent d'employer pour les autres animaux des précautions et moyens préservatifs. La saignée, chez les bêtes bien nourries, les bains de rivière; pour boisson de l'eau blanche à laquelle on ajoute du sel de cuisine ou du salpêtre; de temps à autre aciduler les boissons avec l'acide sulfurique. On a aussi recommandé comme préservatif le tartre à la dose de 60 grammes par jour, aussi dans la boisson.

Après avoir lu la description de cette terrible maladie, on sentira facilement qu'il n'est pas possible de la bien traiter sans des connaissances et une pratique que bien peu de cultivateurs peuvent posséder. Il faut donc recourir à un vétérinaire. Mais la saignée doit être pratiquée sans délai si les bêtes sont vigoureuses et en bon état.

Pissement de sang. — *Causes et symptômes.* — Le pissement de sang a quelquefois lieu chez les bœufs par suite d'une inflammation occasionnée par le travail, des chaleurs excessives ou des causes difficiles à apprécier. La bête est dans un état de fièvre qui peut n'être que légère; elle témoigne de la difficulté à uriner, et les urines sont colorées en rouge. On pratique immédiatement une saignée, on prescrit le repos, quelques doses de salpêtre, un régime rafraîchissant, et le mal ne tarde pas à disparaître.

Le pissement de sang peut aussi être occasionné par le pâturage dans des marais où les bêtes mangent des roseaux, et dans les taillis où elles broutent de jeunes pousses d'arbres, dont les propriétés astringentes produisent une irritation qui affecte particulièrement les organes urinaires. Dans ce cas, chez les vaches le lait est aussi quelquefois coloré de sang.

Traitement. — Un moyen très-simple de guérir le mal est le lait caillé, administré plusieurs fois par jour, à la dose d'environ deux litres chaque fois.

Un célèbre agronome allemand, Weckerlin, recommande l'emploi de la racine de tormentille.

Sang ou coup de sang. — C'est une fièvre inflammatoire très-aiguë, avec affection particulière de tous les organes contenus dans l'abdomen. En général, cette maladie se termine promptement par la gangrène.

Causes. — Cette maladie attaque indistinctement toutes les bêtes; cependant celles qui sont bien nourries, vigoureuses, y sont plus exposées, particulièrement vers l'âge de deux à trois ans. Cette grave maladie frappe les bœufs comme les vaches, et n'épargne pas même les veaux. Elle est souvent déterminée par un exercice forcé, surtout pendant les grandes chaleurs, et par une nourriture trop abondante et trop substantielle.

Moyens préservatifs. — On voit, d'après l'énumération des causes de cette maladie, que les moyens préservatifs consistent dans les soins et le régime que nous avons indiqués comme étant les plus convenables pour maintenir les animaux en bonne santé. Si des circonstances particulières font craindre l'invasion de la maladie pour de jeunes bêtes dans un état d'embonpoint prononcé, il faut chercher à les soustraire à cette influence et, par précaution, leur donner pendant quelques jours des boissons nitrées.

Symptômes. — On remarque d'abord dans les bêtes tristesse et diminution d'appétit; les oreilles sont froides, le lait des vaches tarit. Le mal augmentant, l'appétit cesse entièrement, ainsi que la rumination; une chaleur marquée se répand sur tout le corps, la bouche devient sèche et chaude, le poil se hérisse, le pouls est dur, plein et accéléré; le nombre des pulsations va jusqu'à 60 et au delà par minute. (Dans l'état de santé, il y a chez le bœuf 40 à 45 pulsations par minute; dans l'état de fièvre, il peut y en avoir jusqu'à 100.) L'urine est transparente et ordinairement rougeâtre, et n'est sécrétée qu'en petite quantité, le ventre est tendu, surtout le côté gauche. La fiente est dure, sèche, sous forme de crottin brun noirâtre, quelquefois couvert d'un enduit muqueux jaunâtre, dans lequel on remarque des stries de sang. A un haut degré du mal, il y a constipation complète.

Les bêtes ont, en outre, la respiration gênée, l'air expiré est chaud. Si on leur appuie la main sur le dos et les reins, elles plient le dos, en témoignant par des gémissements la douleur qu'on leur fait éprouver. Plus tard, elles ne plient plus et sont roides et immobiles. Enfin, si la maladie atteint sa dernière période, les bêtes deviennent faibles; dès qu'elles sont couchées, elles ne peuvent plus se relever; elles tremblent, la respiration devient de plus en plus gênée, plaintive; le corps se couvre de sueur, le ventre se gonfle, enfin la sueur se dessèche et quelques convulsions amènent la mort.

Traitement. — Dès qu'on s'aperçoit qu'une bête est attaquée du *sang,* le marcaire doit introduire sa main graissée d'huile dans le rectum de la bête malade, aussi loin que cela lui sera possible et en extraire avec précaution les excréments et le sang qu'il contient. Le marcaire administre ensuite des lavements émollients et tièdes auxquels il ajoute une forte proportion d'huile. Après le premier lavement on pratique une saignée à la veine jugulaire, et on tire de 2 jusqu'à 4 kilogr. de sang, suivant l'âge et la force de la bête. La saignée peut-être réitérée plus tard, si l'intensité de l'état inflammatoire rend cette répétition nécessaire.

On administre ensuite le breuvage suivant :

Soufre en fleur.	50 grammes.
Salpêtre.	50
Sulfate de soude.	60

On fait dissoudre les deux sels dans à peu près un quart de litre d'eau chaude; on ajoute environ un litre d'une décoction mucilagineuse, comme graine de lin, mauve, son, racine de guimauve ; on délaye ensuite dans ce mélange la fleur de soufre, et, après avoir bien agité le mélange, on le fait avaler à la bête.

Quand la maladie paraît prendre un caractère putride, et que la bête est faible et abattue, on ajoute au breuvage dont je viens de donner la formule, 4 grammes de camphre en poudre, délayés dans un jaune d'œuf.

Des douches d'eau froide sur le dos et les reins de la bête malade ont été aussi employées avec succès, surtout dès l'invasion du mal, après la saignée : mais il faut les continuer sans interruption pendant quatre à cinq heures.

Lorsque les symptômes de la maladie ont disparu, on peut donner des amers toniques, comme le sel, la racine de gentiane, les baies de genièvre.

Durant la maladie, les bêtes ne mangent pas du tout, mais témoignent constamment une soif ardente, qu'on doit satisfaire. On peut leur donner de l'eau blanche, en ajoutant à chaque seau d'eau 8 à 15 grammes de salpêtre.

Vagin. — (Voir **Matrice**.)

CHAPITRE XIX

TICS ET VICES DES BÊTES BOVINES.

Tic. — Les vaches sont sujettes à un tic, analogue à celui qu'on nomme chez les chevaux *langue serpentine*. Elles ouvrent la bouche, allongent la langue de toute sa longueur hors de la bouche, sur l'un des côtés, et là elles la tournent et retournent dans tous les sens, comme si elles faisaient de grands efforts pour atteindre un objet qui serait au-dessous de leur œil. Ce tic se communique par imitation, et si une vache en est atteinte, il affecte bientôt toutes les vaches qui habitent son étable.

Il y a quelques années, dans une disette de fourrages, je donnai à mes bêtes une partie de leur ration en grain et tourteaux de colza, avec une très-petite quantité de foin. Une vache commença à tiquer, et bientôt toutes les autres vaches de mon étable l'imitèrent. Ce tic fatigue les vaches, les empêche de ruminer et occasionne une déperdition de salive qui les fait maigrir.

Il n'a d'autre cause que ce qu'on peut appeler l'oisiveté. Lorsqu'une ration, riche en principes nutritifs, sous un petit volume, est promptement consommée par un animal nourri à l'étable, l'ennui le gagne, et il tique pour passer le temps. Après un hiver pénible, le printemps ayant ramené l'abondance, mes vaches cessèrent de tiquer et n'ont plus tiqué depuis ce moment.

Je connais un régiment de cavalerie où l'on avait adopté l'usage de hacher une grande partie de la ration de paille pour la faire manger aux chevaux, mêlée à l'avoine. Cette paille hachée nourrissait mieux les chevaux; mais les repas étaient trop promptement terminés, et le nombre des tiqueurs augmentait tellement, qu'on fut obligé de renoncer à la paille hachée, et de donner aux chevaux la paille entière pour leur faire passer le temps.

Vaches qui se tettent. — On rencontre quelquefois des vaches qui se tettent elles-mêmes. Je suis disposé à croire que ce défaut a la même cause que le tic; mais il ne passe pas aussi facilement. Pour empêcher une vache de se teter, il faut faire en sorte que, sans lui imposer une gêne qui pourrait lui être nuisible, on la mette dans l'impossibilité d'atteindre son pis avec sa bouche. On a pour cela proposé plusieurs appareils ; le plus simple consiste en un surfaix auquel on fixe deux anneaux que l'on place de chaque côté, sur les côtes de la vache; de ces deux anneaux partent deux cordes qu'on fixe aux cornes de la bête. On conçoit que la vache peut se lever, se courber, baisser ou lever la tête, mais qu'elle ne peut la tourner ni à droite ni à gauche. Un soin qu'on ne doit pas négliger, c'est de garnir le surfaix de manière qu'il ne puisse blesser le garrot.

Je crois qu'avec une bonne nourriture, suffisamment abondante et régulièrement distribuée, l'emploi de l'appareil que je viens de décrire ne sera pas longtemps nécessaire pour faire perdre à une jeune vache l'habitude de se teter.

Vaches qui donnent des coups de pied. — Quelques vaches donnent des coups de pied quand on les trait. Quelques-unes sont devenues méchantes par suite de mauvais traitements, la plupart ne sont que chatouilleuses, ou bien elles éprouvent de la douleur au pis, par suite de crevasses. Quelle que soit la cause, l'effet n'en est pas moins fâcheux, parce que souvent le seau à traire et le trayeur lui-même sont renversés.

Un moyen très-facile d'empêcher une vache de frapper avec un pied de derrière consiste à lui lever un pied de devant. Mais au lieu de faire tenir ce pied levé par un homme, comme cela a lieu pour les chevaux, on le fixe avec une corde.

Le marcaire a une corde longue d'environ 0^m,60; il en noue ensemble les deux bouts, il lève le pied de la vache, en lui faisant plier le genou assez pour que les sabots touchent au coude. Il place alors la corde de manière qu'elle fasse le tour de la jambe ainsi repliée sur elle-même, en passant d'un côté sur le paturon, et de l'autre côté sur l'avant-bras, tout près du poitrail. L'articulation du boulet maintient la corde dans cette position en l'empêchant de glisser, et la vache a ainsi un pied en l'air, sans qu'on soit obligé de le tenir. Après quelques efforts pour se dégager, elle reste ordinairement tranquille. Le marcaire lève le pied du côté où il se place pour traire, et lorsqu'il a fini, il ôte la corde, sans la dénouer, aussi facilement qu'il l'avait placée.

CHAPITRE XX

ERREURS ET PRÉJUGÉS SUR LES BÊTES BOVINES.

Les animaux que l'homme a domptés, et condamnés à l'esclavage et à de durs travaux, n'ont pas seulement à partager la misère de leur maître et à endurer de lui toutes sortes de mauvais traitements, mais ils souffrent souvent de son ignorance, alors même qu'il cherche à soulager ou à guérir des maux que lui-même a causés.

En ceci, comme en toute chose, l'instruction, qui adoucit les mœurs en même temps qu'elle apprend à discerner le vrai du faux, est toujours la première base de tout progrès, de toute amélioration.

Les erreurs, les préjugés, les superstitions des cultivateurs à l'égard du bétail, sont en grand nombre et occasionnent des pertes immenses.

Je vais indiquer les erreurs répandues dans le pays que j'habite.

Appétit (Frottement de la bouche pour le stimuler). — Des bêtes, mal soignées, mal nourries ou irrégulièrement nourries, sont souvent dans un état de souffrance; l'estomac dérangé fait mal ses fonctions, la bête ne mange pas; et pour la faire manger on lui frotte la bouche avec un oignon, du sel, du poivre et du vinaigre. Souvent on réussit, c'est-à-dire que la langue et le palais étant ainsi irrités, la bête mange, mais l'estomac ne digère pas mieux pour cela. Le mal n'est pas dans la bouche, il est dans l'estomac; la sage nature fait sentir à l'animal souffrant la nécessité du jeûne, et l'homme ignorant, en stimulant un appétit factice, vient aggraver le mal.

Barbillons (Excision des). — Souvent on ne se contente pas de frotter la langue et le palais avec du poivre pour stimuler l'appétit, on coupe avec des ciseaux les *barbillons*. Petites bulbes charnues, dont le nom indique la forme, et qui sont placées à l'orifice du canal sécréteur des glandes maxillaires, près du frein de langue, et sont destinées à opérer la sécrétion et l'abord de la salive dans la bouche. Cette excision est une opération barbare, d'où résultent quelquefois des plaies et des ulcères dangereux.

Breuvages rafraîchissants. — Certains cultivateurs croient qu'un breuvage rafraîchissant est indispensable, quelque temps après qu'une

vache a mis bas, et Dieu sait tout ce qu'on fait entrer dans ces breuvages ! Je ne puis trop répéter que c'est par une bonne nourriture, un bon
régime, qu'on doit assurer la santé des bêtes, et si quelquefois une bête
est indisposée, échauffée, on peut la soulager par des moyens plus simples que par ces breuvages auxquels les gens ignorants accordent une
action d'autant plus énergique qu'ils y ont fait entrer un plus grand
nombre d'ingrédients.

Breuvages introduits par le nez. — Un procédé barbare, plus dangereux que tous ceux dont je viens de parler, est celui qui consiste à introduire par un des naseaux un breuvage que l'ignorance destine à agir
sur les organes de la respiration. Si le but était atteint, si le breuvage
pénétrait dans la trachée-artère, la suffocation de la bête en serait la suite
nécessaire et immédiate. Ordinairement quelques gouttes seulement pénètrent dans les voies respiratoires, ces gouttes suffisent pour occasionner une toux plus ou moins forte, et le reste du breuvage descend dans
le gosier, et de là dans l'estomac.

Dents qui branlent. — Les dents incisives des bêtes bovines n'ont
pas de pivots; elles sont creuses à leur base, par conséquent peu solides,
et en les saisissant entre les doigts, on peut toujours les faire remuer.
Cependant on voit des gens prétendre qu'une vache mal nourrie et mal
soignée est souffrante parce que ses dents branlent, et prétendre la
guérir en lui renfonçant les dents.

De même on attribue souvent au renouvellement des incisives l'état
de souffrance d'une jeune bête qui ne mange pas bien. La dentition peut
déterminer cet état, mais il a plutôt pour cause l'éruption des dents
mâchelières que le renouvellement des dents incisives, dont le rôle est
de peu d'importance. Ainsi une vache, qui par accident aura perdu une
ou deux dents incisives, peut être encore une très-bonne vache; cela ne
l'empêche pas de mâcher, de ruminer et de se bien nourrir.

Chez les vaches nourries des résidus de distilleries, les dents s'usent
promptement, surtout si ces résidus ont passé par des chaudières de
fer. J'ai vu des vaches encore jeunes, avoir des dents incisives usées au
niveau des gencives.

Les bêtes bovines, comme les chevaux, peuvent aussi être sujettes à
des douleurs de dents. Il n'est pas rare que de vieux chevaux aient les
dents cariées. Malheureusement les pauvres bêtes peuvent seulement témoigner qu'elles souffrent, mais non indiquer le siége de leur mal; aussi
on confond ordinairement les douleurs de dents des vieux chevaux et
les coliques.

Loup. — Dans les cantons où les vaches sont mal soignées, elles sont
sujettes à toutes sortes de maladies, et il se trouve des docteurs qui ont
des remèdes à tous les maux.

Au nombre de ces maladies est celle qu'on appelle le *loup*. Une vache mal soignée, mal nourrie, est triste, elle ne mange pas; elle a le poil hérissé, la peau adhérente. On lui visite la queue, on trouve, ce qui existe toujours, que son extrémité est plus molle; on décide qu'elle a le *loup*, on fait à l'extrémité deux incisions en croix, on en tire quelques gouttes de sang, et la bête doit être guérie.

Il arrive aussi quelquefois que la bête est réellement malade, et que l'ignorant opérateur du *loup* inspire au propriétaire une fâcheuse sécurité qui l'empêche de rechercher et de soigner le mal véritable.

Enfin il peut exister réellement à l'extrémité de la queue une ulcération produite et entretenue par la malpropreté, la mauvaise nourriture et une disposition maladive interne. Cette altération accompagne quelquefois la fièvre charbonneuse, maladie très-grave qu'on ne peut guérir par une incision.

On fait encore quelquefois des incisions aux oreilles, et l'on en tire quelques gouttes de sang, alors qu'il faudrait peut-être en tirer 2 à 5 kilog. Si la saignée est nécessaire, on manque complétement le but; si elle n'est pas nécessaire, l'incision est une petite cruauté inutile.

Musaraigne (Piqûre de). — S'il survient à une bête une enflure, une tumeur, dont la cause n'a pas été déterminée, le paysan ignorant l'attribue ordinairement à une piqûre de musaraigne. Mais ce n'est pas là qu'il faut chercher la cause du mal; la musaraigne n'a point de dard pour piquer, et sa bouche est beaucoup trop petite pour qu'elle puisse mordre la peau d'une vache ou d'un bœuf. Une enflure au ventre, si elle n'est pas la suite d'une maladie, peut être le résultat de la piqûre d'un insecte; l'enflure qui paraît subitement au pis d'une vache est presque toujours la suite d'un coup d'air.

Plume avalée. — On attribue souvent à une plume avalée un dévoiement ou une indigestion; mais quel effet peuvent faire une, même plusieurs plumes, mâchées, humectées de salive et mêlées à une masse d'aliments telle que celle que contient la panse d'un bœuf? Si d'ailleurs les plumes étaient aussi dangereuses, n'occasionneraient-elles pas tous les jours des accidents, dans presque toutes les fermes, où les poules pénètrent partout, pondent dans les râteliers, les greniers à foin, et laissent partout des plumes?

Rôties au vin. — Il y a des cantons où le vin et le cidre sont à bon marché, et où l'on ne manque pas de donner ce qu'on nomme une rôtie à une vache qui vient de mettre bas. C'est une bouteille de vin ou de cidre avec une tranche de pain grillé. Il faut à une vache, dans cette circonstance, de l'eau blanche, des boissons rafraîchissantes, et rien n'est moins convenable que tout ce qui peut exciter, augmenter l'ardeur, comme une rôtie au vin, à moins pourtant que la vache, épuisée par le jeûne, ne se trouve dans un état de faiblesse tel, qu'il soit nécessaire de lui rendre des forces et de donner du ton à ses organes.

Veau (Frottement du) avec du sel et du son. — Pourquoi couvre-t-on de son et de sel un veau qui vient de naître? Si la vache n'était pas disposée à le lécher, on pourrait l'y déterminer par l'attrait du sel; mais loin de là, on doit seulement veiller à ce que la vache ne lèche pas trop son veau, et n'arrache pas le cordon ombilical. Pour la vache elle-même, le sel et le son lui sont dans ce moment au moins inutiles.

Sortiléges. — Je ne parlerai pas des sortiléges, des moyens sympathiques employés dans le but de prévenir ou de guérir les maladies. Les gens sensés n'usent pas de pareils moyens, et ce que je pourrais dire ne désabuserait pas les imbéciles qui y ont foi.

Résumé. — Tels sont les préjugés et erreurs que je connais. Il en existe sans doute beaucoup d'autres que je ne connais pas ; chaque canton, chaque village a les siens. Ils sont au reste faciles à reconnaître; on distinguera sans peine les idées qui blessent la saine raison, que l'ignorance et la superstition admettent et propagent, de toutes les pratiques qui reposent sur des causes physiques.

CHAPITRE XXI

COMMERCE DES BESTIAUX. — MARCHÉS D'APPROVISIONNEMENT.

---

1. — Marchés d'approvisionnement.

Les marchés d'approvisionnement pour assurer et faciliter le commerce de la boucherie de Paris ont lieu : à Sceaux le lundi, à la Chapelle-Saint-Denis le mardi, à Poissy le jeudi, et à Paris, à la halle aux Veaux, les mardi et vendredi.

Les marchés de Poissy et de Sceaux sont les seuls où les bœufs[1] peu-

---

[1] Les règlements qui interdisent la vente des bestiaux pour l'approvisionnement de Paris, ailleurs qu'à Sceaux et à Poissy, existent toujours; mais ils sont singulièrement modifiés par la création de la vente à la criée des animaux abattus.

vent être amenés, ainsi que les moutons ; les vaches et les veaux y sont également admis; on y reçoit même les taureaux, mais à la condition qu'ils seront attelés derrière une voiture, et qu'ils seront entravés de manière à éviter tout accident.

C'est au marché de la Chapelle-Saint-Denis qu'on amène les vaches grasses, les vaches laitières et les taureaux réformés qu'on veut vendre comme animaux de boucherie.

Le marché aux veaux, situé à Paris, derrière le quai de la Tournelle, est spécialement destiné à la vente des veaux; on y vend toutefois des vaches et des taureaux. Il n'est permis d'y amener que des veaux âgés au moins de six semaines.

Les bestiaux non vendus doivent quitter le marché aux heures indiquées pour la cessation des ventes. En général, on les représente sur les autres marchés, mais il en résulte pour les propriétaires de ces bestiaux un supplément de frais, puisque dans l'intervalle du marché où l'on n'a pu vendre un bœuf au marché le plus prochain, il faut loger et nourrir l'animal invendu.

Par un privilége tout spécial, rétabli par un arrêté des consuls, du 50 ventôse an XI, il ne peut être vendu ni acheté de bestiaux, propres à la boucherie, dans le rayon de 100 kilomètres de Paris, excepté sur marchés que je viens d'indiquer. Il est aussi défendu, sous des peines us ou moins sévères, de vendre des bestiaux sur les routes ou dans les uberges, d'aller, dans le rayon prescrit, au-devant des bandes pour les rrher, c'est-à-dire pour les acheter à l'avance, de telle sorte qu'ils ne soient plus amenés sur les marchés que pour obéir au règlement. Toutefois il est loisible aux bouchers d'acheter au delà du rayon prescrit, mais à la condition que les bestiaux acquis seront amenés sur les marchés pour y être vérifiés par les contrôleurs.

Les bestiaux destinés à l'approvisionnement de Paris sont *insaisissables*. Les oppositions ne peuvent arrêter la vente et n'ont d'effet que sur son produit.

Les marchés d'approvisionnement servent de point central au commerce de la boucherie, pour assurer, comme on l'a vu, la subsistance non-seulement de Paris, mais encore de la banlieue et des populations placées dans le rayon de 100 kilomètres. Ces marchés sont donc pratiqués par les bouchers de Paris et de la banlieue, et par les bouchers *forains*.

Pour donner une idée exacte de l'importance des transactions qui s'y opèrent, nous allons reproduire, d'après M. Husson, chef de division à la Préfecture de la Seine, et auteur d'un excellent livre intitulé les *Consommations de Paris*, le tableau des ventes qui ont été faites depuis 1845 jusqu'en 1852, c'est-à-dire pendant une période de huit années.

ÉTAT DES ARRIVAGES DE BESTIAUX SUR LES MARCHÉS D'APPROVISIONNEMENT
DE PARIS DEPUIS 1845 JUSQU'EN 1852.

PAYS DE PROVENANCE.	BŒUFS.	VACHES.	VEAUX.	MOUTONS.	TOTAL DES TÊTES.
Alsace.	»	1	»	»	1
Anjou.	240,318	3,535	475	517,519	561,645
Artois.	50	14	379	114,285	115,526
Auvergne.	»	40	»	»	40
Berry.	39,764	4,482	92	1,002.497	1,046,855
Bourbonnais.	14,467	568	»	6,056	21,091
Bourgogne.	18,491	1,942	240	199,892	220,565
Bretagne.	7,875	125	5,248	542	15,788
Champagne.	1,295	1,168	24,725	605,079	632,263
Flandre.	465	169	1.551	265,891	267,876
Franche-Comté.	2,510	48	126	90	2,774
Guienne.	40,285	2,963	»	78,501	121,749
Ile-de-France.	9,890	125.849	517,076	2,215,285	2,866,100
Limousin.	72,212	14.549	255	199,662	286,676
Lorraine.	268	28	1	20,610	20,907
Maine.	44,657	18,085	1,319	78,050	142,091
Marche.	25,581	2,527	»	42,661	68,569
Nivernais.	51,012	5.968	»	45,927	100,907
Normandie.	448.614	54,427	124,555	254,440	861,854
Orléanais.	2,564	4,420	281,481	650,657	919,102
Picardie.	521	474	990	175,785	175,570
Poitou.	118,888	1,984	116	495,502	616,290
Saintonge et Angoumois.	67,450	8,261	1	28,590	101,502
Touraine.	646	155	5,567	40,818	44,966
Vivarais et Gévaudan.	8	1,195	»	»	1,205
Hollande.	»	5	»	11,251	11,255
Belgique.	7	»	18	5,808	5,835
Allemagne.	»	»	»	516,565	516,565
Angleterre.	»	»	»	5,178	5,178
Prusse.	32	»	»	160	192
Hongrie.	»	»	»	149	149
États sardes.	»	»	»	122	122
Totaux.	1,205,466	248,760	962,207	7,551,108	9,747,541
Moyenne annuelle.	150,683	51,095	120,275	916,588	1,218,443

Sur ces nombres, la boucherie de Paris, la boucherie de la banlieue et
la boucherie foraine ont acquis en moyenne chaque année :

	BŒUFS.	VACHES.	VEAUX.	MOUTONS.
Boucherie de Paris.	80,781	19,870	77,677	488,741
— de la banlieue.	50,292	5,645	22,458	225,911
— foraine.	26,418	1,855	4,526	88,457
Totaux.	157,491	27,550	104,641	801,109

Nombre des taureaux. — Nous n'avons pas fait figurer dans le tableau qui précède le nombre des taureaux amenés sur les marchés d'approvisionnement, parce que ce nombre est insignifiant si on le compare au nombre des autres bestiaux. On peut l'évaluer à un millier de têtes en moyenne par année. Ce sont les départements formés de la Champagne, de l'Ile-de-France et de la Normandie qui en fournissent le plus.

Proportion des bestiaux étrangers. — Le nombre des bœufs étrangers est excessivement restreint, pour ne pas dire nul. Cela provient de ce qu'un droit de 50 francs par tête, non compris le double décime de guerre, était perçu à leur entrée en France et annulait totalement leur introduction. Un décret du 14 septembre 1853 a réduit ces droits à 3 francs par tête seulement, et depuis lors l'importation est devenue beaucoup plus considérable ; elle était en 1856 de 42,000 têtes, en 1857 de 42,687 têtes, en 1858 de 25,141 têtes. A défaut d'autres mérites, la concurrence étrangère a l'avantage de maintenir la modération des prix de la viande, et de stimuler l'industrie des agriculteurs français, vivement intéressés à perfectionner les races de bestiaux indigènes qui doivent rivaliser avec les bestiaux étrangers.

Prix moyen des bœufs. — Le prix moyen des bœufs dont le poids est évalué en moyenne à 350 kilogr., établi d'après la période de 8 années que nous venons de considérer, s'élève à 351 fr. 68 pour la boucherie de Paris, 302 fr. 93 pour la boucherie de la banlieue, et 302 fr. 06 pour la boucherie foraine.

Prix moyen des vaches. — Le prix moyen des vaches pour ces trois destinations est respectivement de 204 fr. 31, 164 fr. 82 et 157 fr. 50.

Prix moyen des veaux. — Ce prix est de 94 fr. 85, 62 fr. 74 et 66 fr. 68.

Poids moyen des vaches et des veaux. — Le poids moyen des vaches est évalué à 230 kilogr., et celui des veaux à 70 kilogr.

Prix moyen du kilogr. de viande. — Le prix moyen du kilogr. de viande de bœuf vendue sur pied, qui était en 1845 de 1 fr. 03, est descendu, en 1851, à 0 fr. 83 ; puis il a augmenté successivement. Il a été de 1 fr. 23 en 1854 et de 1 fr. 40 en 1858; depuis quelque temps il diminue d'une manière assez sensible.

Mode d'approvisionnement de Paris pendant la Révolution. — Pendant la Révolution, alors que l'agriculture était abandonnée, ou ne produisait guère que les céréales indispensables à la nourriture de la population, l'engraissement des bestiaux avait entièrement cessé, dans les pays même où on est dans les meilleures conditions pour le pratiquer. Les cultivateurs et les herbagers avaient entièrement renoncé à l'approvisionnement des marchés de Sceaux et de Poissy, parce que là il n'y avait plus de sécurité pour leur commerce. La caisse de Poissy avait été supprimée ; la solvabilité des bouchers était douteuse, et, quand elle ne l'était pas, le papier-monnaie qu'ils offraient en échange des bœufs effrayait les vendeurs par sa dépréciation quotidienne.

Le Comité de salut public, et plus tard le Directoire, voyant Paris sur le point de manquer de vivres-viande, furent contraints, malgré leur toute-puissance, de se charger eux-mêmes de faire approvisionner les marchés. Ils traitèrent directement avec la Suisse, Bade et la Franconie, afin d'assurer d'une manière régulière le service de la boucherie de Paris. C'était avec de l'or et non pas avec du papier-monnaie que les bestiaux étaient payés, et ce payement était effectué avant qu'ils eussent franchi la frontière. Les bestiaux étaient ensuite revendus à Sceaux et à Poissy pour le compte du gouvernement.

Inconvénients de l'exagération des droits sur les bestiaux étrangers. — Nous venons de parler des droits énormes imposés sur le bétail à son entrée en France avant 1855. Qu'on nous permette à ce sujet une digression.

Ces droits ont certainement nui aux provinces rhénanes, mais ils ont nui encore plus à la France. Il ne faut pas croire que la France soit le seul débouché des bœufs gras allemands ; il s'en est formé de nouveaux ; la rive gauche du Rhin a de grandes villes, elle a de fortes garnisons ; mais ce qui a occasionné surtout une consommation qui n'existait pas autrefois, c'est le Rhin avec ses bateaux à vapeur et ses chemins de fer ; ce sont les étrangers qui le parcourent au nombre de centaines de milliers ; ce sont les voyageurs de toutes les parties de l'Europe, qui affluent chaque année en plus grand nombre aux sources minérales de Baden, Wiesbaden, Ems, etc. A partir du moment où l'impôt des douanes a interdit au bétail allemand les frontières de France, les bœufs gras ont été consommés à Trèves, à Mayence, Coblentz, Francfort[1], etc. Ainsi l'Allemagne a pu se suffire à elle-même, tandis que la France, et particulièrement les départements de l'Est, ont éprouvé une perte énorme par suite des taxes, équivalant presque à une prohibition, dont les vins français ont été frappés par la Prusse, en juste représaille des taxes établies sur le bétail.

Les intérêts des vignerons se lient à ceux de l'agriculture et du pays, plus que probablement ne le croient beaucoup de fermiers. Arthur Young pense que les vignes devraient donner à l'agriculture française un grand avantage sur l'agriculture anglaise, parce que des terrains, qui autrement seraient improductifs, produisent bien au delà du vin dont la France a besoin pour sa consommation ; tandis qu'en Angleterre il faut demander aux meilleures terres l'orge nécessaire à la fabrication de la

---

[1] En 1847 on a fait une exportation considérable de bêtes grasses de l'Allemagne pour l'Angleterre.

bière[1]. Aujourd'hui la France a modifié son tarif sur le bétail, mais le mal est fait et ne sera pas entièrement réparé. On a perdu en Allemagne les anciennes habitudes, on boit beaucoup plus de bière, on boit les vins blancs que produit en énorme quantité le Palatinat; on fait du vin mousseux avec les vins du Rhin; enfin, on fait de bons vins dans beaucoup d'endroits où jamais on n'eût pensé à cultiver la vigne, si on n'y avait été contraint par l'exagération des droits sur les vins français.

Influence du bas prix de la viande. — La production ne manque jamais à la demande; si l'on consomme beaucoup de viande, on en produira beaucoup, et le moyen le plus certain de faire élever beaucoup de bétail est de consommer beaucoup de viande; mais, pour cela, il faut qu'elle soit à un prix tel, que les pauvres puissent y atteindre. La viande est d'un prix trop élevé pour les pauvres, et les riches n'en consomment pas assez. Arthur Young, que j'ai déjà cité, a vu une des causes de l'infériorité de l'agriculture française dans la manière de vivre des classes aisées, qui mangent de la volaille, de petits plats, des friandises, au lieu de manger, comme les Anglais, du bœuf et du mouton gras. D'un autre côté, le peuple français mange beaucoup de pain et fort peu de viande; les préceptes du catholicisme restreignent l'usage de la viande, et les habitants de la campagne ne savent pas, comme les Anglais et les Allemands, se procurer par la laiterie et ses divers produits une nourriture saine et agréable. Ainsi beaucoup de causes se réunissent en France pour qu'on élève peu de bêtes bovines, pour qu'on produise, par conséquent, peu de fumier, et pour que l'agriculture y soit dans un état d'infériorité dont elle sortira, ne fût-ce que par la force des choses, mais dont elle devrait sortir plus rapidement.

A l'appui de ce que j'avance, je peux citer la Bavière rhénane, égale en étendue à un département français, séparée par une double ligne de douanes du pays auquel sa position géographique semblait la destiner à être intimement unie; elle n'a que très-peu de commerce, très-peu d'industrie. Séparée de sa métropole par le Rhin et le duché de Bade, elle voit chaque année une partie des impôts qu'elle paye passer le Rhin pour ne plus revenir, et elle ne se soutient que par l'agriculture. Plus on lui demande de bétail, plus elle en produit. Ce bétail exporté amène le numéraire, et ce qui vaut mieux encore, soit qu'on le consomme dans le pays, soit qu'on l'exporte, il fournit des engrais abondants qui ont pour résultat la fertilité toujours croissante des terres.

---

[1] On estime que dans la vieille Bavière, c'est-à-dire dans les provinces bavaroises de la rive droite du Rhin, 5,350,000 hectolitres d'orge sont annuellement employés à la fabrication de la bière. La province de la rive gauche du Rhin, le Palatinat, produit une énorme quantité de vin.

Qu'on ne me dise pas que le bétail importé en France pour la boucherie n'engraissera pas les champs des cultivateurs français; le fait constant, qui doit fixer l'attention de tous ceux qui prennent intérêt à la prospérité nationale, c'est que la viande est trop chère. Si son prix baisse, on en consommera davantage, le peuple vivra mieux, les ouvriers, mieux nourris, travailleront plus, et les cultivateurs français finiront par produire en abondance une marchandise demandée. Qu'on ne dise pas non plus que l'agriculture française ne peut se passer de la *protection des douanes;* je répéterai ce que j'ai déjà dit : il faut apprendre à produire de la viande. En Bavière rhénane, on trouve bien, malgré les douanes, du profit à élever et à engraisser. Ce n'est pas, comme bien des personnes se l'imaginent, le bas prix des fourrages qui est cause qu'on élève en Allemagne le bétail à meilleur marché, c'est qu'on sait le produire. Le fourrage est toujours plus cher à Deux-Ponts qu'à Metz.

Ainsi donc il est démontré pour moi que l'administration avait fait fausse route en frappant d'un droit exagéré l'importation des bestiaux en France. Je n'en veux pour preuve que le mouvement des prix de la viande pendant la période de prohibition. Le décret du 14 septembre 1853 a été un correctif nécessaire, qui ne parviendra qu'à grand'-peine à réparer le mal produit.

2. — Transport des bestiaux. — Classement des bestiaux sur les marchés d'approvisionnement.

Mode d'élevage et de vente des bestiaux de chaque province. — Les herbagers de la Normandie élèvent, nourrissent et engraissent leurs bestiaux pour les livrer directement et sans intermédiaire à la boucherie de Paris, qu'ils alimentent en grande partie de juillet à décembre.

Les bouchers aiment à traiter avec les éleveurs normands. Ils trouvent toujours une plus grande facilité dans leurs transactions, alors qu'elles s'effectuent directement avec les propriétaires, que lorsqu'ils ont affaire à des intermédiaires, dont l'action est souvent arrêtée par la restriction de leur mandat.

Les autres provinces qui approvisionnent Paris ne suivent pas cet usage. Les bestiaux n'y sont point spécialement élevés pour pourvoir aux besoins de la boucherie; ils sont élevés pour aider aux travaux de l'agriculture; on s'occupe de mettre ces bestiaux à l'engrais lorsque l'âge les affaiblit.

Les propriétaires qui ne disposent ainsi que d'un très-petit nombre de bestiaux propres à être livrés à la boucherie ne trouveraient pas un grand avantage à les conduire eux-mêmes sur les marchés. Aussi, la plupart du temps, vendent-ils leurs bœufs dans les localités qu'ils habitent, ou dans les foires ou marchés voisins, à des marchands qui font le commerce spécial des bestiaux de boucherie. Aux termes des derniers règlements, ils peuvent aussi expédier leurs animaux à des facteurs qui se chargent de les vendre aux conditions fixées par l'expéditeur.

Époque de l'envoi a Paris des bestiaux de chaque province. — L'Anjou, la Bretagne et la Vendée font généralement leurs envois de bestiaux de février à la fin d'avril; le Limousin, la Marche et le Berry, font leurs envois de novembre à juillet; la Bourgogne et le Morvan en envoient pendant toute l'année et particulièrement de juin à septembre; le Bourbonnais et le Nivernais, de décembre à la fin de mars; la Franche-Comté et la Champagne, de février à la fin de mai. Les bœufs *maréchins*, ou du Poitou, arrivent de juin à la fin de septembre. Enfin, les bœufs normands, les bœufs dits *manceaux*, et les bœufs dits *nantais*, arrivent d'août à la fin de décembre.

Transport des bestiaux. — Autrefois des bandes de 30 à 40 bœufs, confiées à des bouviers spéciaux, voyageaient à pied depuis leurs pâturages jusqu'aux marchés d'approvisionnement de Paris. Les étapes étaient de 25 à 30 kilomètres par jour, et, malgré les soins prodigués en route à ces bestiaux, ces marches forcées avaient une influence sensible sur le prix de vente. Il n'en est plus de même aujourd'hui. Le réseau de chemins de fer qui relie Paris à tous les pays de production transporte tous les bestiaux nécessaires à la consommation de Paris et de la banlieue.

Prix du transport par tête sur les chemins de fer. — Les éleveurs normands transportent leurs bestiaux par le chemin de fer de l'Ouest. Sur cette ligne, le prix de transport par *grande vitesse* est fixé à 0 fr. 20 par tête et par kilomètre pour les bœufs, les vaches et les taureaux; 0 fr. 08 pour les porcs et les veaux; 0 fr. 04 pour les moutons. A ces chiffres, il faut ajouter l'impôt du dixième et le double décime, ce qui porte le prix du transport des bœufs à 0 fr. 224, celui des veaux et des porcs à 0 fr. 0696 et celui des moutons a 0 fr. 0224.

Le prix de transport des bestiaux voyageant par la *petite vitesse* est, par kilomètre et par tête, de 0 fr. 10 pour les bœufs; 0 fr. 04 pour les veaux et 0 fr. 02 pour les moutons.

Les frais de manutention sont de 1 fr. par tête de bœuf, quel que soit le parcours, 0 fr. 50 par chaque veau et 0 fr. 25 par mouton.

L'administration du chemin de fer perçoit en outre, par chaque expédition, en sus du prix de transport, 0 fr. 10 pour droit d'enregistrement et 0 fr. 35 pour timbre de la facture de transport.

Après la ligne de l'Ouest, qui amène sur les marchés d'approvisionnement de Paris plus de 100,000 têtes de bétail par année, vient la ligne du chemin de fer d'Orléans, qui effectue aussi des transports considérables de bœufs de l'Anjou, du Poitou et de la Guienne; puis les chemins de fer du Nord et de l'Est, qui approvisionnent Paris de bestiaux étrangers; il n'en vient pas autant par la ligne de Lyon. Toutes ces compagnies ont adopté, à quelques modifications près, des tarifs analogues à celui des lignes de l'Ouest.

Prix du transport des bestiaux par wagon entier. — Lorsque l'expédition comprend un assez grand nombre de bêtes pour occuper un wagon tout entier, les prix de transport sont supputés d'après un tarif spécial qui procure à l'expéditeur une économie notable.

Le chargement d'un wagon complet se compose en général de 6 bœufs, ou 16 veaux, ou 40 moutons. Toutefois il peut être chargé sur un seul wagon 7 bœufs, ou 22 veaux, ou telle quantité de moutons que l'on voudra, en payant un supplément pour cet excès de chargement et aux risques et périls de l'expéditeur.

Les transports d'animaux, dont la valeur dépasse 5,000 fr. par tête, sont payés d'après un tarif spécial et ne s'effectuent qu'à grande vitesse.

Sur toutes les lignes, le prix du transport doit être payé au point de départ.

Formalités a remplir pour l'expédition des bestiaux par chemin de fer. — Les expéditeurs sont tenus de prévenir le chef de station un ou deux jours à l'avance des envois qu'ils se proposent de faire. La déclaration de chaque expédition doit être accompagnée d'une note de remise, datée et signée, énonçant :

1° Les noms et adresse de l'expéditeur et du destinaire;

2° Les conditions dans lesquelles l'expédition doit avoir lieu, c'est-à-dire si elle doit être faite par grande ou petite vitesse, par tête ou par wagon complet;

3° Le nombre de têtes, la nature des animaux et autant que possible le poids moyen par tête.

Dans les transports par tête, l'administration des chemins de fer a en général le droit de faire le chargement comme elle le juge convenable. Dans les transports par wagons complets, le chargement et le déchargement doivent être faits par les expéditeurs sous leur responsabilité et à leurs risques et périls.

Les expéditeurs ou leurs toucheurs doivent se munir de cordes pour attacher leurs animaux.

Les administrations de chemins de fer ne pouvant laisser séjourner les animaux ni sur les wagons ni dans les gares, se réservent de faire mettre ces animaux en fourrière, au compte de qui de droit, lorsqu'ils ne sont pas réclamés dès l'arrivée du convoi dans la gare que l'expéditeur a désignée.

Les conducteurs qui accompagnent les bestiaux *par wagon complet* sont transportés gratuitement tant à l'aller qu'au retour. Il n'est délivré qu'un seul permis par lettre de voiture, quel que soit le nombre de wagons qui forme l'expédition. Ces conducteurs assument la responsabilité des accidents qui peuvent survenir aux bestiaux pendant le voyage. Quant aux administrations de chemins de fer, elles sont seulement responsables des bestiaux qui pourraient périr par suite du déraillement d'un convoi ou de rencontre de deux convois.

Tel est l'ensemble des principales mesures adoptées par les compagnies de chemins de fer pour le transport des bestiaux. Il est regrettable que ces mesures ne soient pas tout à fait générales. Les règlements présentent, suivant les compagnies, des modifications de détail que le cadre restreint de ce Manuel nous force à passer sous silence. Il serait bien désirable que toutes les compagnies arrêtassent un règlement unique, invariable ; le commerce en serait beaucoup facilité et les transactions ainsi simplifiées deviendraient beaucoup plus actives.

CLASSEMENT DES BESTIAUX SUR LES MARCHÉS. — Lorsque les bestiaux sont arrivés sur le marché, ils y sont inscrits d'abord, par espèces, puis par quantité, sous le nom de chaque expéditeur. Ils sont classés ensuite de la manière suivante :

1° Les *bœufs*, dans la partie qui leur est spécialement affectée, laquelle est divisée en zones séparées par des barres de fer ; c'est à ces barres que les bœufs sont attachés méthodiquement, c'est-à-dire en mettant à côté les uns des autres les bestiaux qui appartiennent au même expéditeur. Ainsi rangés, les bœufs forment de longues lignes, à travers lesquelles les acheteurs et les vendeurs peuvent facilement circuler pour visiter, palper et apprécier le bétail sous le rapport de sa qualité et de son poids ;

2° Les *vaches* sont classées de la même manière que les bœufs ;

3° Les *veaux* sont aussi placés de manière à laisser entre eux l'espace nécessaire à la circulation des vendeurs et des acheteurs ;

4° La partie réservée aux *moutons* est subdivisée en parallélogrammes en fer, qui forment une sorte de prison ou plutôt de *gêne*, dans laquelle on serre les uns contre les autres 40 ou 50 moutons, au point que tout mouvement leur est impossible, et que, souffrants et haletants, ils semblent parfois sur le point d'expirer, surtout pendant l'été, où le poids de leur toison augmente encore leur suffocation et leur supplice.

Cette sorte de torture appliquée à la race ovine, sur les marchés d'approvisionnement de Paris, est expliquée administrativement par la difficulté de maintenir les moutons en repos pendant le temps assez long que dure la vente. Ce motif n'est pas le véritable, bien que l'administration des marchés soit de bonne foi ; mais il lui a été très-probablement indiqué par les vendeurs, intéressés essentiellement à rendre la *palpation* de leur bétail à peu près impossible. Dans l'état des choses on ne peut palper que les deux moutons qui sont placés aux deux extrémités du parc, parce que ce sont les seuls dont les flancs se trouvent découverts; aussi ces deux moutons sont-ils toujours soigneusement choisis parmi les plus gras et les plus dispos, afin de *parer* le lot à vendre. Toutefois les bouchers ne sont pas dupes de ces ruses, et leur habitude est telle, que souvent ils jugent la qualité de la viande par le seul aspect de la physionomie des bestiaux.

3. — Vente des bestiaux sur pied.

RÔLE DE L'ANCIENNE CAISSE DE POISSY. — Les bouchers et les éleveurs ne pouvaient autrefois opérer leurs transactions que par l'intermédiaire de la caisse de Poissy; maintenant ces transactions s'effectuent directement.

Le capital de la caisse de Poissy était composé des cautionnements fournis par les bouchers, cautionnements qui s'élevaient à 3,000 fr. pour chacun d'eux, et qui formaient un total de 1,500,000 à 1,600,000 fr. Des employés de la caisse circulaient sur le marché, prenaient note de toutes les acquisitions et délivraient aux éleveurs le montant de leurs ventes. Les bouchers devaient ensuite compter avec la caisse, et il leur était formellement interdit de faire aucune affaire de gré à gré avec les propriétaires.

Si cette institution avait des avantages, elle présentait aussi beaucoup d'inconvénients. Néanmoins elle prévalut longtemps sur tous les autres régimes et resta en vigueur jusqu'en 1858.

Par un décret rendu en date du 24 février 1858, la caisse de Poissy a été supprimée, la boucherie a été déclarée libre et le cautionnement des bouchers leur a été restitué.

RÔLE DES FACTEURS. — Le décret du 24 février 1858 a institué en même temps dix-huit facteurs ayant pour attributions de recevoir en consignation les animaux sur pied et les viandes abattues, et de les vendre soit à l'amiable, soit à la criée, et aux conditions indiquées par le propriétaire. Ainsi, depuis la nouvelle organisation de la boucherie, les éleveurs ont le droit ou de vendre eux-mêmes sur les marchés d'approvisionnement leurs bestiaux sur pied et leurs viandes abattues ou de les faire vendre par les facteurs, dont le concours est facultatif.

PRIX DE STATION DES BESTIAUX SUR LES MARCHÉS. — Le prix de la station de chaque espèce de bestiaux sur les marchés d'approvisionnement est de 75 c. par tête de bœuf, de taureau et de vache, de 25 c. par veau, de 10 c. par mouton.

Vente. — Les bestiaux arrivés sur le marché, enregistrés et placés dans les localités qui leur sont destinées, sont livrés à la vente. Une cloche annonce l'ouverture de la vente. Tout s'anime aussitôt; les bouchers parcourent les lignes de bœufs, de veaux, de moutons; ils palpent, ils pressent les animaux devant, derrière, sur les flancs ; ils apprécient, avec la main, l'état de l'engraissement, la qualité de la viande, la quantité des suifs, enfin le poids total de l'animal; et leur appréciation est tellement positive, par suite d'une longue pratique, qu'il est bien rare qu'une erreur dépasse 2 kilogr. sur un poids de 500 à 600. Aussi la vente s'effectue-t-elle sur le poids ainsi apprécié (car le prix se règle au kilogramme), sans qu'il y ait contestation sur son exactitude.

Garantie du vendeur. — Le vendeur est garant pendant neuf jours des bestiaux qu'il a vendus (ordonnance de police du 25 mars 1830), il est garant des vices rédhibitoires (voir art. 1648 du Code civil). Quand l'un des bestiaux vendus meurt dans le délai fixé, procès-verbal des causes de sa mort doit être dressé conformément à l'art. 7 de la susdite ordonnance du 25 mars 1830, et le prix de la vente doit être remboursé par le vendeur à l'acheteur. Au surplus, les cas rédhibitoires prévus sont très-rares, puisque sur 80,000 bœufs qui approvisionnent Paris chaque année, il n'en meurt pas accidentellement plus de 40.

Envoi des bestiaux vendus aux abattoirs. — Lorsqu'une transaction est conclue, les bestiaux vendus sont immédiatement conduits dans un parc spécial, pour être dirigés de là vers l'abattoir. A cet effet, les marchés de Poissy et de Sceaux ont chacun cinq parcs spéciaux désignés par les noms des cinq abattoirs de la ville de Paris : un sixième parc est destiné aux bestiaux des bouchers de la banlieue.

Le boucher sait alors que ses bestiaux sont en sûreté, car ils sont confiés, moyennant 90 c. par tête de bœuf, 75 c. par tête de vache, 10 c. par tête de mouton, à des bouviers privilégiés, nommés par le préfet de police, sur la présentation du syndicat, et responsables de tous les bestiaux amenés dans les parcs des marchés, jusqu'à ce qu'ils soient conduits dans les bouveries des abattoirs. Cette responsabilité est réglée par les art. 195 et suivants de l'ordonnance de police du 25 mars 1830; elle s'étend jusqu'aux accidents que pourraient causer les bestiaux pendant le voyage.

4. — Bestiaux à l'abattoir. — Travail et commerce de la boucherie. — Industries accessoires.

Avant d'entrer dans le détail de ces questions, disons quelques mots sur la boucherie.

Réglementation de la boucherie. — La viande de boucherie est l'aliment le plus ordinaire après le pain, et par conséquent un des aliments qui ont le plus d'influence sur la santé. La police doit veiller à ce que les bestiaux destinés à la boucherie soient sains, qu'ils soient tués, et non morts de maladie ou étouffés, bien que l'apprêt des chairs soit fait proprement, et que la viande soit débitée en temps convenable. Ces précautions sont d'ailleurs observées scrupuleusement. D'après l'article 3 du décret que nous venons de citer, la viande est inspectée à l'abattoir et à l'entrée dans Paris, indépendamment des autres précautions prises à l'administration pour assurer la fidélité du débit et la salubrité des viandes vendues dans les étaux ou sur les marchés.

Au temps de l'ancienne monarchie, les bouchers formaient une corporation privilégiée. Du commencement de la Révolution jusqu'au Consulat, le commerce de la boucherie fut libre.

Plus tard, le préfet de police et le conseil municipal, convaincus que le libre exercice de la profession de boucher entraînait des abus funestes, et pour l'approvisionnement de Paris et pour la qualité des viandes mises en vente, reconstituèrent, par ordonnance du 18 octobre 1829, l'ancien syndicat de la boucherie, et limitèrent le nombre des bouchers à 400. Enfin, la boucherie est redevenue libre en 1858; tout individu peut exercer à Paris la profession de boucher, et cette liberté, entourée de garanties bien entendues, est considérée comme le régime le plus propre à concilier les intérêts des producteurs et ceux des consommateurs.

Abattoirs. — En 1809, Napoléon occupait Vienne; il remarqua dans cette ville quelques tueries particulières fort éloignées des quartiers populeux, et séparées des étaux où les bouchers débitaient leurs viandes. C'est là que fut puisée la pensée d'établir des abattoirs à Paris. Le décret qui les institua est de 1810; le nombre en fut fixé à cinq, savoir : les abattoirs de *Montmartre*, de *Ménilmontant*, de *Grenelle*, du *Roule* et de *Villejuif*. Ils ne furent livrés à la boucherie que le 1er septembre 1818, et coûtèrent à la ville de Paris 17,449,872 fr. Ils se composent de plusieurs parties que je vais énumérer.

Bouveries. — Elles sont subdivisées par des travées, destinées chacune au service d'un boucher; dans ces travées se trouvent d'un côté l'espace réservé aux bœufs, vaches et taureaux ; de l'autre, deux cases, entourées d'une grille, pour placer séparément les veaux et les moutons; chaque travée porte un numéro correspondant à un numéro identique que portent les autres localités affectées au service du même boucher; au premier étage de ces bouveries sont placés les greniers à fourrage, subdivisés en autant de greniers que les travées du rez-de-chaussée en comportent, et numérotés comme elles.

15.

Échaudoirs, greniers à fourrage et séchoirs. — Ce sont de grands corps de bâtiments où sont établies les tueries de chaque boucher, séparées par une cour dallée, nommée *cour de travail*, où l'on égorge les moutons. Ces échaudoirs sont divisés en localités particulières, égales au nombre des travées des bouveries. Chacune de ces localités, nommées également *échaudoirs*, porte le numéro de la bouverie et du grenier à fourrage situé au-dessus de l'échaudoir et dépendant du même boucher; au premier étage sont placés les séchoirs numérotés de même.

Fondoirs. — Les fondoirs de suifs en branche, seules usines tolérées, pour cet usage, dans Paris.

Triperies. — On y dégraisse et traite les intestins, les têtes et abats des animaux.

Écuries. — On y place momentanément les chevaux qui servent au transport des viandes abattues.

Eau. — Le service hydraulique des abattoirs est assuré par d'admirables réservoirs construits dans de magnifiques corps de bâtiments, où toute l'eau nécessaire à l'assainissement des abattoirs se trouve perpétuellement à la disposition des usagers.

Bâtiments. — Enfin les bâtiments, nommés d'administration, où sont logés les employés des abattoirs (les bouchers ne peuvent y occuper de logement).

La totalité des tueries ou des échaudoirs des cinq abattoirs de Paris s'élève à 240, qui nécessitent, pour leur service, 240 cases à bœufs, 240 cases à veaux, 240 cases à moutons, 240 séchoirs et 240 greniers à fourrage, indépendamment de 200 cases auxiliaires destinées aux moutons.

Il y a 28 fondoirs de suif dans les cinq abattoirs, qui n'ont chacun qu'un atelier de triperie et d'échaudage des têtes et des pieds de veaux.

Classement des bestiaux dans les abattoirs. — C'est donc dans ces vastes établissements qu'arrivent chaque semaine les bestiaux achetés sur les marchés ; c'est là que les bestiaux sont introduits et placés immédiatement dans des parcs spéciaux, où les *surveillants de la boucherie* viennent les reconnaître à la marque que chaque boucher a tracée sur leur corps, pour les classer ensuite dans les bouveries qui leur sont affectées.

Division du travail entre les garçons bouchers et les étaliers. — La mise en œuvre est opérée par les bouchers ou par les garçons bouchers, divisés en *garçons bouchers* et *étaliers*. Les premiers ne travaillent en général que dans les échaudoirs ; à eux l'exécution de **tout** le bétail. Les seconds sont les hommes de l'étal ; ils découpent et préparent les viandes pour les livrer au public. On appelle une *double-main* le garçon qui est employé à l'étal et à l'échaudoir.

Outils des garçons bouchers. — Les instruments et outils dont les bouchers se servent pour abattre et dépecer les viandes sont :

Un ais ou établi avec son escouvette ;

Plusieurs couteaux et couperets de différentes forces et pesanteurs ;

Des fentoirs ;

Une hache pour démonter les cornes ;

Des fusils pour aiguiser les couteaux ;

Des traversins ;

Des brochettes ;

Une tringle en fer, pour préparer le bœuf à être soufflé ;

Une masse en fer pour abattre les bœufs ;

La corde, *châble* ou le *trait à bœuf*, pour attacher les bestiaux à l'anneau d'abatage ;

Des bates à bœufs ;

Des soufflets pour souffler ou enfler le bœuf ;

Des étaux pour égorger les moutons et une table pour détacher immédiatement certaines parties de la graisse des animaux abattus.

C'est ainsi équipés que les garçons bouchers exécutent leur travail.

Abatage d'un bœuf. — Lorsqu'il reçoit de son patron l'ordre de *faire un bœuf*, le maître garçon donne l'ordre à son second garçon de prendre le *châble* (le trait à bœuf) ; les deux garçons se rendent à la bouverie ; là, le maître garçon palpe les bœufs du boucher, et choisit celui qui lui paraît le mieux disposé à être *fait*. Le choix fixé, l'animal est coiffé du châble fatal, et conduit à l'échaudoir par le second garçon ; il est suivi par le premier garçon, qui, armé d'un gros bâton, frappe les pieds de derrière du bœuf, lorsqu'il ne marche pas assez vite. Le bœuf, ainsi dirigé, arrive à l'échaudoir avec plus ou moins de résistance, résistance d'ailleurs toujours vaincue par la force, l'adresse et le courage des garçons bouchers ; il arrive, et bientôt il est fixé d'une manière à peu près inébranlable, à l'anneau d'abatage au moyen du *châble* doublement entrelacé dans ses cornes.

Abatage à l'aide d'un assommoir. — Le premier garçon saisit alors la masse en fer, et en frappe violemment le bœuf entre les cornes ; le pauvre animal tombe étourdi avec fracas ; cependant les coups de la masse se succèdent avec rapidité, jusqu'à ce que le *bon soupir* soit soufflé (expressions particulières des bouchers, parce que ce soupir indique qu'on peut impunément prendre position pour opérer la saignée). Quelquefois les bœufs ne tombent pas sous les premiers coups de la masse ; on en a vu résister au terrible choc répété plus de cent fois ; ces cas sont très-rares et sont occasionnés par la conformation de la tête, dont la partie osseuse est molle et ne peut pas donner de réaction à la masse cérébrale : aussi les bouchers donnent-ils à ces bœufs le nom de *têtes molles*.

Abatage par énervation. — Pour abréger la lente agonie des bœufs à tête molle, quelques bouchers emploient, comme en Espagne, l'*énervation*.

C'est la section de la moelle épinière, opérée par l'introduction d'une sorte de stylet étroit et effilé entre l'occipital et la première cervicale. A peine cet instrument est-il plongé, que le bœuf tombe avec une rapidité et une violence qui feraient croire que la foudre vient de l'écraser. Cependant, bien qu'abattu si précipitamment, les yeux du bœuf expriment une vive douleur, ils sont tristes et languissants ; le mouvement des membres antérieurs est totalement arrêté, mais celui des membres postérieurs continue ; les cuisses et les jambes sont assez vivement agitées ; et, lorsque le bœuf est saigné dans cette position, on observe que le sang coule difficilement, ce qui fait dire aux bouchers que le bœuf *retient son sang*, bien que l'artère aorte soit tranchée. Dans ce cas, quelques coups de masse, frappés sur la tête, déterminent l'écoulement du sang.

A propos de cette manière de tuer les bœufs, qu'on nous permette une digression qui peut avoir son intérêt et révéler aux philanthropes et aux hommes qui s'occupent des sciences positives quelques faits dignes de leur méditation.

EXPÉRIENCES COMPARATIVES SUR L'ASSOMMAGE, L'ÉNERVATION ET LA DÉ-COLLATION. — M. Bizet, ancien conservateur des abattoirs de Paris, était convaincu que l'abatage par les coups répétés d'une lourde masse en fer sur la tête de l'animal lui causait une douleur affreuse, et que si, par un autre moyen, on pouvait éviter ces souffrances, et tout à la fois les dangers que courent les garçons bouchers qui emploient ce mode d'abatage, ce serait un grand perfectionnement. Il jugea que l'*énervation* remplirait complètement son but, et son opinion était fondée surtout sur l'opinion des physiologistes qui posent en fait que la section de la moelle épinière tue immédiatement l'animal.

Des expériences pratiquées sur plus de cent bœufs démontrèrent que si le bœuf *énervé* était plus vivement abattu, ses souffrances n'en étaient que plus cuisantes, parce qu'il conservait la presque totalité de la vie animale, qui lui laissait la faculté de ressentir les douleurs et la force de retenir son sang lors de la saignée, et que d'ailleurs l'extinction totale de la vie n'arrivait guère qu'après une agonie de 15 à 16 minutes.

Ces expériences furent répétées sur des veaux et des moutons ; et, au lieu de couper seulement la moelle épinière, on sépara la tête du corps, afin d'observer les degrés de vitalité qui resteraient encore dans chacune des parties ainsi séparées.

Un veau fut suspendu à la corde du treuil ; un garçon boucher lui trancha la tête avec un couteau ; cette opération dura un quart de minute. La tête fut immédiatement posée sur une table, et perdit environ 75 grammes de sang dans l'espace de six minutes. Pendant la première minute, tous les muscles de la face et du cou étaient agités de convulsions rapides, désordonnées, et, pendant les deux minutes suivantes, les convulsions avaient pris un autre caractère : la langue était tirée hors de la bouche, qui s'ouvrait et se fermait alternativement ; les naseaux s'entr'ouvraient, comme si l'animal eût eu la respiration difficile ; ces espèces de convulsions devenaient plus actives lorsqu'on piquait la langue et les naseaux avec une aiguille ; en appliquant la main contre la bouche et les naseaux, on sentait l'air entrer et sortir au mouvement d'inspiration et d'expiration que la tête exécutait.

En approchant le doigt de l'œil, dans la direction de la pupille, à la distance de 0^{m},03, l'œil s'est précipitamment fermé et rouvert l'instant d'après, comme s'il avait voulu éviter le choc d'un corps ; à plusieurs reprises le même phénomène s'est répété, puis l'œil ne s'est plus fermé que lorsqu'on a touché les paupières, puis enfin lorsqu'on a irrité la membrane conjonctive. Un fait très-remarquable, c'est que l'œil se tenait d'autant plus longtemps fermé qu'on prolongeait plus le contact.

Ces phénomènes étaient d'autant moins marqués, que plus de temps s'était écoulé depuis la décollation. A la fin de la quatrième minute, ils avaient complétement cessé. Alors la moelle allongée ayant été piquée avec un stylet, les convulsions se sont renouvelées dans toute la face, dans la langue et dans les yeux ; mais alors l'œil ne répondait plus aux irritations qu'on exerçait sur lui ; après la sixième minute expirée, toute contraction avait cessé.

Pendant le temps de ces expériences, le corps, toujours suspendu, était vivement agité ; l'agitation cessa peu à peu, et fut remplacée par des contractions fibrillaires qui durèrent plus d'une heure. Mais cette dernière circonstance a toujours lieu, quel que soit d'ailleurs le mode d'égorgement.

40 veaux et 50 moutons ainsi décapités ont présenté les mêmes phénomènes.

Par ces expériences, il a été prouvé qu'un bœuf souffrait plus par l'énervation ou la décapitation que lorsqu'on l'assommait avec une masse ; que le choc de cette masse, en provoquant un étourdissement immédiat, empêchait l'animal de souffrir, puisque la saignée opérée tout de suite lui avait enlevé la vie avant qu'il ait pu reprendre ses sens.

Une affreuse pensée nous a saisi, lorsque, en songeant au terrible supplice imposé aux criminels par notre législation, nous avons été amené à conclure que la tête d'un homme, tranchée alors qu'il a encore quelque sang-froid, peut conserver le sentiment de sa mort pendant plus de cinq minutes, temps immense par l'activité que doivent acquérir alors les organes de la pensée. Cette grande et philanthropique question de savoir si l'homme souffre après sa décollation a été vivement controversée par les médecins ; cette controverse démontre au philosophe, au législateur, qu'il y a doute. Dans ce cas, il est dans les rigoureux devoirs du législateur, s'il pense que la peine de mort doit être conservée pour le maintien de l'ordre social, de chercher les moyens d'empêcher qu'une effroyable torture soit la suite du supplice. Que la tête du condamné soit frappée d'un violent coup d'une masse, dépendant de la terrible machine où on l'attache, que ce coup précède comme l'éclair la chute du glaive, et la mort sera complète; nulle souffrance ultérieure ne troublera plus les restes ensanglantés de son cadavre.

Après cette digression un peu longue, reprenons les opérations de la boucherie.

MANIÈRE DE DÉPECER UN BŒUF ABATTU. — Le bœuf, fixé à l'anneau, puis assommé ou énervé, est immédiatement saigné; le maître garçon se pose derrière le cou du bœuf, dont il maintient la tête en y appuyant son genou droit; il ouvre le cou par une incision cruciale faite auprès du larynx ; il enlève d'abord le ris, puis plonge son couteau, qui va couper l'artère aorte; le sang alors s'écoule avec abondance ; la quantité que fournit chaque bœuf peut être évaluée à deux seaux. Pendant cette opération, et avant même de la commencer, le second garçon passe une corde au pied gauche de devant du bœuf; il en tient l'extrémité en se posant sur le derrière de l'animal, et foule les flancs avec son pied droit pour faire sortir le sang avec plus de facilité. La saignée opérée, le maître garçon détache les cornes avec une hache destinée à cet usage ; le bœuf est ensuite placé sur le dos, la tête tournée à droite ; pour le maintenir en équilibre; une cale fait le même office à gauche. Les quatre pieds sont immédiatement coupés et séparés de leurs patins, qui ne sont autres que les tendons d'Achille, propriété des garçons, qui les vendent aux fabricants de colle forte; les pieds appartiennent aux bouchers, ils servent à faire de l'huile et du noir animal. Après la section des pieds, deux trous sont percés dans le cuir, l'un dans la culotte, près de l'anus, l'autre près du cou; une broche courbée est introduite dans ces trous et elle sert à séparer le cuir de la chair, afin que le soufflage s'exécute avec plus de facilité. Aux broches succèdent deux soufflets au moyen desquels le bœuf est enflé; pendant que le vent bouffe considérablement l'animal, un garçon le frappe vivement, avec une batte, sur toutes les parties du corps, afin que le vent se distribue également dans les chairs. Avant le bouffement du bœuf, le maître garçon a le soin de refouler l'*herbière*, pour éviter la sortie des matières contenues dans les estomacs. On ouvre ensuite le cuir depuis l'anus jusqu'au cou, et on commence le dépouillement ; lorsqu'on est arrivé au dos du bœuf, le corps est ouvert à son tour, la poitrine et les *quasis*, ou entre-deux des cuisses, sont fendus. La langue est d'abord enlevée ; puis la *toile*, partie de suif qui enveloppe les intestins ; un fort *tinet*, espèce d'anse en bois, est passé ensuite dans les jarrets de l'animal ; ce *tinet* est accroché à la corde du treuil, et le bœuf est enlevé successivement à la hauteur nécessaire pour faciliter la vidange et le dépouillement.

Lorsque le bœuf a été enlevé et dressé, on commence par retirer les intérieurs ; on commence par la vessie et les ratis ; ensuite viennent les estomacs, le foie, la rate et l'amer ; enfin un double coup de couteau détache le mou ou le poumon et le cœur, qui tombent ensemble. Pendant le temps que dure cette opération, un garçon achève le dépècement du dos du bœuf, qui bientôt se trouve entièrement dépouillé. Le cuir est immédiatement plié avec soin. Le maître garçon alors découpe et enlève avec une adresse vraiment remarquable les deux épaules ; puis, faisant descendre le bœuf sur les *pentes*, ou poutres destinées à cet usage, il le fend en deux parties au moyen d'un lourd couperet. Là se termine pour le bœuf le travail de l'échaudoir, travail qui, avec d'habiles garçons, ne dure pas en tout plus de 20 à 25 minutes.

MANIÈRE DE TUER UN VEAU. — Le veau est assez difficile à conduire à l'échaudoir, car il est capricieux et peu intelligent. Lorsqu'il y est arrivé, on attache ses pieds de derrière à la corde du treuil, puis il est enlevé la tête en bas. On lui ouvre le cou par une large entaille qui fait jaillir le sang avec force et abondance ; dans cette position la tête du pauvre animal a toute sa vitalité ; il respire encore par les bronches, dont les sons pressés et sourds se font entendre pendant plus de six minutes ; quand le sang est entièrement *égoutté*, il est descendu et déposé sur un estou. C'est là qu'on lui coupe d'abord les pieds, qu'on lui *refoule l'herbière*, et qu'on l'enfle ; il est dépouillé ensuite jusqu'au dos, puis ouvert ; les quasis sont séparés bientôt, et un tinet est passé dans les jarrets. Le veau ainsi préparé est enlevé, puis vidé comme le bœuf.

MANIÈRE DE TUER UN MOUTON. — Les moutons sont assez difficiles à conduire dans les *cours de travail ;* leur entrée dépend de la bonne volonté du premier mouton qui se présente à la porte ; s'il fuit, tous les moutons de sa bande le suivent, et il n'est ni hommes ni chiens qui puissent les retenir ; ce n'est quelquefois qu'après une demi-heure, trois quarts d'heure, que l'on parvient, à force de peine et de courses, à les claquemurer enfin dans le lieu où ils doivent être égorgés.

Là, le mouton est saisi par un garçon, et posé sur un estou ; ce garçon lui croise les pieds de derrière, de manière à les priver de locomotion ; il appuie ensuite son genou droit sur le corps de l'animal, lui saisit la tête de la main gauche, et d'un coup de couteau il lui ouvre largement le cou. Les spasmes du mouton, ainsi égorgé, durent de trois à quatre minutes. Les quatre pieds sont coupés ensuite, puis le soufflage opéré par un trou fait au *manche* de l'épaule. L'enlèvement de la peau est opéré en moins d'une minute ; c'est ainsi dépouillé que le mouton est suspendu à une cheville pour y être vidé.

EMPLOI DES DIVERSES PARTIES DU CORPS DES BESTIAUX. — Les résultats de tous les travaux que je viens d'énumérer sont immenses quand on considère les industries qu'ils fécondent.

Chair. — La chair sert de nourriture.

Peau. — Les peaux alimentent les fabriques des tanneurs, corroyeurs et mégissiers, qui fécondent à leur tour les industries des cordonniers, carrossiers, selliers, layetiers, relieurs, chapeliers, gantiers, tapissiers, etc.

Suif. — Les suifs, transformés en chandelles, en pommades, vont alimenter le commerce des épiciers et des parfumeurs.

Pieds. — Les pieds de bœufs et leurs *patins* alimentent les fabriques d'huile et de colle forte.

Cornes. — Les cornes de la tête et celles des sabots des bœufs et des vaches alimentent les fabriques de peignes, de tabletterie et de coutellerie ordinaire.

Ergots, poil, laine. — Les ergots des veaux et des moutons, ainsi que le poil et la courte laine grattée lors de l'échaudage des pieds, sont expédiés dans le Midi pour servir d'engrais aux oliviers.

Sang. — Le sang des bestiaux tués dans les abattoirs de Paris est affermé à un chimiste industriel, qui le paye **28,000** fr. par an, pour être préparé et vendu aux raffineurs de sucre ; il est employé aussi pour d'autres industries.

Intestins. — Les intestins sont employés dans l'industrie de la *boyauderie* pour fabriquer les cordes des instruments de musique, et les autres résidus sont vendus comme engrais.

COMMERCE DE LA TRIPERIE. — Le commerce de la triperie se compose des abats des bestiaux. Ces abats consistent dans les organes intérieurs, les têtes et les pieds de moutons, et les têtes de bœufs ou de vaches. Ce commerce, pour donner une idée de son importance à Paris, fournit par année seulement à la nourriture des chats pour **750,000** fr. de *mous* et de cœurs de bœufs et de vaches ; il faut, pour satisfaire l'appétit des chats de Paris, non-seulement tous les cœurs et les mous des bœufs et des vaches qui approvisionnent Paris, c'est-à-dire **100,000** cœurs et mous par an, mais encore des quantités considérables de mous et de cœurs que les tripiers vont acheter dans la banlieue. Le prix d'un cœur et d'un mou est, en général, de **2** fr. **50** c.

5. — Facteurs.

Facteurs des marchés d'approvisionnement. — L'article 5 du décret du 28 février 1858 sur l'organisation de la boucherie parisienne est conçu en ces termes :

« Art. 5. Il sera institué, sur les marchés à bestiaux autorisés pour l'approvisionnement de Paris, des facteurs dont la gestion sera garantie par un cautionnement, et dont les fonctions consisteront à recevoir en consignation les animaux sur pied et à les vendre, soit à l'amiable, soit à la criée, et aux conditions indiquées par le propriétaire.

« L'emploi de ces facteurs sera facultatif. »

Ainsi, lorsqu'un éleveur ne possède pas un nombre d'animaux assez considérable pour en faire l'expédition par *wagon complet*, expédition qui donne seule le droit au transport gratuit du conducteur de ces animaux, lorsque, par exemple, un éleveur ne veut expédier que deux ou trois bœufs, il peut économiser des frais de voyage coûteux, en ayant recours aux facteurs.

A cet effet, il faut écrire à l'un des facteurs pour lui donner avis de l'expédition qu'on va lui faire et pour lui indiquer les conditions auxquelles on veut vendre les bestiaux, puis on fait conduire les bestiaux au chemin de fer, on paye leur transport, et il n'y a plus à s'occuper de rien.

Le facteur se charge de recevoir les animaux à leur arrivée. Il les garde en consignation aussi longtemps que le propriétaire le désire, les vend à Sceaux où à Poissy, ou les fait conduire à l'abattoir pour les faire dépecer et les vendre à la criée, selon les instructions du propriétaire. Immédiatement après la vente, le propriétaire reçoit en espèces le prix de ses bestiaux, déduction faite du droit de commission, qui est de 1 p. 100 sur le produit de la vente et des frais accessoires.

Les facteurs ont un cautionnement de 50,000 fr. Ils sont responsables des animaux dès le moment de leur sortie des wagons ; les facteurs assument également la responsabilité des ventes qu'ils font, en sorte que le propriétaire est à l'abri de toute chance de perte.

Il y a dix-huit facteurs attachés aux marchés d'approvisionnement de Paris, indépendamment des facteurs du marché à la criée.

Les facteurs des marchés d'approvisionnement ne peuvent recevoir en consignation que des bêtes sur pied.

Facteurs de marché a la criée. — Si un propriétaire veut faire abattre ses bestiaux dans un abattoir de Paris pour les faire vendre à la criée, ou s'il veut envoyer sur le marché à la criée des animaux abattus ailleurs que dans les abattoirs de Paris, il faut qu'il s'adresse à l'un des facteurs du marché à la criée.

Toutes les viandes abattues sont vendues à la criée par l'entremise de facteurs spéciaux.

Ces facteurs reçoivent en consignation les viandes abattues qui leur sont expédiées par les propriétaires, exactement comme les facteurs des marchés d'approvisionnement reçoivent en consignation les animaux sur pied. Si le propriétaire a conduit lui-même ses bestiaux aux abattoirs de Paris pour les faire abattre, les facteurs se chargent d'y faire prendre les viandes abattues et de les vendre à la criée au marché des Prouvaires.

Toutes les ventes faites à la criée restent sous la responsabilité des facteurs; un cautionnement suffisant garantit leur gestion. Ils prélèvent 1 p. 100 sur le produit de la vente pour droit de commission. Il leur est alloué un droit fixe pour la resserre des viandes qu'ils n'ont pu vendre et qu'ils sont parfois obligés de conserver plusieurs jours.

Ainsi, si un éleveur fait abattre lui-même un animal dans les abattoirs de Paris, un facteur se charge immédiatement de vendre la viande à la criée; si un propriétaire veut envoyer à Paris des viandes abattues en province, il n'a qu'à écrire à un facteur, qui se charge de recevoir l'expédition et de la vendre à la criée sur le marché des Prouvaires.

6. — Bouchers chevillards et bouchers détaillants. — Marché des viandes abattues. — Vente à la criée.

RÈGLEMENTS SUR L'ACHAT DES BESTIAUX PAR LES BOUCHERS. — En vertu de règlements anciens et successivement renouvelés, les bouchers de Paris sont tenus d'aller en personne acheter à Sceaux et à Poissy les bestiaux dont ils ont besoin pour leurs étaux, et il est fait défense expresse de revendre, ni sur pied, ni à la cheville, les bestiaux achetés pour l'approvisionnement de Paris.

Tout boucher contrevenant à l'une de ces dispositions, disent les règlements, sera interdit de sa profession pendant six mois, et, en cas de récidive, il sera interdit définitivement, et son étal sera fermé.

Il était impossible d'appliquer une peine plus sévère, et si, en définitive, les conditions imposées par les ordonnances pouvaient se concilier avec les besoins du commerce de la boucherie, il est probable qu'aucun boucher n'aurait osé s'exposer à la perte de son étal. Mais, en réalité, ces règlements ne sont ni exécutés ni exécutables.

BOUCHERS CHEVILLARDS. — Sur 500 bouchers, ayant étal à Paris, il n'y en a que 100 qui fréquentent les marchés et achètent les bestiaux sur pied. Dans ce nombre, 50 bouchers achètent directement les bêtes qu'ils vendent en détail à leur étal, les autres bouchers sont des acheteurs en gros qui revendent *à la cheville* dans les abattoirs aux autres bouchers.

Bouchers détaillants. — Tous les autres bouchers se rendent seulement aux abattoirs pour y acheter les sortes de viande dont ils ont besoin ; ils en débattent le prix avec les *chevillards*, qui les leur expédient par voitures. C'est ordinairement dans l'après-midi que ces transactions ont lieu aux abattoirs. Le boucher débitant n'achète ainsi que lorsque sa vente du jour est finie à son étal et lorsqu'il sait déjà ce qu'il lui faut de viande pour le lendemain.

Inexécution des règlements. — L'administration sait parfaitement que les règlements sont ainsi enfreints, mais l'expérience lui a démontré qu'en ce qui concerne le commerce des bestiaux à Sceaux et à Poissy, ces règlements sont inexécutables.

Cependant l'administration ne s'est pas dissimulé qu'il pouvait résulter de cette inexécution des règlements un dommage pour l'expéditeur de bestiaux, ainsi livré au monopole d'un nombre limité d'acheteurs.

Depuis longtemps les producteurs se récriaient contre cet état de choses et demandaient qu'on leur procurât le moyen de faire abattre leurs animaux, en cas de renvoi, et de les vendre dépecés sur le marché public.

L'administration comprit la justesse de cette réclamation ; mais l'exécution de ce projet était difficile. Qui aurait abattu les bestiaux ? qui les aurait vendus ? qui aurait tiré parti du suif, du cuir et des abats ? Ces difficultés ont été vaincues de la manière la plus heureuse au moyen de l'institution de la vente à la criée des viandes abattues.

Marché a la criée pour la vente des viandes abattues. — Par arrêté du 3 mai 1849, le général Rébillot, préfet de police, vu les demandes des cultivateurs des départements voisins de Paris ; vu la lettre du directeur de l'administration de l'assistance publique ; vu la lettre du ministre de l'agriculture et du commerce en date du 16 avril ;

Considérant qu'il importe, dans l'intérêt de l'approvisionnement, de donner toutes les facilités désirables pour la vente des viandes expédiées des départements à Paris, ordonna ce qui suit :

Art. 1er. — A compter du 11 juin 1849, les viandes fraîches de bœuf, vache, veau, mouton et porc, arrivant directement des départements autres que celui de la Seine, seront reçues tous les jours au marché des Prouvaires, pour y être vendues à la criée, par l'entremise d'un facteur, commis à cet effet et contrôlé par les agents du service des halles et marchés.

Art. 2. — Le doyen des facteurs au marché de la Vallée est provisoirement chargé de ce service, à la garantie duquel son cautionnement sera également affecté.

Art. 3. — Ce facteur aura droit à une commission de 1 p. 100, sur le produit brut des viandes vendues par son entremise, indépendamment du remboursement de ses déboursés, pour droits d'octroi, transport, déchargement, gardage, ports de lettres, etc. — Le produit net des ventes sera par lui payé comptant aux propriétaires des marchandises.

Art. 4. — A leur arrivée au marché, les viandes destinées à la vente à la criée seront reçues par les gardiens, et, s'il y a lieu à les mettre en resserre, elles y seront conservées par les soins de ces employés, aux conditions du tarif ci-annexé.

Art. 5. — Il sera ultérieurement statué sur la quotité du droit d'abri ou de marché auquel seront astreintes les viandes vendues à la criée au marché des Prouvaires.

Art. 6. — Avant leur exposition en vente, ces viandes seront examinées, et celles qui seront trouvées gâtées, corrompues ou nuisibles, seront saisies et détruites. (Art. 475 et 477 du Code pénal.)

Art. 7. — La présente ordonnance sera imprimée, publiée et affichée.

Ampliation en sera adressée à M. le directeur de l'administration de l'assistance publique.

Les commissaires de police des quartiers des marchés et Saint-Eustache, le chef de la police municipale et les officiers de paix, l'inspecteur général des halles et marchés et les autres préposés de la préfecture de police sont chargés, chacun en ce qui le concerne, d'en assurer l'exécution.

Le préfet de police,
RÉBILLOT.

Le ministre de l'agriculture et du commerce,
BUFFET.

PRIX A PAYER AUX GARDIENS DU MARCHÉ A LA CRIÉE POUR LA MISE EN RESSERRE ET LA GARDE DES VIANDES :

BŒUF, TAUREAU ET VACHE.

Morceau dit *gobet*, plus ou moins gros.	05 c.
Haut bout.	10
Cuisse.	10
Épaule entière.	10
Quartier.	10
Demi-bœuf.	15
Bœuf entier.	25
Clayon, plus ou moins garni.	20

VEAU.

Morceau dit *gobet*.	05
Pan.	05
Quartier de devant ou de derrière.	05
Demi-veau.	05 c.
Veau entier.	10

MOUTON.

Morceau.	05
Demi-mouton.	05
Mouton entier.	10

PORC.

Morceau séparé, ou tête de porc.	05
Paquet de morceaux de gras.	10
Demi-porc.	10
Porc entier.	15
Panier garni de morceaux divers.	20

Par un autre arrêté du 24 août 1849, la faculté accordée aux cultivateurs des départements autres que le département de la Seine d'envoyer les viandes abattues à la criée a été étendue aux cultivateurs du département de la Seine.

Taxe de place sur les viandes vendues a la criée. — Une ordonnance, du 6 février 1851, fixe à 1 centime par kilogramme la taxe de place à percevoir, au profit de la ville de Paris, sur les viandes apportées dans le local provisoire construit pour la vente à la criée.

Ainsi les animaux sur pied destinés à la boucherie de Paris continuent à ne pouvoir être amenés ailleurs qu'à Sceaux et à Poissy, et les porcs ailleurs qu'à Saint-Germain et à la Chapelle ; mais les viandes abattues peuvent être exposées à la vente à la criée du marché des Prouvaires.

Quantités de viandes vendues a la criée. — Les quantités de viandes expédiées à ce nouveau marché ont été d'abord insignifiantes ; elles n'étaient, au mois d'octobre 1849, que de 14,796 kilogrammes ; mais elles se sont successivement accrues, et, en octobre 1850, elles dépassaient déjà 200,000 kilogrammes, savoir : 77,780 kilogrammes de bœuf, ou le huitième de la consommation mensuelle dans Paris ; 66,652 kilogrammes de veau, ou le septième de cette consommation ; 63,276 kilogrammes de mouton, ou le douzième de la consommation.

En octobre 1859, cette quantité s'est élevée au chiffre de 902,849 kilogrammes répartis de la manière suivante : bœuf, 156,681 k. 7 ; vache, 198,755 k. 6 ; veau, 288,199 k.; mouton, 226,824 k.; le reste en viande de porc.

Abatage des animaux vendus a la criée. — Pour donner aux éleveurs les moyens de faire abattre facilement leurs bestiaux, on fonda à Bagnolet une tuerie commissionnaire qui entreprenait le travail de l'abatage moyennant une faible redevance. Elle n'existe plus aujourd'hui. Depuis le décret de 1858, tout propriétaire d'animaux jouit comme les bouchers du droit de faire abattre son bétail dans les abattoirs généraux, d'y faire vendre à l'amiable la viande provenant de ces animaux, de la faire enlever pour l'extérieur en franchise du droit d'octroi ou de l'envoyer sur les marchés intérieurs de la ville, affectés à la criée des viandes abattues.

Les bouchers des campagnes ou des villes des départements n'ont pas le droit de faire vendre à la criée des viandes autres que celles qui proviennent des abattoirs généraux.

Le colportage en quête d'acheteurs des viandes de boucherie est interdit dans Paris.

La criée indique le véritable poids et le véritable cours des viandes.

Mercuriale des viandes vendues a la criée. — On fait à Sceaux et à Poissy une mercuriale officielle, mais il est impossible qu'elle soit exacte. On ne sait jamais le poids réel de l'animal. A la criée, il en est tout autrement : le cours est publiquement et authentiquement établi; car l'expertise constate toujours le poids réel des animaux.

Le prix moyen des viandes vendues à la criée est toujours un peu au-dessous du cours des viandes vendues sur pied. Ainsi, en 1851, le prix moyen du kilogramme de bœuf à la criée était de 0ᶠ.81, tandis qu'il était de 0ᶠ.85 au marché de Sceaux ; en 1854, ce prix était de 1ᶠ.03 sur le marché des Prouvaires et de 1ᶠ.25 à Sceaux. Cette différence tend à disparaître de plus en plus, depuis qu'on a autorisé les propriétaires à faire abattre leurs bestiaux dans les abattoirs généraux, et aujour-d'hui elle est à peine de 1 à 2 centimes.

AVANTAGES DE LA VENTE DE LA VIANDE A LA CRIÉE. — L'institution de la vente à la criée peut être considérée comme étant d'une utilité générale, aussi bien pour le consommateur que pour le producteur ; elle favorise l'approvisionnement de Paris, et tend à accroître d'une manière notable la consommation.

Ce qui prouve qu'elle répond à un besoin, c'est l'augmentation toujours croissante des quantités de viande qu'on y vend.

IMPORTANCE DE LA VENTE DES VIANDES A LA CRIÉE EN GROS. — Au moyen de la criée, de la régularité et de l'authenticité des ventes qu'on y fait, des facilités et de la sécurité que l'institution des facteurs donne aux expéditeurs, le commerce en gros des viandes abattues ne peut manquer d'acquérir une très-grande importance à Paris. Déjà aujourd'hui les ventes des viandes à la criée en gros s'élèvent par année à plus de quatorze millions de kilogrammes.

IMPORTANCE DE LA VENTE DES VIANDES A LA CRIÉE AU DÉTAIL. — La criée des viandes au détail est loin d'avoir la même importance que la vente des viandes en gros, et elle doit, dit-on, disparaître prochainement.

IMPORTANCE DU MARCHÉ DES VIANDES ABATTUES A LONDRES. — En Angleterre, depuis la création des chemins de fer, l'expédition des viandes abattues a lieu dans de très-grandes proportions ; chaque jour il arrive au marché de Lendenhall, à Londres, un très-grand nombre de *carcass* confiées à des commissionnaires qui les vendent pour compte des expéditeurs.

7. — Viande à l'étal.

CAPITAL EMPLOYÉ POUR L'APPROVISIONNEMENT DE PARIS EN VIANDE. — Le travail seul des abattoirs de Paris, y compris, bien entendu, la valeur du bétail qu'on y prépare, met chaque année en circulation un capital qui peut être évalué à la somme de cent millions.

Transport des viandes de l'abattoir a l'étal. — Chaque nuit, lorsque les travaux des abattoirs sont terminés, des voituriers, nommés *conducteurs des viandes*, viennent enlever la viande des animaux abattus et la conduisent dans chaque étal ou boutique de boucher, où l'*étalier* la prépare de la manière suivante.

Préparation d'un bœuf a l'étal. — Le demi-bœuf (on ne débite le bœuf que par moitié dans les étaux de Paris) est déposé sur l'*ais* ou établi.

La poitrine est d'abord séparée des côtes à l'aide d'une *feuille* ou d'un couteau ordinaire.

On dégage ensuite la pointe du filet qui tient au *quasi*, on le suit jusqu'au premier joint, où l'on scie l'os qui sépare l'aloyau de la culotte; au sixième ou septième joint, on sépare les côtes de l'aloyau. Ces diverses parties sont séparées et fractionnées plus tard, selon les convenances de l'acheteur.

On découpe l'épaule en deux morceaux, du *collier* au *paleron*, et on les subdivise pour la vente.

La cuisse est détaillée en quatre morceaux principaux, qui sont la *culotte*, le *tendre* ou *tranche au quasi*, le *gîte à la noix* et la *pièce ronde*. Ces morceaux, les plus succulents du bœuf après le filet et quelquefois après l'aloyau, sont souvent divisés par le boucher pour en rendre la vente plus facile.

Voici (*grav.* 66) la coupe d'un bœuf de boucherie de Paris. Les divers morceaux vendus à l'étal sont disposés sur l'animal de la manière suivante :

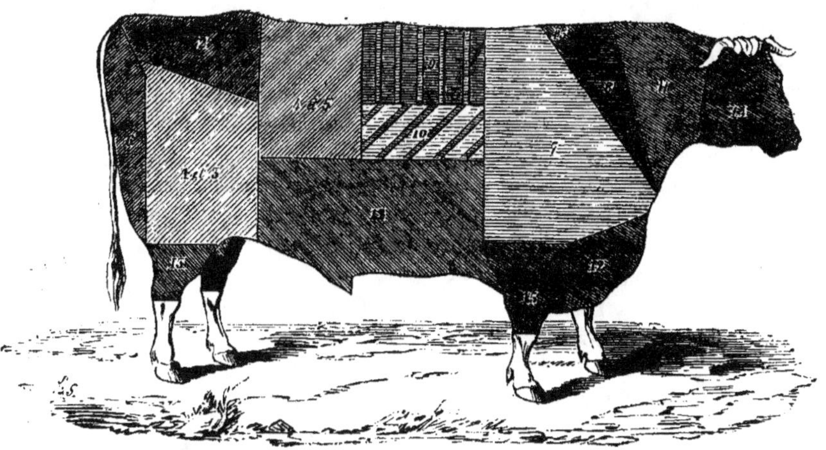

Grav. 66. — Coupe d'un bœuf de boucherie à l'étal.

QUALITÉS.	Numéros des morceaux.	NOMS DES MORCEAUX.	Poids de chaque morceau.
1re	1	Tende de tranche (partie intérieure).	20 kil.
	2	Pointe de culotte.	30
	5	Tranche grasse (partie extérieure). . .	20
	4	Aloyau	50
	5	Filet (partie intérieure).	7
	6	Gîte à la noix.	15
		Total de la 1re qualité. . .	——— 142 kil.
2e	7	Paleron..	70
	8	Talon de collier (partie intérieure). .	5
	9	Côtes.	45
		Total de la 2e qualité. . .	——— 120 kil.
3e	10	Plates côtes ou plat de côtes.	25
	11	Collier.	55
	12	Pis de bœuf (basse boucherie). . . .	75
	13	Gîte { Membres de derrière.	15 25
		Membres de devant.	10 25
	14	Tête ou joue.	10
	15	Surlonge (partie intérieure).	10
	16	Rognons de graisse (partie intérieure).	15
		Total de la 3e qualité. . .	——— 195 kil.
		Total des 3 qualités.	457

Les évaluations qui précèdent se rapportent à un bœuf gras de race normande, saintongeoise ou choletaise, du poids de 457 kil., chair nette. Elles ont été recueillies par M. Rolland aîné, boucher à Paris, et ont été soumises au contrôle de M. Purget, syndic de la boucherie.

PRÉPARATION D'UN VEAU A L'ÉTAL. — Le veau apporté à l'étal est séparé en deux parties principales; chaque partie est ensuite divisée en plusieurs morceaux dont la valeur varie. Les meilleurs de ces morceaux sont le *quasi*, la *noix*, le *rognon*; viennent ensuite les *côtes*, le *carré*, les *épaules*, etc., etc.

Les têtes et les pieds, ainsi que le mou, le foie et les ris des veaux ne faisant point partie des *abats*, appartiennent au commerce spécial de la boucherie, et sont vendus dans les étaux.

PRÉPARATION D'UN MOUTON A L'ÉTAL. — Le mouton est aussi divisé en deux parties. Les morceaux principaux sont les gigots, puis viennent les côtelettes, qui sont au nombre de douze dans un bon mouton, puis la poitrine, le collet et les épaules.

RÈGLEMENT ET TENUE DES ÉTAUX. — D'après l'article 10 de l'ordonnance du 18 octobre 1829, tout étal qui cesserait d'être garni de viande pendant trois jours serait fermé pendant six mois.

Les étaux sont tenus, à Paris, avec une admirable propreté; ils sont dallés avec pente en rigole et en surélévation de la voie publique. Un linge toujours blanc les entoure, des balances en cuivre luisant, des tables de marbre, de l'eau fraîche contenue dans des vases élégants, donnent aux boucheries un aspect de luxe qui fait oublier la répugnance qu'on éprouve naturellement à la vue de chairs pantelantes.

Les locaux doivent avoir au moins 2^m.50 d'élévation, 3^m.50 de largeur et 4 mètres de profondeur. Ils sont fermés dans toute leur hauteur par une grille en fer, et la ventilation est établie au moyen d'un courant d'air transversal. Les murs doivent être revêtus de marbre, de stuc ou de matériaux imperméables. Il ne peut y avoir dans l'étal ni âtre, ni cheminée, ni fourneaux. Les chambres à coucher doivent être séparées des étaux par des murs dans lesquels il est défendu de percer des portes ou des ouvertures quelconques. A défaut de puits ou d'une concession d'eau pour le service de l'étal, il y est suppléé par un réservoir dont l'eau doit être renouvelée tous les jours.

CHAPITRE XXII

CONCOURS D'ANIMAUX DE BOUCHERIE.

Lorsque j'écrivais la première édition de cet ouvrage, on se plaignait, avec raison, que le gouvernement français n'avait encore rien fait pour les éleveurs de bêtes bovines, tandis que des sommes considérables étaient chaque année consacrées à encourager les éleveurs de chevaux.

A ces plaintes le gouvernement a répondu d'abord par des achats de bêtes de la race de Durham, puis en établissant des concours de bestiaux à Poissy en 1844, à Lyon en 1847, à Bordeaux en 1849, à Nîmes en 1851 et à Nantes en 1852; cette mesure a été critiquée. On a demandé si tous ces beaux animaux amenés au concours n'ont pas coûté plus qu'ils ne valent, et s'il est convenable d'encourager un mode d'engraissement qui ne peut être pratiqué avec profit. Ce n'est pas ainsi qu'il faut envisager la question. Les concours ont pour but d'exciter l'émulation des éleveurs et engraisseurs, et de faire connaître à tous les meilleures races de bêtes, celles dont l'élevage et l'engraissement présentent le plus d'avantages aux éleveurs et aux consommateurs. Les engraisseurs ont à supporter des dépenses considérables; les primes récompenseront les plus heureux, d'autres cultivateurs suivront la route tracée, et l'amélioration marchera rapidement.

Voici, pour l'année 1860, l'arrêté ministériel concernant le concours de bestiaux à Poissy ; cet arrêté est renouvelé chaque année.

Considérant qu'il importe, dans l'intérêt des consommateurs et dans celui de l'agriculture, de développer en France la production et l'amélioration des animaux destinés à la boucherie, et de favoriser la propagation des races qui, par la perfection de leurs formes et leur engraissement précoce, fournissent le plus abondamment à la consommation;

Vu les arrêtés précédents sur l'institution des concours annuels d'animaux de boucherie;

Vu les comptes rendus de ces concours et les rapports dont ils ont été l'objet;

Vu la délibération du conseil général de l'agriculture, des manufactures et du commerce, du 10 mai 1850;

Considérant qu'il importe à l'utilité des concours que le rendement des animaux primés soit régulièrement et loyalement constaté;

Les inspecteurs généraux de l'agriculture et l'inspecteur général des écoles vétérinaires et des bergeries impériales entendus;

Sur le rapport du directeur de l'agriculture,

Arrête :

Article 1er. — Le concours d'animaux gras institué sur le marché de Poissy depuis 1844 aura lieu à Poissy le mercredi 4 avril 1860.

Des prix et des médailles d'encouragement seront décernés, s'il y a lieu, aux propriétaires des animaux nés et élevés en France, reconnus les plus parfaits de conformation et les mieux préparés pour la boucherie.

Art. 2. — Les bœufs seront divisés en trois classes :

1re *classe*. — Bœufs jeunes, comprenant les animaux de trois ans et de quatre ans au plus, sans acception de région, quels que soient leur poids et leur origine.

2e *classe*. — Bœufs répartis entre les circonscriptions régionales, divisés en trois catégories : 1° bœufs de quatre ans au plus; 2° bœufs au-dessus de quatre ans appartenant aux races françaises pures; 3° bœufs au-dessus de quatre ans appartenant aux races étrangères ou croisées.

3e *classe*. — Bandes de bœufs composées de quatre animaux au moins, de même provenance et de même race.

Art. 3. — Les prix seront distribués de la manière suivante dans chaque classe et dans chaque catégorie :

1re *classe*. — Prix destinés aux jeunes bœufs.

1re catégorie. — Animaux nés depuis le 1er avril 1857 :

<pre>
1er prix. . . . . 1,500f)
2e. . . . . 1,200 } 3,700f
3e. . . . . 1,000)
</pre>

2ᵉ catégorie. — Animaux nés depuis le 1ᵉʳ avril 1856 :

1ᵉʳ prix	1,200ᶠ	
2ᵉ	1,000	3,100ᶠ
3ᵉ	900	

2ᵉ *classe.* — Prix distribués aux bœufs répartis entre les circonscriptions régionales.

1ʳᵉ catégorie. — Animaux nés depuis le 1ᵉʳ avril 1856, sans distinction de races :

1ᵉʳ prix	800ᶠ	
2ᵉ	600	1,400ᶠ

2ᵉ catégorie. — Animaux nés avant le 1ᵉʳ avril 1856, appartenant aux races françaises pures :

1ᵉʳ prix	800ᶠ	
2ᵉ	700	2,100ᶠ
3ᵉ	600	

3ᵉ catégorie. — Animaux nés avant le 1ᵉʳ avril 1856, de races étrangères ou croisées :

1ᵉʳ prix	800ᶠ	
2ᵉ	600	1,400ᶠ

3ᵉ *classe.* — Bandes de bœufs composées de quatre animaux au moins, de même provenance et de même race, appartenant au même propriétaire et n'ayant pas été présentés dans d'autres classes.

1ᵉʳ prix	1,200ᶠ	
2ᵉ	1,000	
3ᵉ	800	
4ᵉ	600	4,500ᶠ
5ᵉ	500	
6ᵉ	400	

ART. 4. — Pour la répartition des prix de la 2ᵉ classe, la France sera divisée en six circonscriptions régionales.

La première comprend les départements du Nord, du Pas-de-Calais, de la Somme, de la Seine-Inférieure, de l'Eure, du Calvados, de l'Orne, de la Manche, d'Eure-et-Loir, de l'Aisne, de l'Oise, de Seine-et-Oise, de la Seine, de Seine-et-Marne, des Ardennes et de la Marne.

La deuxième région comprend les départements du Finistère, des Côtes-du-Nord, du Morbihan, d'Ille-et-Vilaine, de la Loire-Inférieure, de la Mayenne, de la Sarthe, de Maine-et-Loire, d'Indre-et-Loire, de la Vendée, des Deux-Sèvres et de la Vienne.

La troisième région comprend les départements de la Charente, de la Charente-Inférieure, de la Gironde, de la Dordogne, de Lot-et-Garonne, de Tarn-et-Garonne, des Landes, du Gers, de la Haute-Garonne, des Basses-Pyrénées, des Hautes-Pyrénées et de l'Ariége.

La quatrième région comprend les départements du Cantal, du Puy-de-Dôme, de la Creuse, de la Vaute-Vienne, de la Corrèze, du Lot, du Tarn, de l'Aveyron, de la Lozère, de la Haute-Loire, de l'Ardèche, du Gard, de l'Hérault, de l'Aude, des Pyrénées-Orientales, de la Drôme, de Vaucluse, des Bouches-du-Rhône, des Hautes-Alpes, des Basses-Alpes, du Var et de la Corse.

La cinquième région comprend les départements de Loir-et-Cher, du Loiret, de l'Indre, du Cher, de l'Aube, de l'Yonne, de la Nièvre et de l'Allier.

La sixième région comprend les départements de la Moselle, de la Meuse, de la Meurthe, des Vosges, du Bas-Rhin, du Haut-Rhin, de la Haute-Marne, de la Haute-Saône, du Doubs, du Jura, de la Côte-d'Or, Saône-et-Loire, de l'Ain, de la Loire, du Rhône et de l'Isère.

Art. 5. — Les animaux non primés dans la 1re catégorie de la 1re classe pourront concourir de nouveau avec ceux de la 2e catégorie. Ceux qui auraient été primés dans l'une ou l'autre de ces catégories ne peuvent plus obtenir que le prix d'honneur.

Les bœufs non primés dans la 1re classe peuvent venir de nouveau disputer dans la 2e classe les prix réservés aux jeunes.

Art. 6. — Un prix d'honneur sera réservé au bœuf reconnu le plus parfait de forme et d'engraissement parmi tous les animaux primés dans le concours, sans distinction d'âge, de race ni de poids.

Si le bœuf qui a été jugé digne du prix d'honneur est né chez le propriétaire qui l'expose, ce prix consistera en une coupe d'argent de la valeur de 2,500 francs.

S'il n'a été qu'engraissé par lui, une médaille d'or, grand module, sera seule accordée.

Art. 7. — Quatre prix pourront être accordés aux veaux gras :

1er prix.	300^f	
2^e	250	
3^e	200	900^f
4^e	150	

Art. 8. — Les moutons sont divisés en deux classes :

1re *classe*. — Moutons jeunes ayant au plus dix-huit mois.

2e *classe*. — Moutons divisés d'après leur race, sans distinction d'âge ni de poids.

Les lots présentés au concours seront composés de dix animaux, tous de la même race et du même âge.

Art. 9. — Les prix pourront être ainsi répartis dans chaque classe :

1re *classe*. — Jeunes moutons; animaux nés depuis le 1er octobre 1858, quels que soient leur poids et leur race :

1er prix.	1,000f	
2e	800	
3e	700	3,600
4e	600	
5e	500	

2e *classe*. — Moutons divisés d'après leur race, sans distinction d'âge ni de poids.

1re catégorie. — Pour les races mérinos et métis-mérinos :

1er prix.	600f	
2e	500	
3e	400	2,000f
4e	300	
5e	200	

2e catégorie. — Pour les grosses races à laine longue, telles que dishley, cotswold, artésienne, flamande, normande, etc.

1er prix.	500f	
2e	400	1,200f
3e	300	

3e catégorie. — Pour les petites races à laine commune, southdown, gâtinaise, berrichonne, solognote et leurs analogues :

1er prix.	400f	
2e	300	900f
3e	200	

Les moutons admis à concourir seront tondus; on devra laisser une mèche derrière l'épaule gauche.

Les animaux non primés dans la 1re classe pourront concourir de nouveau dans la seconde.

Art. 10. — Un prix d'honneur sera décerné au lot de moutons reconnu le meilleur parmi tous les lots primés. Si l'exposant a fait naître les animaux, une coupe d'argent d'une valeur de 1,500 francs lui sera remise; s'il les a seulement engraissés, il n'aura droit qu'à une médaille d'or.

Art. 11. — Les animaux de l'espèce porcine seront divisés en deux classes, et les prix répartis entre elles ainsi qu'il suit :

1re *classe*. — Races françaises pures :

1er prix.	500^f	
2e.	250	
5e.	200	1,000^f
4e.	150	
5e.	100	

2e *classe*. — Races étrangères pures et races croisées.

1er prix.	300^f	
2e.	250	
5e.	200	
4e.	150	1,080^f
5e.	100	
6e.	80	

Art. 12. — Un prix d'honneur sera décerné au porc reconnu le meilleur parmi tous les animaux primés. Si le porc qui a été jugé digne du prix d'honneur est né chez le propriétaire qui l'expose, ce prix consistera en une coupe d'argent de la valeur de 800 francs. S'il n'a été qu'engraissé par lui, une médaille d'or sera seule accordée.

Art. 13. — Les bœufs devront appartenir aux exposants depuis six mois au moins avant l'époque du concours.

Les moutons et les porcs depuis trois mois.

Art. 14. — Une médaille d'or accompagnera les premiers prix, une médaille d'argent les seconds, et une médaille de bronze tous les autres.

Art. 15. — Les prix et les médailles seront décernés en séance publique, d'après la décision d'un jury nommé par le ministre de l'agriculture, du commerce et des travaux publics, qui désignera un président et un vice-président.

Ce jury sera composé de membres de l'administration, d'agriculteurs, de deux membres du commerce de la boucherie de Paris et d'un membre du bureau de la charcuterie.

Il pourra être réparti en sections.

Art. 16. — La police du concours appartiendra exclusivement au commissaire général nommé par le ministre de l'agriculture, du commerce et des travaux publics.

Des commissaires seront chargés, sous sa direction, de disposer convenablement le lieu du concours, de recevoir les déclarations dont il sera fait mention dans l'article 17, de peser et de mesurer les animaux, de les placer ainsi qu'ils doivent l'être, de maintenir l'ordre, etc.

Art. 17. — Les propriétaires qui présenteront des animaux au concours seront tenus à une déclaration préalable, qu'ils devront faire à Poissy, le samedi ou le dimanche des Rameaux ; c'est-à-dire le 31 mars ou le 1er avril, de dix heures à cinq heures du soir, pour le premier jour, et de huit heures du matin à deux heures du soir pour le second.

Passé ce délai, aucune déclaration ne sera admise.

Art. 18. — Cette déclaration indiquera : 1° l'origine, la race, la robe et l'âge des animaux ; 2° le nom et la résidence de l'engraisseur ; 3° si celui-ci les a fait naître ou seulement les a achetés pour l'engraissement ; 4° dans ce dernier cas, la durée de la possession.

Les propriétaires des animaux primés devront fournir à l'appui de leur déclaration : 1° un certificat qui en constatera l'exactitude ; 2° tous les renseignements que le jury pourra réclamer.

Le certificat devra être signé par l'engraisseur et attesté, quant aux faits mentionnés, par le maire de la commune.

Art. 19. — Tout propriétaire qui sera convaincu d'avoir fait une fausse déclaration pourra être exclu des concours par le jury pour un temps plus ou moins long.

Art. 20. — Un propriétaire ne peut recevoir qu'un seul prix dans chaque catégorie ; mais il pourra présenter autant d'animaux qu'il voudra dans chacune des catégories des espèces bovine, ovine et porcine.

Art. 21. — Dans le cas où le jury estimerait que plusieurs animaux appartenant au même exposant auraient mérité des prix dans la même catégorie, il ne pourra, comme il a été dit plus haut, décerner qu'un prix à ce propriétaire ; mais il sera libre d'accorder une ou plusieurs mentions honorables auxdits animaux. Des médailles de bronze serviront à les constater.

Art. 22. — Les animaux destinés à concourir devront être rendus à Poissy, sur la place du marché, le lundi saint, c'est-à-dire le 2 avril, à sept heures du matin, et rester à la disposition du jury pendant tout ce jour et le lendemain jusqu'à la fin des opérations.

L'exposition publique commencera le mercredi 4 avril, à neuf heures du matin.

Aucune personne ne sera admise dans l'enceinte du concours pendant l'examen du jury.

Aucun animal ne pourra être emmené du marché sans l'ordre du commissaire général.

Art. 23. — Le jugement du jury sera prononcé à la majorité des voix. En cas de partage, la voix du président sera prépondérante.

Art. 24. — Toute contestation relative à l'exécution des dispositions du présent arrêté sera immédiatement jugée par le jury.

Art. 25. — Le rendement des animaux primés sera suivi, à l'abattoir et à l'étal, par une commission composée des membres du jury et des commissaires du concours, et présidée par le commissaire général.

Un procès-verbal de ses délibérations sera adressé au ministre avec le compte rendu des différentes opérations du concours.

Ces deux documents devront être remis avant le 1er juin.

Art. 26. — Afin d'obtenir le payement de leurs primes, les propriétaires d'animaux primés devront se conformer aux obligations suivantes :

1° Déclarer, le jeudi 5 avril, à la caisse de Poissy, l'adresse du boucher acheteur de leurs animaux, et le prix de vente réel, sous peine, par les propriétaires, dans le cas de fausse déclaration ultérieurement reconnue, de s'exposer à être exclus, à l'avenir, des concours du gouvernement ;

2° Conclure avec les bouchers et charcutiers, en imposant à ceux-ci, qu'ils demeurent ou non à Paris, l'obligation absolue, 1° d'abattre les bœufs, veaux et moutons à l'abattoir du Roule, les porcs à l'abattoir de Château-Landon ; 2° de donner aux membres de la commission de rendement tous les renseignements qu'ils pourront exiger sur le rendement à l'échaudoir et à l'étal, afin de leur permettre d'arriver à la constatation exacte des faits ; de prévenir en temps utile les membres de la commission qui leur seront désignés des heures d'abatage et de débit à l'étal, et de s'astreindre à opérer devant eux autant qu'ils l'exigeront.

Le jury pourra aussi réclamer des exposants les autres renseignements qu'il jugera convenable de connaître, tels que ceux relatifs au mode de nourriture, d'élevage, etc.

Art. 27. — Lorsque toutes les conditions auront été remplies, le montant des prix sera ordonnancé au nom des exposants qui les auront mérités.

Art. 28. — Le directeur de l'agriculture est chargé de l'exécution du présent arrêté.

Fait à Paris, le 10 septembre 1859.

ROUHER,
Ministre de l'agriculture, du commerce
et des travaux publics.

CHAPITRE XXIII

LÉGISLATION.

----

1. — Loi du 28 mai 1838 sur les vices rédhibitoires dans les ventes et échanges d'animaux domestiques.

Art. 1er. — Sont réputés vices rédhibitoires et donneront seuls ouverture à l'action résultant de l'article 1461 du Code civil, dans les ventes où échanges des animaux domestiques ci-dessous dénommés, sans distinction des localités où les ventes et échanges auront eu lieu, les maladies ou défauts ci-après, savoir :

1° POUR LE CHEVAL, L'ANE OU LE MULET.

La fluxion périodique des yeux,
L'épilepsie ou le mal caduc,
La morve,
Le farcin,
Les maladies anciennes de poitrine ou vieilles courbatures,
L'immobilité,
La pousse,
Le cornage chronique,
Le tic sans usure des dents,
Les hernies inguinales intermittentes,
La boiterie intermittente pour cause de vieux mal.

2° POUR L'ESPÈCE BOVINE.

La phthisie pulmonaire ou pommelière,
L'épilepsie ou mal caduc,
Les suites de la non-délivrance, après le part chez le vendeur,
Le renversement du vagin ou de la matrice, après le part chez le vendeur.

3° POUR L'ESPÈCE OVINE.

La clavelée : cette maladie, reconnue chez un seul animal, entraînera la rédhibition de tout le troupeau.

La rédhibition n'aura lieu que si le troupeau porte la marque du vendeur.

Le sang de rate : cette maladie n'entraînera la rédhibition du troupeau qu'autant que, dans le délai de la garantie, sa perte constatée s'élèvera au quinzième au moins des animaux achetés.

Dans ce dernier cas, la rédhibition n'aura lieu également que si le troupeau porte la marque du vendeur.

Art. 2. — L'action en réduction du prix, autorisée par l'article 1644 du Code civil, ne pourra être exercée dans les ventes et échanges d'animaux énoncés dans l'article 1er ci-dessus.

Art. 3. — Le délai pour intenter l'action rédhibitoire sera, non compris le jour fixé pour la livraison,

De trente jours pour le cas de fluxion périodique des yeux et d'épilepsie ou mal caduc ;

De neuf jours pour tous les autres cas.

Art. 4. — Si la livraison de l'animal a été effectuée, ou s'il a été conduit, dans les délais ci-dessus, hors du lieu du domicile du vendeur, les délais seront augmentés d'un jour par cinq myriamètres de distance du domicile du vendeur au lieu où l'animal se trouve.

Art. 5. — Dans tous les cas, l'acheteur, à peine d'être non recevable, sera tenu de provoquer, dans les délais de l'article 3, la nomination d'experts chargés de dresser procès-verbal ; la requête sera présentée au juge de paix du lieu où se trouvera l'animal.

Ce juge nommera immédiatement, suivant l'exigence des cas, un ou trois experts, qui devront opérer dans le plus bref délai.

Art. 6. — La demande sera dispensée du préliminaire de conciliation, et l'affaire instruite et jugée comme matière sommaire.

Art. 7. — Si, pendant la durée des délais fixés par l'article 3, l'animal vient à périr, le vendeur ne sera pas tenu de la garantie, à moins que l'acheteur ne prouve que la perte de l'animal provient de l'une des maladies spécifiées dans l'article 1er.

Art. 8. — Le vendeur sera dispensé de la garantie résultant de la morve et du farcin pour le cheval, l'âne et le mulet, et de la clavelée pour l'espèce ovine, s'il prouve que l'animal, depuis la livraison, a été mis en contact avec des animaux atteints de ces maladies.

2. — Loi du 10 mai 1846 sur la conversion du droit d'octroi par tête de bétail en droit au poids.

Art. 1er. — A partir du 1er janvier 1847, les droits d'octroi sur les bestiaux de toute espèce seront établis à raison du poids des animaux et perçus au kilogramme.

Néanmoins ces mêmes droits pourront continuer à être fixés par tête pour les octrois où la taxe sur les bœufs n'excédera pas 8 francs.

Art. 2. — La conversion du droit par tête en droit au poids ne devra donner lieu à aucune augmentation de produit actuellement perçu.

Cette disposition sera applicable aux communes qui auront opéré la transformation et augmenté leurs tarifs avant la promulgation de la présente loi.

Art. 3. — A l'égard des villes ou bourgs dont les octrois seront affermés, la conversion de la taxe par tête en taxe au poids ne pourra avoir lieu avant l'expiration des baux qu'avec le consentement du fermier de l'octroi.

Art. 4. — A dater de la promulgation de la présente loi, aucune adjudication d'octroi n'aura lieu, sauf l'exception établie par le deuxième paragraphe de l'article 1er, que sur un tarif par lequel les bestiaux seront imposés au poids.

Art. 5. — La viande dite *à la main* ou par quartiers ne pourra être soumise, à l'entrée dans les villes, à un droit supérieur aux droits d'abattoir et d'octroi sur les bestiaux de toute espèce.

Art. 6. — Un tableau présentant le produit total des octrois par chapitre de perception et par commune sera annexé annuellement aux comptes généraux du ministre de l'intérieur.

Il comprendra : 1° le nombre et les qualités de chaque espèce de bestiaux ayant acquitté le droit d'octroi ; 2° le montant du produit des octrois perçus sur chaque espèce de viande ; 3° le prix de la vente au consommateur.

Les droits d'octroi à percevoir au poids, par la ville de Paris, sur la viande, en remplacement des droits par tête, s'élèvent à 9f.40 par 100 kilogrammes, plus 2 fr. pour la taxe d'abatage, lorsque les viandes sortent des abattoirs, et à 11f.20 lorsque les viandes viennent de l'extérieur.

Les abats et issues de veau payent 8 fr.; ceux de porcs, 4 fr.

Les suifs de toute espèce, bruts ou fondus en pain, chandelle ou sous toute autre forme, vieux oing, graisse de toute espèce non employée comme comestible, payent 3 fr.

A tous ces droits il faut ajouter le dixième.

3. — Droits d'importation sur le bétail étranger et sur les viandes fraîches et salées à leur introduction en France. (Décret du 14 septembre 1853.)

Les droits de douane sur les bestiaux et sur les viandes fraîches et salées à leur importation en France sont fixés ainsi qu'il suit :

```
Bœufs et taureaux. . . . . . . . . . . . .   5 fr. 00
Vaches, génisses, bouvillons. . . . . . .   1    00
Veaux, moutons, chèvres, porcs.. . . . . .  0    25
Agneaux, chevreaux, cochons de lait. . . .  0    10
Viandes {fraîches} par 100 kilog. { . . . . .  0    50
        {salées..}                 { . . . . . 10    00
```

4. — Droits d'exportation sur le bétail à sa sortie de France.

Les droits de douane perçus sur les bestiaux exportés hors de France sont ainsi réglés par les lois des 27 juillet 1822 et 17 mai 1826 :

	Par tête.		Par tête.
Bœufs.	1 fr. 00	Béliers, brebis, moutons.	0 fr. 25
Vaches..	0 50	Agneaux et chevreaux.. .	0 10
Taureaux ou taurillons. .	3 00	Boucs et chèvres.	0 15
Génisses.	1 50	Porcs.	0 25
Veaux.	0 50	Cochons de lait.	0 10

A tous ces droits il faut ajouter le double décime.

5. — Pénalités contre les détenteurs d'animaux infectés de maladies contagieuses.

ART. 459 DU CODE PÉNAL.— Tout détenteur ou gardien d'animaux ou de bestiaux, soupçonnés d'être infectés de maladie contagieuse, qui n'aura pas averti sur-le-champ le maire de la commune où ils se trouvent, et qui, même avant que le maire ait répondu à l'avertissement, ne les aura pas tenus renfermés, sera puni d'un emprisonnement de six jours à deux mois, et d'une amende de seize à deux cents francs.

ART. 460. — Seront également punis d'un emprisonnement de deux mois à six mois et d'une amende de cent francs à cinq cents francs, ceux qui, au mépris des défenses de l'administration, auront laissé leurs animaux ou bestiaux infectés communiquer avec d'autres.

6. — Loi du 2 juillet 1850 pour la protection des animaux domestiques.

Seront punis d'une amende de cinq à quinze francs et pourront être punis d'un à cinq jours de prison ceux qui auront exercé publiquement et abusivement de mauvais traitements envers les animaux domestiques. La peine de la prison sera toujours appliquée en cas de récidive.

TABLE DES MATIÈRES

TABLE DES GRAVURES

TABLE ALPHABÉTIQUE